Jung/Pankoke-Wunderwald/Schiemenz

Wirtschaftliches Grundwissen für die öffentliche Verwaltung

SL 13 aus der Reihe „Sächsische Lehrbriefe“

Herausgeber:

Sächsisches Kommunales Studieninstitut Dresden

An der Kreuzkirche 6
01067 Dresden
Tel: 0351 43835–12
Fax: 0351 43835–13
E-Mail: Sekretariat@sksd.de
www.sksd.de

Wirtschaftliches Grundwissen für die öffentliche Verwaltung

von

Friedrich Wilhelm Jung
Hauptamtlicher Dozent für Wirtschaftswissenschaften
an der Hochschule Meißen (FH) und Fortbildungszentrum

und

Friederike Pankoke-Wunderwald
Bereichsleiterin Verwaltung beim Fach-Werk-Minden-e.V.

und

Wolfgang Schiemenz
Referent beim Staatsbetrieb Sächsische Informatik Dienste

3. Auflage

KSV MEDIEN · WIESBADEN

Bibliografische Information der Deutschen Nationalbibliothek
Die Deutsche Nationalbibliothek verzeichnet diese Publikation in der Deutschen Nationalbibliografie; detaillierte bibliografische Daten sind im Internet über http://dnb.dnb.de abrufbar.

Rechtsstand: Oktober 2022

3. Auflage 2023

Satz: Kumpernatz + Bromann · Schenefeld b. Hamburg
Druck: CPI books

ISBN 978-3-8293-1276-9

Vorwort

„Personal entwickeln – Zukunft gestalten“ ist das Leitmotiv des Sächsischen Kommunalen Studieninstitutes Dresden (SKSD). Es sind die Kommunen, die Gegenwart, Lebensbedingungen, Infrastruktur, kurz alles, was eine Gemeinde lebenswert macht, für ihre Einwohner gestalten.

Dies kann umso besser geschehen, je qualifizierter die Mitarbeiterinnen und Mitarbeiter sind. Dazu brauchen diese eine fundierte Ausbildung. Zu einer solchen Ausbildung gehört nach unserer Überzeugung auch das entsprechende Unterrichtsmaterial. Aus diesem Grunde ist es für das SKSD eine selbstverständliche Verpflichtung, die Sächsischen Lehrbriefe herauszugeben – aus Berufsethos, nicht zum Broterwerb.

Wir danken ausdrücklich den Autorinnen und Autoren, die uns helfen, eine fachliche Arbeit zu tun mit dem Ziel, den Bürgerinnen und Bürgern dieses Landes einen optimal ausgebildeten öffentlichen Dienst zu bieten und damit das sicherzustellen, was die Menschen in diesem Lande für ihre Steuergelder erwarten können: einen kompetenten öffentlichen Dienst, der seinem Namen gerecht wird.

Gesine Wilke	Friedrich Armin Bethke
Geschäftsführerin	Referent Aus- und Fortbildung

Einleitung

Für die Landes- und Kommunalverwaltung ist das Wirtschaftliche Grundwissen für die öffentliche Verwaltung von besonderer Bedeutung. Der Stellenwert der Ökonomie in der Verwaltung wird durch die Mittelknappheit der Ressourcen in der Ausbildung als auch in der Fortbildung immer wichtiger. Durch die Einführung des neuen kommunalen Rechnungswesens (Doppik) wird in den nächsten Jahren die Wichtigkeit des internen Rechnungswesens zunehmen. Die Doppik liefert die Grunddaten beziehungsweise die Grundinformationen, die im internen Rechnungswesen verarbeitet werden. Die Verfasser hoffen, dass das vorliegende Werk eine praxisnahe und leicht verständliche Handreichung für all diejenigen sein möge, die im Rahmen ihrer Aus- oder Fortbildung aber auch ihrer praktischen Tätigkeit mit der Ökonomie in Verbindung kommen. Für Anregungen aus Studium und Praxis sind die Verfasser jederzeit dankbar. Der Grundsatz, dass nichts so vollkommen ist, als dass es nicht verbessert werden könnte, gilt insbesondere und auch für den neu erstellten Lehrbrief im Wirtschaftlichen Grundwissen für die öffentliche Verwaltung.

Ersteller und Erstellerin:
Friedrich Wilhelm Jung, seit 2001 hauptamtlicher Dozent an der Hochschule Meißen (FH) und Fortbildungszentrum (Bearbeiter der Kapitel 3 Wirtschaftlichkeitsuntersuchungen, 4 Volkswirtschaftslehre und Mitarbeiter beim Kapitel 2 Kosten- und Leistungsrechnung).

Friederike Pankoke-Wunderwald arbeitet seit mehreren Jahren in der Erwachsenenbildung. Sie ist derzeit Bereichsleiterin Verwaltung beim Fach-Werk-Minden e.V. Das Fach-Werk-Minden ist ein führender regionaler Träger zur Förderung der allgemeinen und beruflichen Bildung (Bearbeiterin des ersten Kapitels Grundlagen der öffentlichen Betriebswirtschaftslehre).

Wolfgang Schiemenz arbeitet als Referent beim Staatsbetrieb Sächsische Informatik Dienste und ist als nebenberuflicher Dozent am Sächsischen Kommunalen Studieninstitut Dresden tätig (Bearbeiter des Kapitels 2 Kosten- und Leistungsrechnung).

Inhaltsverzeichnis

Abkürzungsverzeichnis

Abs.	:	Absatz
AfA-Tabellen	:	Abschreibungstabellen für die Absetzung für Abnutzung
AktG	:	Aktiengesetz
AöR	:	Anstalt des öffentlichen Rechts
BAB	:	Betriebsabrechnungsbogen
BGB	:	Bürgerliches Gesetzbuch
BHO	:	Bundeshaushaltsordnung
BIP	:	Bruttoinlandsprodukt
BiRiLiG	:	Bilanzrichtlinien-Gesetz
BNE	:	Bruttonationaleinkommen
BWL	:	Betriebswirtschaftslehre
EK	:	Eigenkapital
EStG	:	Einkommensteuergesetz
ESZB	:	Europäisches System der Zentralbanken
EZB	:	Europäische Zentralbank
FK	:	Fremdkapital
GbR	:	Gesellschaft bürgerlichen Rechts
GE	:	Geldeinheiten
GewO	:	Gewerbeordnung
GewSt	:	Gewerbesteuer
GG	:	Grundgesetz
GmbH	:	Gesellschaft mit beschränkter Haftung
GmbHG	:	Gesetz betreffend die Gesellschaften mit beschränkter Haftung
h	:	Stunden
HGB	:	Handelsgesetzbuch
HVPI	:	Harmonisierter Verbraucherpreisindex
i	:	Zinssatz
i. H. v.	:	in Höhe von
i. S. d.	:	im Sinne des
KfW	:	Kreditanstalt für Wiederaufbau
KG	:	Kommanditgesellschaft
KGSt	:	Kommunale Gemeinschaftsstelle für Verwaltungsmanagement
KöR	:	Körperschaft öffentlichen Rechts
KSt	:	Körperschaftssteuer
K_f	:	Fixe Kosten
k_f	:	Fixe Stückkosten
K_v	:	Variable Kosten
k_v	:	Variable Stückkosten
K‘	:	Grenzkosten
M1, M2, M3	:	Money 1, 2, 3
NSM	:	Neues Steuerungsmodell
OHG	:	Offene Handelsgesellschaft
p	:	Preis
Repos	:	Repurchase agreement
SächsEigBVO	:	Sächsische Eigenbetriebsverordnung
SächsGemO	:	Sächsische Gemeindeordnung
SächsKAG	:	Sächsisches Kommunalabgabengesetz
SächsKomHVO	:	Sächsische Kommunalhaushaltsverordnung
SäHO	:	Sächsische Haushaltsordnung
SGB	:	Sozialgesetzbuch
Stck	:	Stück
UG	:	Unternehmensgesellschaft
VGR	:	Volkswirtschaftliche Gesamtrechnung
VwV KomHSys	:	Verwaltungsvorschrift Kommunale Haushaltssystematik
VwVfG	:	Verwaltungsverfahrensgesetz
VwV-NSM	:	Verwaltungsvorschrift der Sächsischen Staatsregierung zur koordinierten Einführung des neuen Steuerungsmodells in der Sächsischen Staatsverwaltung
VZÄ	:	Vollzeitäquivalente
z. B.	:	zum Beispiel

Schrifttumshinweise

Bofinger, Grundzüge der Volkswirtschaftslehre, Pearson Studium, München

Däumler/Grabe, Grundlagen der Investitions- und Wirtschaftlichkeitsrechnung, nwb Studium, Herne

Deutsche Bundesbank, Geld und Geldpolitik, Deutsche Bundesbank, Frankfurt am Main

Schuster, Einführung in die Betriebswirtschaftslehre der Kommunalverwaltung, Maximilian Verlag, Hamburg

Wöhe, Einführung in die Allgemeine Betriebswirtschaftslehre, Verlag Vahlen, München

1. Grundlagen der Betriebswirtschaft der öffentlichen Verwaltung

In diesen Kapiteln wird Ihnen der Bereich der Betriebswirtschaft mit Blick auf die öffentliche Verwaltung im Unterschied zum betriebswirtschaftlichen Handeln in der Privatwirtschaft nähergebracht. Ziel ist es, Ihnen einen Einblick in die Grundlagen der Betriebswirtschaft, des wirtschaftlichen Verwaltungshandelns und der Besonderheiten der kaufmännischen gegenüber der kommunalen doppelten Buchführung zu vermitteln.

1.1 Betriebswirtschaft der öffentlichen Verwaltung

Die Betriebswirtschaftslehre (BWL) teilt sich in die allgemeine BWL und den Bereich der speziellen Betriebswirtschaftslehren auf.

1.1.1 Begriff der allgemeinen Betriebswirtschaft

Bei der allgemeinen BWL stehen die inneren Abläufe des unternehmerischen Handelns im Mittelpunkt. Die unterschiedlichen Produktionsfaktoren, die Funktionsbereiche Investition und Finanzierung sowie Forschung und Entwicklung werden in ihren hierarchischen Strukturen betrachtet, um die Auswirkungen von menschlichen Entscheidungen und Handeln auf einen Betrieb zu analysieren. Durch die Gesetzmäßigkeit und Regelmäßigkeit der Produktions- und Betriebsabläufe können so weiterführende betriebliche Zielsetzungen abgeleitet werden. Einflüsse durch Verbindungen zwischen einzelnen Unternehmen und der gesamtwirtschaftlichen Situation auf den einzelnen Betrieb sind im Rahmen ihrer Wirkung Teil der Betriebswirtschaftslehre.

Betriebswirtschaft im Sinne des privaten Wirtschaftens ist die Befriedigung individueller Bedürfnisse durch private Unternehmen/ Betriebe zur Erzielung eines privaten Vorteils. Diese schließt die Wahrnehmung öffentlicher Funktionen in privatrechtlichen Rechtsformen von Unternehmen/Betrieben unter besonderer Berücksichtigung des öffentlichen Auftrags ein (z. B. ein privates Unternehmen zur Müllentsorgung einer Gemeinde).

Die spezielle BWL befasst sich mit den verschiedenen einzelnen Unternehmungen, ihren Besonderheiten, Abläufen und damit verbundene Problematiken.

1.1.2 Betriebswirtschaft der öffentlichen Verwaltung

Die Betriebswirtschaft der öffentlichen Verwaltung gehört der speziellen BWL an. Bei der Bezeichnung „Betriebswirtschaft der öffentlichen Verwaltung" handelt es sich um eine zusammengesetzte Begrifflichkeit, bestehend aus „Betriebswirtschaft" und „öffentliche Verwaltung". Diese Begriffe gilt es zunächst zu definieren, um dann den Begriff der „Betriebswirtschaft der öffentlichen Verwaltung" näher zu betrachten. Der Begriff „Betriebswirtschaft" wurde im vorangegangenen Abschnitt bereits ausgeführt, sodass im folgenden Abschnitt auf die öffentliche Verwaltung eingegangen wird.

1.1.2.1 Begriff der öffentlichen Verwaltung

Allgemein betrachtet bezeichnet der Begriff der Verwaltung die Bereiche, die nicht unmittelbar zu den Produktionsbereichen gehören, da sie die problemlosen gesamten innerbetrieblichen Abläufe sicherstellen.

Rechtlich betrachtet ist jede Verwaltung eine Behörde i. S. d. § 1 Abs. 4 VwVfG. Der Begriff der öffentlichen Verwaltung beschreibt die behördlichen Tätigkeiten, die weder der Gesetzgebung noch der Rechtsprechung angehören. Die Verwaltung befasst sich somit mit der Umsetzung legislativer Entscheidungen.

Sie ist also eine Wirtschaftseinheit, die (wirtschaftliche) Verfügungen über zu produzierende und abzugebende Güter und Dienstleistungen im Sinne öffentlicher Ziele auf der Grundlage öffentlichen Eigentums trifft. Gleichzeitig stellt die öffentliche Verwaltung die Schnittstelle zwischen Politik und Verwaltung (z. B. Staatsminister) und der Verwaltung als Organisationseinheit zur Erledigung öffentlicher Aufgaben dar.

Merke:
Die Verwaltung ist eine Wirtschaftseinheit, die (wirtschaftliche) Verfügungen über zu produzierende und abzugebende Güter und Dienstleistungen im Sinne öffentlicher Ziele trifft.

1.1.2.2 Der zusammengesetzte Begriff der Betriebswirtschaftslehre der öffentlichen Verwaltung

Führt man die Begriffe der Betriebswirtschaft und der öffentlichen Verwaltung zusammen, erhält man folgende Begriffserklärung:

Die Betriebswirtschaft der öffentlichen Verwaltung stellt Management- und Entscheidungswerkzeuge für öffentliche Verwaltungen und Unternehmen in Bezug auf die wirtschaftliche Aufgabenerfüllung der öffentlichen Verwaltung, um im öffentlichen Verwaltungssektor ökonomische Entscheidungen zu treffen. Gleichzeitig wird durch das neue Steuerungsmodell (New Public Management), welches seit Ende der 1990 Jahre in der öffentlichen Verwaltung umgesetzt wird, die prozessorientierte Steuerung und Organisation von dezentralen öffentlichen Unternehmen, Betrieben und Verwaltungen unterstützt. Dies erfolgt unter Berücksichtigung und Analyse der besonderen Bedingungen und Ziele der öffentlichen Verwaltung.

Die Betriebswirtschaft der öffentlichen Verwaltung dient somit der Befriedigung individueller und gesellschaftlicher Bedürfnisse durch Betriebe öffentlich-rechtlicher Körperschaften, Anstalten oder Stiftungen zur Erfüllung öffentlicher Aufgaben. Der ökonomische Blickwinkel des Verwaltungshandelns bezieht sich auf das Erfolgsobjekt des Verwaltungsbetriebs, wobei das erklärte Ziel die Optimierung der Wirtschaftlichkeit des Verwaltungshandelns ist. Die Organisationseinheiten der öffentlichen Verwaltung werden unter dem Aspekt der ökonomischen Rationalität betrachtet, d. h. das Verhältnis von Output (Ergebnis, Produkt) und Input (Einsatzgüter, Produktionsfaktoren) wird nach dem Wirtschaftlichkeitsprinzip unter die Lupe genommen.

Betriebswirtschaft der öffentlichen Verwaltung ist die Verwaltungsbetriebswirtschaft von Betrieben mit öffentlich-rechtlicher Rechtsform und Unternehmen in privatrechtlichen Rechtsformen, die öffentliche Funktionen oder öffentliche Beteiligungen aufweisen. Letztgenannte Betriebe wirtschaften grundsätzlich betriebswirtschaftlich und werden daher unter dem Aspekt betrachtet, ob und inwiefern sie entsprechend ihrer öffentlichen Beteiligung den öffentlichen Funktionen gerecht werden. Dies bezieht sich insbesondere auf die mangelnde Wirtschaftlichkeit privatrechtlicher Unternehmen, die im öffentlichen Eigentum stehen, z. B. kommunale GmbH, oder den öffentlichen Nutzen aus einer öffentlichen Beteiligung an einem privatrechtlichen Unternehmen.

1.1.3 Ziel der Betriebswirtschaftslehre der öffentlichen Verwaltung

Ziel der Betriebswirtschaft der öffentlichen Verwaltung ist es, die Leistungen der öffentlichen Verwaltungsbetriebe mit dem geringstmöglichen Ressourcenaufwand zu erbringen. Hierfür wird der öffentliche Sektor in die Pflicht genommen, wirtschaftliche Entscheidungen nach ökonomischen Prinzipien zu treffen, wobei das wirtschaftliche Handeln und damit die Wirtschaftlichkeit die Grundbedingung bildet.

Die Betriebswirtschaft der öffentlichen Verwaltung fungiert als Werkzeugkasten, mit dessen Methoden, Techniken und Prinzipien die öffentliche Verwaltung in die Lage versetzt werden soll, ökonomisch richtige Entscheidungen vorzubereiten (planen), zu bewerten/beurteilen (evaluieren), zu treffen und für die Zukunft fortzudenken. Die Verpflichtung zum betriebswirtschaftlichen Denken und Handeln der öffentlichen Verwaltung soll sicherstellen, dass mit den begrenzten und damit knappen Ressourcen, wie z. B. finanzielle Haushaltsmittel, zweckmäßig und effizient gehandelt wird. Wirtschaftlichkeit ist somit die Grundbedingung für rationales Handeln und das Treffen wirtschaftlicher Entscheidungen, d. h., mit begrenzten öffentlichen Mitteln zu disponieren.

Mithilfe der BWL erarbeitet jedes Unternehmen wie auch die öffentliche Verwaltung die Ziele, die durch entsprechende Verfahrens- und Handlungsanweisungen ermöglicht und sichergestellt werden. Gleichzeitig wird mit Hilfe betriebswirtschaftlicher Kennzahlen die Zielerreichung überwacht.

Merke:
Grad der Zielerreichung = Effektivität/Zielerreichungsgrad (%)

Inhaltliches Ziel der Betriebswirtschaft der öffentlichen Verwaltung ist die rationale Führung eines Verwaltungsbetriebes und die Eröffnung von Optionen für alternative Entscheidungen unter dem Aspekt der Wirtschaftlichkeit und der Berücksichtigung der öffentlichen Ziele (z. B. Rechtmäßigkeit des Verwaltungshandelns). Insoweit überträgt die Betriebswirtschaft der öffentlichen Verwaltung betriebswirtschaftliche Sichtweisen, Methoden und Instrumente auf Verwaltungs(geschäfts)prozesse.

Merke:
Ziel der Betriebswirtschaft der öffentlichen Verwaltung ist die wirtschaftliche Ausrichtung und Führung der öffentlichen Verwaltungsbetriebe.

1.1.4 Aufgaben der Betriebswirtschaft der öffentlichen Verwaltung

Um die aufgestellten Ziele mit einem geringstmöglichen Ressourceneinsatz zu erreichen, bedarf es wirtschaftlicher Entscheidungen. Für die optimale Entscheidungsfindung werden mit Hilfe der Verwaltungsbetriebslehre die erforderlichen betrieblichen Informationen erarbeitet und aufbereitet, um die Entscheidungen aus mikroökonomischer Sicht zu bewerten.

Getroffene Entscheidungen bilden den Impuls des Verwaltungsprozesses, wobei Verwaltungsentscheidungen nicht ausschließlich ökonomischer Natur sind. So wie grundsätzlich die preiswertere nicht immer die wirtschaftliche Lösung ist, so ist auch im Bereich öffentlicher Entscheidungen nicht immer die politische oder rechtliche Lösung die wirtschaftliche Lösung.

Wirtschaftliche Entscheidungen stehen im Spannungsfeld von Zielerreichung und Ressourcenverbrauch. Dies gilt für unterschiedliche betriebliche Entscheidungsarten:

- Standortentscheidungen
  Erreichbarkeit, Logistik (optimaler Standort; wo besteht Bedarf?)
- Rechtsformentscheidung
  Aspekte der wirtschaftlichen Flexibilität, steuerliche Aspekte
- Organisationsentscheidung
  Aufbaustrukturen, Ablaufstrukturen, Produktionsprozesse
- Investitions- und Finanzierungsentscheidungen
  Preiskalkulation einzelner Produkte, Wirtschaftlichkeitsberechnungen einzelner Verwaltungsbetriebe, Finanzierungsplanung
- Produktionsentscheidungen
  Kundenwünsche (Bedarfe und Anforderungen an das Produkt), Beschaffung der Produktionsfaktoren
- Absatzentscheidungen
  Marketing

Die Voraussetzungen für wirtschaftliche Entscheidungen im Bereich von Planung, Steuerung und Kontrolle sind, dass

- Informationen über das Ziel und den Grad der Zielerreichung vorliegen,
- die Zielerreichung bzw. der Grad der Zielerreichung messbar ist,

- Informationen über den Ressourcenverbrauch für ein erreichbares Ziel vorliegen.

Merke:
Betriebswirtschaftliche Entscheidungskreisläufe werden auf Verwaltungsentscheidungen übertragen.

1.2 Ziele und Zielsysteme

Jedes Unternehmen und jeder Verwaltungsbetrieb verfolgt Ziele. Als Ziel wird ein angestrebter Zustand definiert, der in der Zukunft liegt und auf dessen Erreichung das Handeln ausgerichtet wird. Bei dem angestrebten Ziel kann es sich um die Setzung des erfolgreichen Abschlusses eines Prozesses handeln oder um ein „Zwischenziel", sogenannte Milestones, auf dem Weg zum eigentlichen „Endziel".

Zieldefinition

Um Ziele bestimmen und darstellen zu können, müssen sie definierbar gemacht werden. In der Praxis wird häufig die sogenannte SMART-Regel für die Definition von Zielen, insbesondere Unternehmensziele oder Zielvereinbarungen mit Mitarbeitenden, herangezogen.

SMART =	**Spezifisch Messbar Akzeptiert Realistisch Terminiert**
Spezifisch =	Ziele müssen klar und eindeutig benannt/definiert werden.
Messbar =	Ziele müssen messbar sein.
Akzeptiert =	Ziele müssen von allen beteiligten Parteien akzeptiert werden.
Realistisch =	Ziele müssen erreichbar, umsetzbar, angemessen und ausführbar sein.
Terminierbar =	präzise, realistische Zeitvorgabe für die Umsetzung der Zielvorgaben.

Zielsysteme

Ziele unterliegen dem sogenannten Zielsystem, an dessen Spitze das Unternehmensziel oder auch oberste Ziel steht. Das Zielsystem ist in seinem Aufbau hierarchisch, d. h., die dem obersten Ziel nachgeordneten Ziele werden nach ihrer Bedeutung für den Betrieb angeordnet.

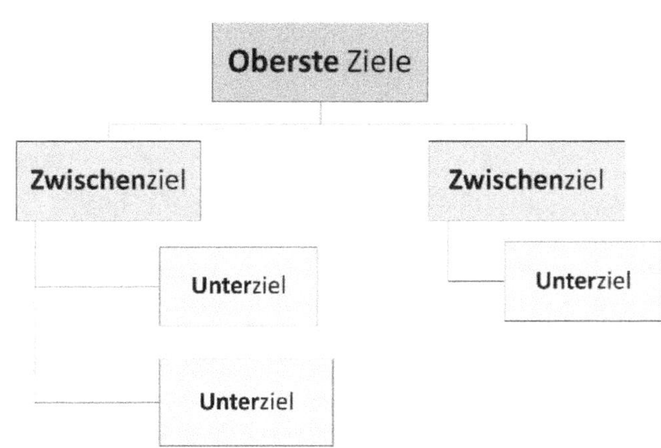

Abb.: Hierarchie der betrieblichen Zielsetzungen

Bei der Erstellung eines Zielsystems sollte darauf geachtet werden, dass es vollständig ist und alle erforderlichen und wichtigen Ziele beinhaltet. Gleichzeitig ist darauf zu achten, dass es zu keiner Zielhäufung kommt, denn je mehr Ziele aufgestellt werden, umso unübersichtlicher und komplizierter wird ein Zielsystem. Die doppelte Aufstellung von Zielen sollte vermieden werden, da die Gefahr besteht, dass die Wertigkeit durch Mitarbeitende falsch eingestuft wird und es so zu einer Zielverzerrung in Bezug auf Umsetzung und Verfolgung kommt.

1.2.1 Sachliche und formale Ziele

Neben der hierarchischen Strukturierung der betrieblichen Ziele werden diese auch nach ihren sachlichen und formalen Zielen differenziert.

Die Formal- und Sachziele stellen keine Handlungsschritte dar. Vielmehr sind es Ziele, die (nur) durch die Setzung von Zielebenen erreicht werden, die wiederum mit Hilfe von Unterzielen erreicht werden. Durch die Einrichtung von unterschiedlichen Zielebenen auf dem Weg zum betrieblichen Oberziel können konkrete Handlungsweisen, Handlungsschritte und Handlungsstrategien abgeleitet werden. Die Gesamtheit der angestrebten Ziele und die daraus resultierenden Handlungsstrategien ergeben die Unternehmensstrategie.

1.2.1.1 Formalziele

Formalziele definieren das „WIE", die Art und Weise. Sie sind hierarchisch übergeordnete Ziele, die für das Fortbestehen eines Betriebs von besonderer Bedeutung sind. Sie erfassen die ökonomischen Ziele eines Unternehmens oder der öffentlichen Verwaltung, die für einen klar bestimmbaren Zeitraum aufgestellt werden. Formalziele werden als Bewertungsmaß der betriebsinternen Abläufe herangezogen. Dazu gehören:

- Rentabilität
- Umsatzwachstum
- Gewinnerzielung
- Kostenminimierung
- Qualitätsverbesserung

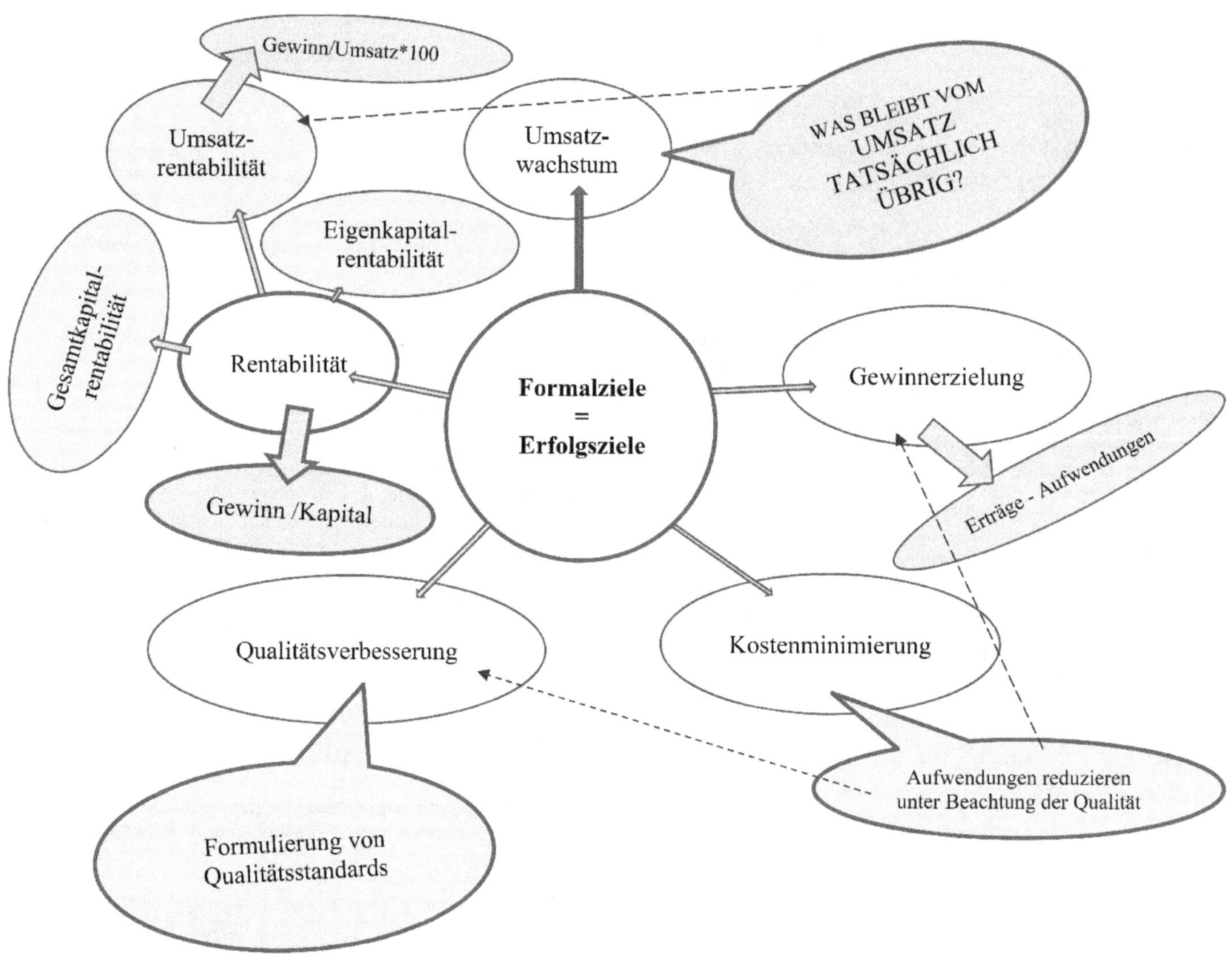

Anders als bei Wirtschaftsunternehmen ist in öffentlichen Verwaltungen der Profit kein maßgebliches Bewertungskriterium, vielmehr steht bei öffentlichen Verwaltungen ein ausgeglichener Jahreshaushalt und ein hoher Kostendeckungsgrad von optimalerweise 100% im Mittelpunkt der Betrachtung. In Bezug auf die öffentliche Verwaltung sind die nachstehenden Formalziele die klassischen Elemente der Zielbildung:

- Wirtschaftlichkeit
- Rechtmäßigkeit des Verwaltungshandeln
- Bürgerorientierung/Bürgernähe
- Leistungssicherung
- Mitarbeiterorientierung

Mit den in einer öffentlichen Verwaltung aufgestellten Formzielen wird insbesondere der Frage nachgegangen, „Wie gut erfüllen die Mitarbeiter der öffentlichen Verwaltung die gesetzten Leistungsvorgaben?".

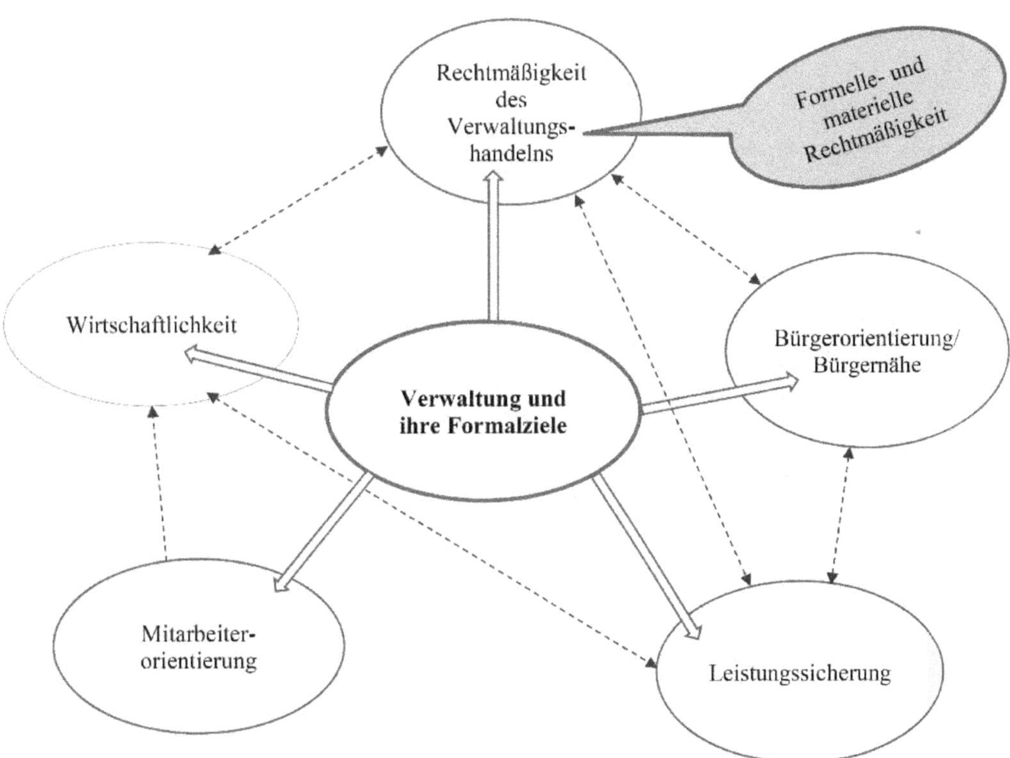

1.2.1.2 Sachziele

Sachziele sind Vorgaben, die klar definieren, welche Leistungen erreicht werden sollen. Es handelt sich somit um Leistungsvorgaben, die maßgeblich für die Erreichung und Umsetzung der Formalziele sind. Sachzielen stellen Unterziele dar, die den Bezug zu betrieblichem Handeln/Verwaltungshandeln, den Produkten und Dienstleistungen des Betriebs aufweisen. Sachziele legen dar, „WAS“ erreicht werden soll. So stellen die nachfolgenden Begrifflichkeiten klassische Sachziele im Bereich der öffentlichen Verwaltung dar:

- Bürgerzufriedenheit
- Mitarbeiterzufriedenheit
- Handeln im gesetzlich normierten Rahmen

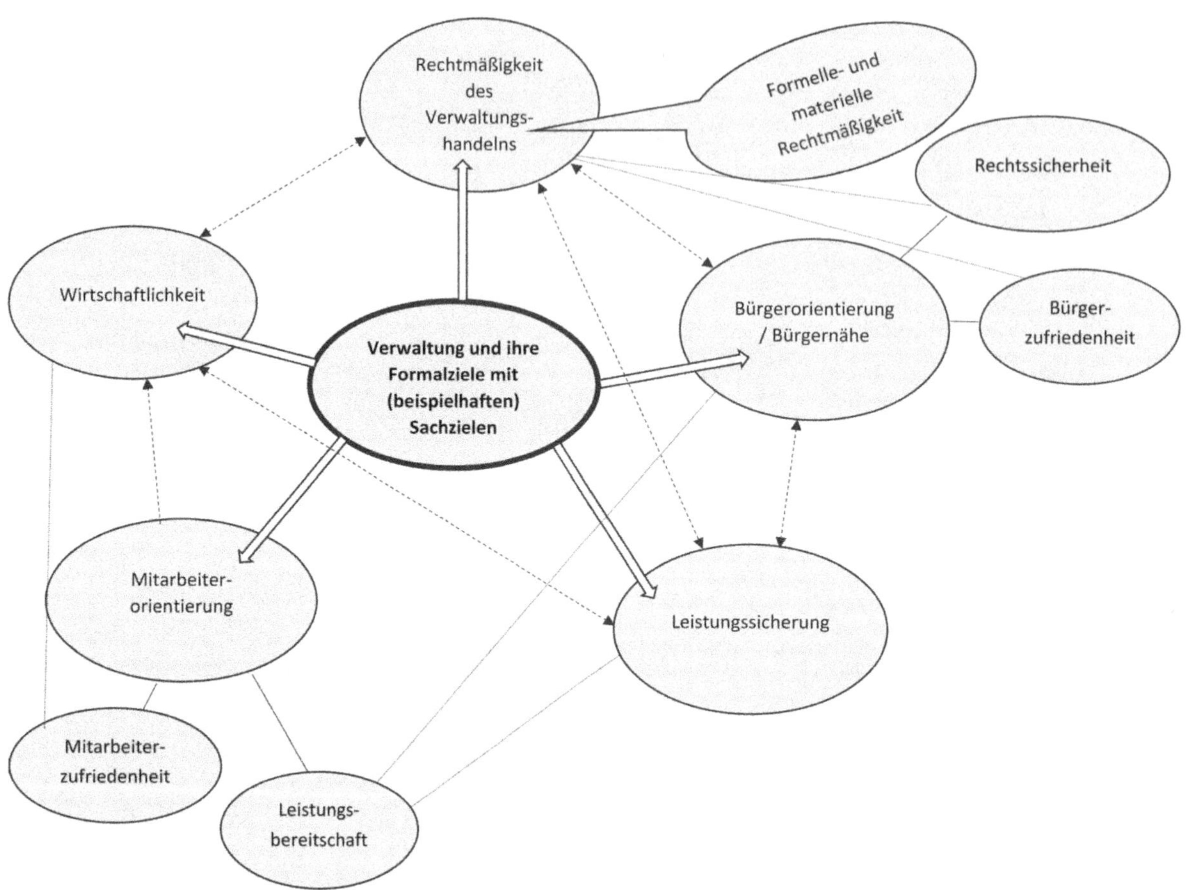

Merke:
Formalziele:
- Formalziele dienen der Definition von ökonomischen Zielsetzungen
- Formalziele dienen der Messbarmachung innerbetrieblicher Abläufe
- Differenzierung zwischen den Formalzielen der Wirtschaftsunternehmen und derer der öffentlichen Verwaltung

Sachziele:
- Sachziele legen die zu erbringenden Leistungen innerhalb betrieblicher Abläufe fest
- Sachziele dienen der Erreichung der Formalziele und werden aus den Formalzielen definiert
- Sachziele sind in öffentlichen Verwaltungen häufig wesentlicher als Formalziele

1.2.2 Unternehmensziele und ihre Beziehung zueinander (Zielbeziehungen)

Die aufgestellten betrieblichen Ziele (Unternehmensziele) stehen in einer Beziehung zueinander, indem sie

- sich gegenseitig unterstützen (komplementäre Ziele),
- in Konkurrenz zueinander stehen (konkurrierende Ziele) oder
- keine Verbindung zueinander aufweisen und somit neutral sind (indifferente Ziele).

1.2.2.1 Komplementäre Ziele

Komplementäre Ziele sind immer dann anzunehmen, wenn mindestens zwei betriebliche Ziele sich in Bezug auf ihre Zielerreichung gegenseitig ergänzen und fördern. Sie stehen dann in einer optimalen Beziehung zueinander und profitieren gegenseitig von dem Synergieeffekt.

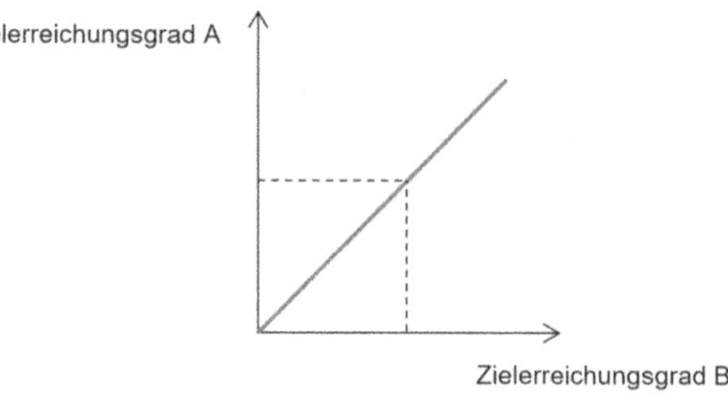

Beispiele:

Bürgerzufriedenheit und Mitarbeiterzufriedenheit, Ergebnis aus der Finanzverwaltung (Leistungsvergleich)

1.2.2.2 Konkurrierende Ziele

Das Gegenteil von komplementären Zielen sind die sogenannten konkurrierenden Ziele. Konkurrierend deshalb, weil mindestens zwei betriebliche Zielsetzungen im Widerspruch zueinanderstehen, d. h., sie lassen sich nicht miteinander vereinbaren.

Beispiele:

Leistungs- bzw. Aufgabenerfüllung vs. Wirtschaftlichkeit

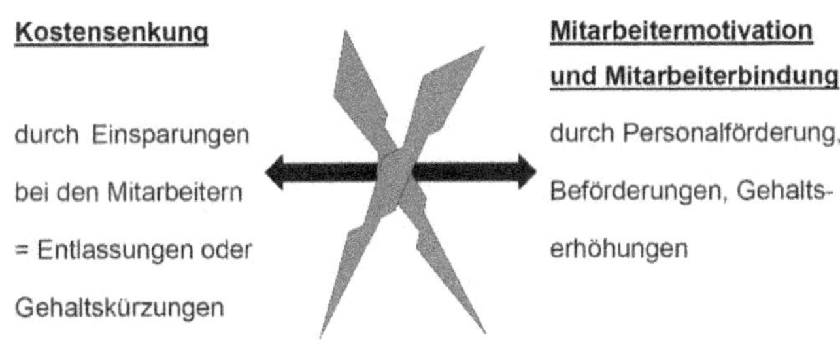

Zielerreichungsgrad A

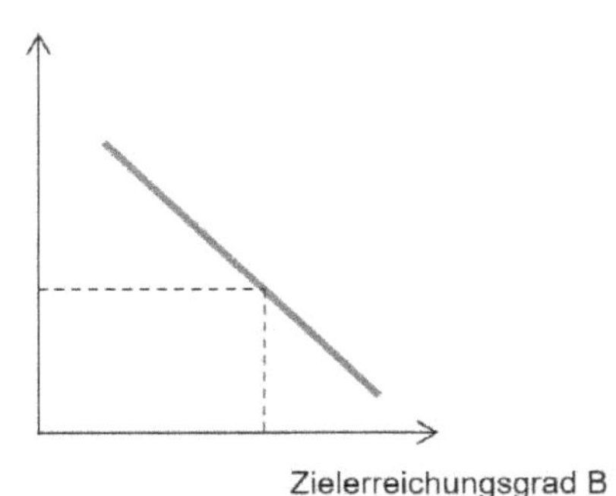

Konkurrierende Ziele lassen sich nicht immer vermeiden, können aber durch langfristig angelegte Strategien deutlich minimiert werden.

1.2.2.3 Indifferente, neutrale Ziele

Von indifferenten oder neutralen betrieblichen Zielen spricht man, wenn bestehende Unternehmensziele keinerlei Verbindungen untereinander und damit keine gegenseitigen Synergieeffekte aufweisen. Sie stehen nebeneinander, ohne miteinander in Kontakt zu kommen.

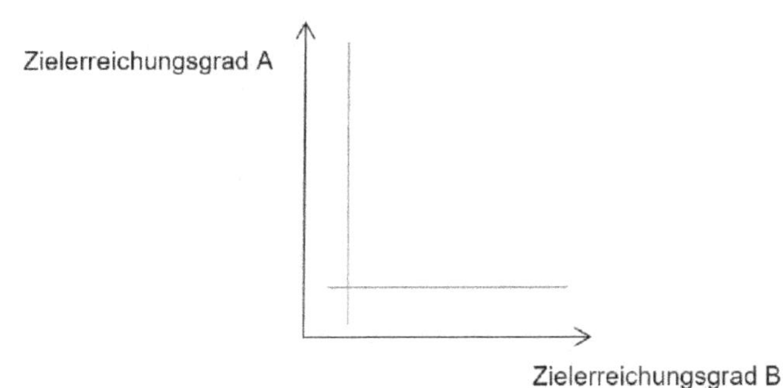

1.3 Wirtschaftliches Handeln der öffentlichen Verwaltung

Die öffentliche Verwaltung als ein Gebilde, das sich rein um die öffentlichen Bedarfe gekümmert hat, ist einem Paradigmenwechsel unterlegen. Das Bild der öffentlichen Verwaltung hat sich gewandelt, es geht nicht mehr rein darum, Lebenssachverhalte bürokratisch und im Sinne des Behördenhandelns zu bearbeiten. Das neue Bild der Verwaltung zeigt, dass das Wirtschaften und damit das wirtschaftliche Handeln der öffentlichen Verwaltung im Vordergrund stehen; die öffentliche Verwaltung ist zu Profit Center geworden. Das Wirtschaften ist zur Aufgabe und Problem der öffentlichen Verwaltung geworden. Es geht darum, die Zufriedenheit der Bevölkerung mit der öffentlichen Verwaltung zu erhöhen, was nur durch den Wandel der Verwaltung hin zu einer Verwaltung mit kaufmännischer Bewirtschaftung zu schaffen ist.

Jede Verwaltung weist bei näheren Betrachtungen Parallelen zu Wirtschaftsbetrieben auf und stellt somit eigenständige Verwaltungsbetriebe dar. Warum ist das so?

Das wirtschaftliche Handeln der öffentlichen Verwaltung ist zu einer Verpflichtung und damit zur Handlungsgrundlage geworden! Diese Verpflichtung schlägt sich in einer effektiven Strukturierung und Organisation der öffentlichen Verwaltung (Instanzen, Fachbereiche, Abteilungen) nieder, um eine hierarchische, sachgerechte und effiziente Strukturierung und Aufgabenbearbeitung zu gewährleisten. Die Verwaltung unterliegt somit einer konkreten Aufbau- und Ablauforganisation und wird damit selbst zu einer Organisation.

Innerhalb dieser Organisationsgebilde werden die Produktionsfaktoren, bestehend aus der Arbeitsleistung der Behördenmitarbeiter und den Betriebsmitteln und Werkstoffen, sprich den vorliegenden Informationen, zusammengeführt und zu einer Leistung für den Staat, die Allgemeinheit oder den einzelnen Bürger verarbeitet, z. B. Bereitstellung der Infrastruktur; Sicherstellung der Sicherheit und Ordnung; Sozialleistungen. Die behördliche Leistungserbringung ist in gewisser Weise auch als Erbringung von Dienstleistungen anzusehen, die nach Außen, an die Allgemeinheit oder den einzelnen Bürger abgegeben wird (Absatz).

Gleichzeitig stellt die öffentliche Verwaltung eine Wirtschaftseinheit dar, da sie mit den ihr zur Verfügung stehenden knappen Mitteln haushalten und wirtschaften muss. Die öffentliche Verwaltung hat in ihrem gesamten Handeln dem Prinzip der Wirtschaftlichkeit zu folgen, was insbesondere in den Haushaltsplanungen des Bundes, der Länder und Kommunen und der damit einhergehenden „Budgetierung" der öffentlichen Verwaltung zum Ausdruck kommt.

Die Bedeutung der Betriebswirtschaft der öffentlichen Verwaltung hat in dem Maße an Bedeutung gewonnen, in dem das Kriterium der Wirtschaftlichkeit unter den Entscheidungskriterien der öffentlichen Verwaltung an Bedeutung gewonnen hat.

1.3.1 Begriff der Wirtschaftlichkeit

Mit Wirtschaftlichkeit wird ein Verhalten im Rahmen des Spannungsverhältnisses knapper Ressourcen beschrieben. Ein Verhalten, das knappe Mittel ressourcenschonend und gleichzeitig bedarfsdeckend optimal zum Einsatz bringt.

1.3.2 Prinzip der Wirtschaftlichkeit

Die Strukturiertheit und Effizienz der öffentlichen Verwaltung und die damit wachsende Bedeutung der Betriebswirtschaft der öffentlichen Verwaltung resultiert aus dem Grundsatz der Wirtschaftlichkeit und Sparsamkeit, welcher für den Bund in der Bundeshaushaltsordnung (BHO) und für die Länder in den jeweiligen Haushaltsordnungen der Länder verankert ist, so auch im § 7 Abs. 1 Satz 1 SäHO (Sächsische Haushaltsordnung). Gleiches gilt für die Kommunalverwaltungen, § 72 Abs. 2 Satz 1 Sächsische Gemeindeordnung:

§ 7 SäHO:
Wirtschaftlichkeit und Sparsamkeit, Aufgabenkritik und Kosten- und Leistungsrechnung

(1) Bei Aufstellung und Ausführung des Haushaltsplans sind die Grundsätze der Wirtschaftlichkeit und Sparsamkeit zu beachten.

Der Grundsatz des Wirtschaftens oder des wirtschaftlichen Handelns ist somit verbindlich für die öffentliche Verwaltung. Dies bedeutet, dass die öffentliche Verwaltung im Rahmen der Bedürfnisbefriedigung planvoll und umsichtig mit den zur Verfügung stehenden Mitteln und Ressourcen (Güter) umzugehen hat. Sie ist verpflichtet, ökonomisch nach dem Maximal- und Minimalprinzip zu handeln, um Güterverschwendung vorzubeugen.

1.3.2.1 Minimal- und Maximalprinzip

Das Minimalprinzip beschreibt die Erreichung eines bestimmten Ergebnisses (Output), unter Einsatz der geringstmöglichen Mittel/Güter (Aufwand/Input). Das Synonym für den Begriff des Minimalprinzips ist „Sparsamkeitsprinzip" oder „Wirtschaftlichkeitsprinzip". Sparsam handeln bedeutet also Inputminimiert.

Beispiel:

Die Pflege der gemeindeeigenen Grünanlagen und Grünflächen soll mit dem Einsatz der geringstmöglichen Mittel erreicht werden.

Nach dem Maximalprinzip wird hingegen immer dann gehandelt, wenn mit den bestehenden Ressourcen (Input) das bestmögliche Ergebnis (Output), sprich der maximale Nutzen, erzielt werden soll; die Maximierung des Outputs. Als Synonyme für das Maximalprinzip stehen die Begriffe „Ergiebigkeitsprinzip" und „erlösorientiertes Wirtschaftlichkeitsprinzip".

Beispiele:

- *Ein privatwirtschaftliches Unternehmen möchte mit einer Investition von zwei Millionen EUR ein Produkt erstellen und mit dessen Verkauf so viel Gewinn wie möglich erzielen.*
- *Der Stadtrat bewilligt 200.000 EUR für die offene Jugendarbeit. Diese sollen so eingesetzt werden, dass das höchste Zielniveau erreicht wird.*

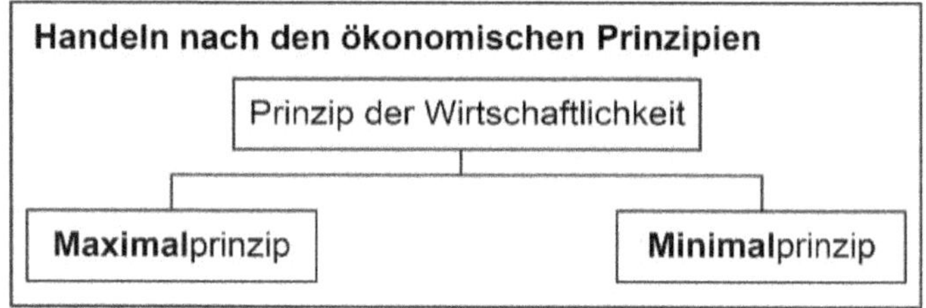

Abb.: Ökonomische Prinzipien

Damit das Verwaltungshandeln dem Wirtschaftlichkeitsprinzip entspricht, muss es – durch die Bestimmung von Größen und den damit verbundenen Entscheidungen für ein Handeln – nach dem Minimalprinzip oder dem Maximalprinzip erfolgen. Folgt das Verwaltungshandeln nicht diesen Prinzipien, so besteht die Gefahr, dass der vernünftige und umsichtige Umgang mit begrenzten Ressourcen/Gütern nicht gewährleistet werden kann und Ressourcenverschwendung droht.

Im Verwaltungsalltag orientieren sich die öffentlichen Verwaltungsbetriebe primär am Minimalprinzip: Ein gegebenes Ziel dem geringstmöglichen Ressourceneinsatz zu erreichen. Das oberste verwaltungsbetriebswirtschaftliche Ziel ist es, kostenminimiert bzw. aufwandsdeckend zu agieren. Zweck ist es, einen Bedarf im Interesse der Allgemeinheit zu befriedigen. Aber Achtung, die Anwendung des Grundsatzes der Wirtschaftlichkeit darf im Verwaltungsalltag nicht zu unverhältnismäßigen Vorgaben und Entscheidungen führen, schließlich handelt es sich um Prinzipien/ Grundsätze und damit um Handlungsorientierungen. Diese sollen nicht dazu führen, dass durch ehrgeizige Zielsetzungen das Minimal- und Maximalprinzip vermischt werden oder Kennzahlen zu einer Lähmung der Verwaltung und ihrem Handeln führen.

Verwaltungsentscheidungen und Verwaltungshandeln sind im Rahmen einer optimalen Relation zwischen Nutzen und Aufwand anzustreben. Es ist mit dem geringstmöglichen Mitteln (Inputminimierung) eine maximale Bedürfnisbefriedigung (Outputmaximierung) zu erreichen. Das Wirtschaftlichkeitsprinzip fordert somit eine planvolle, zweckgerichtete und durch Verstand gesteuerte Abstimmung der Relation zwischen menschlichen Bedürfnissen und den knappen Ressourcen/Gütern.

Merke:
Relation *Nutzen zu Kosten* oder *Ertrag zu Aufwand* oder *Einnahme zu Ausgabe*

Die Wirtschaftlichkeit ist berechenbar. Das bedeutet, sie ist durch die mathematische Berechnung der Kennzahlen „Wirtschaftlichkeit" mess- und abbildbar:

Wirtschaftlichkeit = Ertrag/Mitteleinsatz

1.3.2.2 Effizienz und Effektivität

Im Rahmen der Wirtschaftlichkeit der öffentlichen Verwaltung werden auch häufig die Begriffe der „Effizienz" und „Effektivität" verwendet.

Der Begriff der „Effizienz" kann als Synonym für den Begriff der Wirtschaftlichkeit angesehen werden, da er ebenfalls Ergebnis und Mitteleinsatz miteinander ins Verhältnis setzt. Gleichzeitig wird nach möglichen Handlungs-/Mittelalternativen gesucht, um das effizienteste und damit wirtschaftlichste Ergebnis zu erhalten. Ganz nach den Motiven des Maximal- und Minimalprinzips.

Anders sieht es mit dem Begriff der „Effektivität" aus. Effektivität steht für die Suche nach dem Optimalen, dem Vergleich von unterschiedlichen Handlungsalternativen im Hinblick auf das zu erreichende Ziel.

1.3.3 Kontrollfragen zu 1.3

1. Was gilt es bei dem Aufstellen von Zielen zu beachten?
2. Welche zwei Ziele gibt es?
3. Was bedeutet es, wenn Ziele komplementär zueinander stehen? Wenn sie neutral zueinanderstehen?
4. Erklären Sie den Begriff der Wirtschaftlichkeit und wo er gesetzlich normiert wird.
5. Erklären Sie das Minimal- und Maximalprinzip.

Lösungen

Zu 1: Ziele sollten SMART formuliert werden, also:
- Spezifisch = Ziele müssen klar und eindeutig benannt/definiert werden
- Messbar = Ziele müssen messbar sein
- Akzeptiert = Ziele müssen von allen beteiligten Parteien akzeptiert werden
- Realistisch = Ziele müssen erreichbar, umsetzbar, angemessen und ausführbar sein
- Terminierbar = präzise, realistische Zeitvorgabe für die Umsetzung der Zielvorgaben.

Zu 2: Es gibt Formalziele sowie Sachziele.

Zu 3: Komplementäre Ziele sind immer dann anzunehmen, wenn sich mindestens zwei betriebliche Ziele in Bezug auf ihre Zielerreichung gegenseitig ergänzen und fördern. Von neutralen betrieblichen Zielen spricht man, wenn bestehende Unternehmensziele keinerlei Verbindungen untereinander und damit keine gegenseitigen Synergieeffekte aufweisen.

Zu 4: Mit Wirtschaftlichkeit wird ein Verhalten im Rahmen des Spannungsverhältnisses knapper Ressourcen beschrieben. Ein Verhalten, das entsprechend der knappen Mittel, diese ressourcenschonend und gleichzeitig bedarfsdeckend optimal zum Einsatz bringt.
Gesetzlich normiert wird der Begriff der Wirtschaftlichkeit in § 7 SäHO Abs. 1: Bei Aufstellung und Ausführung des Haushaltsplans sind die Grundsätze der Wirtschaftlichkeit und Sparsamkeit zu beachten.

Zu 5: Das Minimalprinzip beschreibt die Erreichung eines bestimmten Ergebnisses (Output), unter Einsatz der geringstmöglichen Mittel/Güter (Aufwand/Input). Nach dem Maximalprinzip wird hingegen immer dann gehandelt, wenn mit den bestehenden Ressourcen (Input) das bestmögliche Ergebnis (Output), sprich der maximale Nutzen, erzielt werden soll; die sogenannte Outputmaximierung.

1.4 Organisation der öffentlichen Verwaltung

Im nachfolgenden Kapitel werden die Organisation der öffentlichen Verwaltung und ihr wirtschaftliches Agieren (Verwaltungsbetriebsprozesse) sowie die Rechtsträger und Betriebstypen genauer betrachtet. Zunächst gilt es jedoch, die Begriffe des privatrechtlichen Betriebs und Verwaltungsbetriebs zu definieren und voneinander abzugrenzen.

1.4.1 Der Begriff „Betrieb"

Objekt der Betriebswirtschaft und Betriebswirtschaft der öffentlichen Verwaltung ist der Betrieb.

> Der Begriff des Betriebs beschreibt eine planvoll wirtschaftlich organisierte Einheit, die Sachgüter und/oder Dienstleistungen erstellt und absetzt. Der Betrieb stellt eine Wirtschaftseinheit dar, deren Ziel es ist, durch Einsatz und Kombination der zur Verfügung stehenden Ressourcen, neue Güter zu erzeugen, unter Beachtung des Prinzips der Wirtschaftlichkeit und des finanziellen Gleichgewichts. Gleichzeitig muss der Betrieb mit der Absicht der Gewinnerzielung und Dauerhaftigkeit betrieben werden.

Zur Steuerung der Wirtschaftseinheit „Betrieb" ist die Bestimmung der Zielsetzung in Form von z. B. Gewinnmaximierung, Kostendeckung, Verlustminimierung, sowie die Planung von entsprechenden Maßnahmen für deren Erreichung (Zielverwirklichung) erforderlich. Daneben sind Betriebsorganisation und Entscheidungen über die Realisierung der Leistungserstellung und Leistungsverwertung zu treffen, wobei die bisher erbrachte Leistungserstellung, Leistungsverwertung und der damit verbundene Erfolg in die Entscheidungen für die weitere Ausrichtung und Steuerung der Einheit „Betrieb" mit einfließen.

1.4.2 Der Begriff „Verwaltungsbetrieb"/ „öffentlicher Betrieb"

Als **Verwaltungsbetriebe** werden rechtlich unselbstständige Betriebe bezeichnet, die in die Kernverwaltung von Gebietskörperschaften (Bund, Länder, Kommunen) eingegliedert sind und haushaltsplanerisch erfasst werden. Sie dienen der Erfüllung öffentlicher Aufgaben und sind an die Verwaltungsorganisation und ihre Vorgaben eingebunden.

Beispiele: Friedhof, Freibad, Museum etc.

Betriebswirtschaftlich betrachtet, stellt der Verwaltungsbetrieb eine Wirtschaftseinheit dar, die über die erzeugten und zu erstellenden hoheitlichen Leistungen im Sinne der festgelegten Ziele verfügt. Mit dem Begriff „öffentlicher Betrieb" werden ebenfalls Betriebe/Unternehmen privatrechtlicher oder öffentlich-rechtlicher Form bezeichnet, die ganz oder teilweise im Eigentum eines öffentlichen Trägers stehen. Hierbei handelt es sich in den überwiegenden Fällen um Gebietskörperschaften.

1.4.3 Behörde = Verwaltungsbetrieb

Betrachtet man nun die öffentliche Verwaltung, so wird deutlich, dass auch sie durch gesetzliche Normierungen zu einem wirtschaftlich geprägten Handeln verpflichtet wird. So sind die Kommunalverwaltungen zum Beispiel zur Wahrung des finanziellen Gleichgewichts durch die Gemeindeordnung verpflichtet, § 72 Abs. 3 Satz .1 Sächsische Gemeindeordnung.

> **§ 72 Abs. 3 Satz 1 Sächsische Gemeindeordnung: Allgemeine Haushaltsgrundsätze**
> „Der Ergebnishaushalt muss in jedem Jahr ausgeglichen sein. [...]"

Diese gesetzliche Verpflichtung der Kommunalverwaltungen bringt zum Ausdruck, dass auch öffentliche Verwaltungen angehalten sind, betriebswirtschaftlich zu denken, zu planen und zu agieren. Gleichzeitig wird deutlich, dass die Zielsetzungen der öffentlichen Verwaltung durch Gesetze und ihre Normierungen, Ratsbeschlüsse und angezeigte Bedarfe der Bürger in Form von Bürgerbegehren bestimmt werden. Damit werden sie zu Wirtschaftseinheiten und zu Betrieben, die auch als öffentliche Verwaltungsbetriebe bezeichnet werden. Bezogen auf die Kommunalverwaltungen kann festgehalten werden, dass es sich hierbei um eine besondere Form von Betriebstyp handelt, der als kommunaler Verwaltungsbetrieb bezeichnet werden kann.

> Betriebswirtschaftlich betrachtet, beschreibt der Begriff des Verwaltungsbetriebs das komplexe Gebilde der Wirtschaftseinheiten, die über öffentliche Ressourcen und Güter im Sinne der Aufgaben- und Zielsetzungen der Öffentlichen Verwaltung verfügen. Jede Behörde ist somit ein Verwaltungsbetrieb.

1.4.4 Betriebstypologie

Betriebe lassen sich nach den unterschiedlichsten Merkmalen typologisieren, was wiederum Auswirkungen auf die wirtschaftlichen Handlungsweisen und Entscheidungsfindungen hat. Durch die Bestimmung der Betriebstypologie wird die Vielfältigkeit der Betriebe abgebildet und ihre differenzierenden Bedarfe werden überschaubarer. Es gibt verschiedene Möglichkeiten, die Typologie eines Betriebes zu bestimmen:

- Art der Leistungserbringung:

Art der Leistungserbringung	Dienstleistungen
	Handelsleistungen

- Bestimmung des Wirtschaftszweigs, in dem sich ein Betrieb betätigt:

Wirtschaftszweige (nach der Betriebszählung des Statistischen Bundesamtes)	Gesundheits- und Sozialwesen
	Erziehung und Unterricht
	Gastgewerbe
	Land- und Forstwirtschaft
	Finanz- und Versicherungsdienstleistungen
	Dienstleistungsgewerbe
	Handel; Instandhaltung und Reparatur von Kraftfahrzeugen
	Verkehr und Lager
	Information und Kommunikation
	Freiberufliche, wissenschaftliche und technische Dienstleistungen
	Baugewerbe
	Energieversorgung

	Bergbau
	Wasserversorgung; Abwasser- und Abfallentsorgung und Beseitigung sonstiger Umweltverschmutzungen
	Grundstücks- und Wohnungswesen
	Kunst, Unterhaltung und Erholung

- Betriebsgröße:

<table>
<tr><td rowspan="5">Betriebsgröße</td><td rowspan="2">Wirtschaftszweig</td><td>Anzahl der Betriebe</td></tr>
<tr><td>Zahl der Beschäftigten</td></tr>
<tr><td colspan="2">Kleinbetrieb</td></tr>
<tr><td colspan="2">Mittelbetrieb</td></tr>
<tr><td colspan="2">Großbetrieb</td></tr>
</table>

- Rechtsform des Betriebes:

<table>
<tr><td rowspan="12">Rechtsform</td><td rowspan="6">Privatwirtschaftliche Unternehmen</td><td rowspan="4">Personengesellschaften</td><td>GbR</td></tr>
<tr><td>Einzelkaufmann</td></tr>
<tr><td>OHG</td></tr>
<tr><td>KG</td></tr>
<tr><td rowspan="2">Kapitalgesellschaften</td><td>GmbH</td></tr>
<tr><td>AG</td></tr>
<tr><td rowspan="6">Öffentliche Betriebe</td><td colspan="2">Regiebetriebe</td></tr>
<tr><td rowspan="2">Eigenbetriebe</td><td>des Bundes und der Länder</td></tr>
<tr><td>der Kommunen</td></tr>
<tr><td colspan="2">Anstalten</td></tr>
<tr><td colspan="2">Zweckverbände</td></tr>
</table>

Die Verwaltungsbetriebe und damit die öffentlichen Betriebe können, wie bereits oben abgebildet, betriebstypologisch unterschieden werden. Diese Differenzierung kann noch weitergetrieben werden, indem man eine Unterscheidung der Betriebstypen nach ihrer jeweiligen Zielsetzung vornimmt:

Erwerbsbetrieb (Gewinnmaximierung)	Erwerbsbetriebe streben nach dem maximalen Gewinn, um den größtmöglichen Beitrag zum Gemeindehaushalt beizutragen. Diese Betriebe werden häufig in der Rechtsform einer AG oder GmbH betrieben. *Beispiel: Energieversorger; Häfen*

Kostendeckung	Hier steht nicht die Gewinnmaximierung im Vordergrund, sondern die Kostendeckung und Verzinsung des eingesetzten Kapitals. *Beispiel:Straßenreinigungsbetrieb; Müllentsorgungsbetrieb*

Zuschussbetrieb	Zuschussbetriebe sind solche Betriebe, bei denen keine Gewinnerzielung vorliegt. Vielmehr sind hier der soziale Aspekt und die Bedürfnisse der Bürger maßgeblich. Aufgrund dessen sind die Zuschussbetriebe auf die finanzielle Unterstützung aus dem öffentlichen Haushalt angewiesen, andernfalls können diese Betriebe nicht erhalten werden. *Beispiel:öffentliche Parkanlagen; Theater; Schulen; Kindergärten*

1.4.5 Der Verwaltungsbetriebsprozess

Für die Leistungserbringung und -erstellung (Output) bedarf es der Einbringung unterschiedlichster Einsatz-/Inputgüter und Dienstleistungen (Input), die auch als Produktionsfaktoren bezeichnet werden. Die eingesetzten Güter und Dienstleistungen nennt man auch Produktionsfaktoren.

Die zum Einsatz gebrachten Güter und Dienstleistungen (Input) werden im Rahmen der Beschaffung herbeigeschafft und für die Produktion/Leistungserstellung bereitgestellt. Daran schließt sich der große Bereich der Produktion an, hierbei handelt es sich um den Umwandlungs- oder Kombinationsprozess der einzelnen Einsatzgüter (Input) hin zu dem Ergebnis des Produktionsprozesses, einem Produkt (Output).

Der Output, das fertige Produkt, wird sodann der Verwertung (Absatz) zugeführt. Im Bereich der öffentlichen Verwaltungsbetriebe liegt der Produktionsprozess zum überwiegenden Teil in der Verarbeitung von Informationen und Aus- und Bewertung von Sachverhalten, mit dem Ziel der Findung einer rechtmäßigen Entscheidung. (Siehe auch Abbildung „Produktionsprozess“ auf S. 26.)

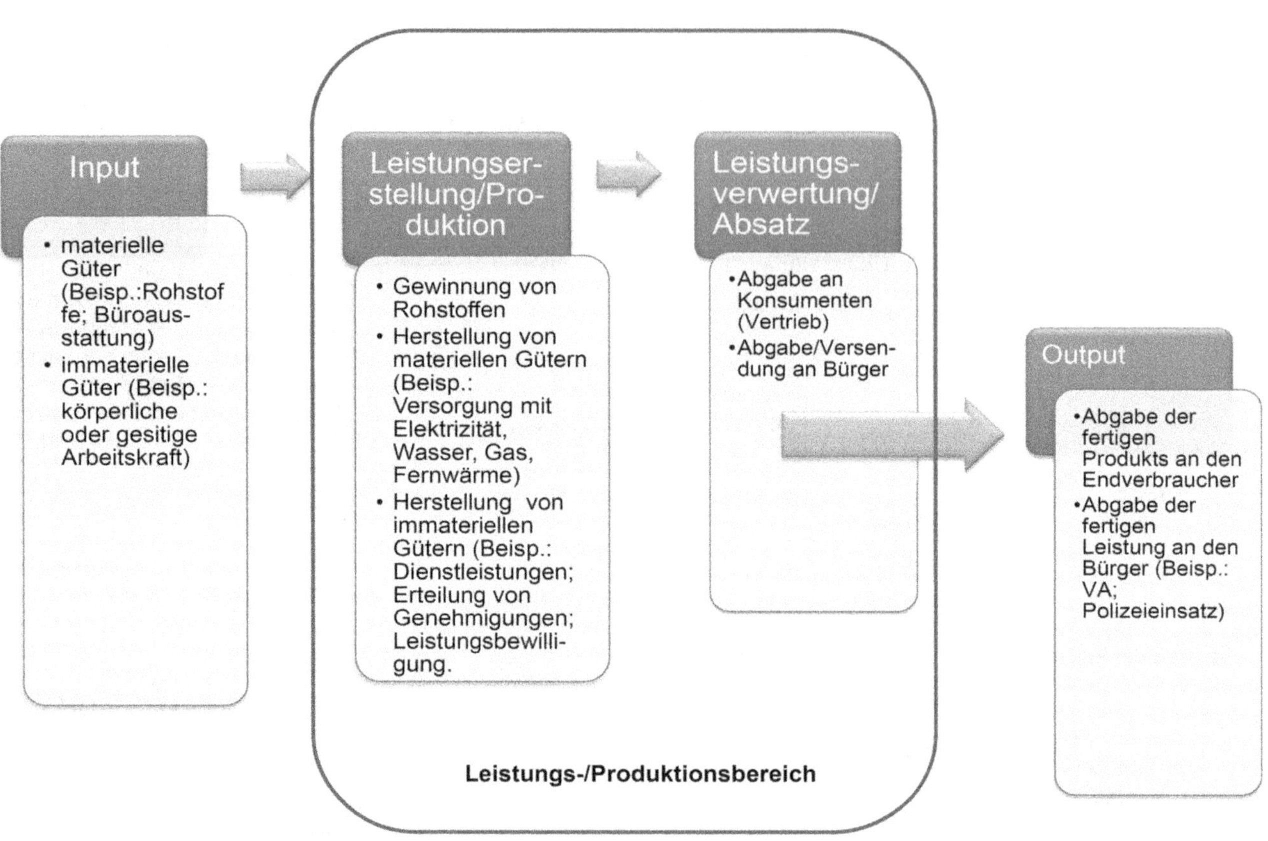

Abb.: Produktionsprozess

1.4.5.1 *Produkte*

Als Produkt wird der Output eines Produktionsprozesses bezeichnet, in dessen Verlauf beispielsweise unterschiedliche Materialien, Rohstoffe und Dienstleistungen zusammengeführt werden; unabhängig davon ist, ob das fertige Produkt materieller oder immaterieller Natur ist. Bei einem Produkt handelt es sich um eine wirtschaftliche Leistungserbringung zur Befriedigung der Bedürfnisse des Konsumenten oder Bürgers. Zumeist werden Produkte nur gegen ein Entgelt abgegeben (Absatz).

Produkte sind nicht gleich Produkte, vielmehr werden sie danach unterschieden, welchem Wirtschaftssektor sie entstammen. So wird in der Volkswirtschaft gemäß der Drei-Sektoren-Hypothese zwischen drei Sektoren differenziert:

- Primärsektor
  Als Primärsektor wird der Beginn der Wertschöpfungskette bezeichnet, da in diesem Sektor die Rohstoffgewinnung angesiedelt ist, die den Anfang häufig langer und aufwendiger Produktionsprozesse bildet.
  Beispiel: Rohstoffe, Edelmetalle, seltene Erden, Land und Forstwirtschaft
- Sekundärsektor = Produktionssektor
  Der Sekundärsektor, auch Produktionssektor genannt, ist der bedeutendste Sektor, da er die produzierende Industrie verkörpert, unabhängig von Unternehmensgröße und Branche. Es werden alle produzierenden Gewerke erfasst.
  Beispiel: Autoindustrie, Pharmaindustrie, Nahrungsmittelhersteller
  Angesiedelt ist der Sekundär- oder Produktionssektor zwischen der Rohstoffgewinnung im Primärbereich und dem tertiären Sektor mit seinen Dienstleistungen.
- Tertiärsektor
  Der tertiäre Sektor umfasst alle Dienstleistungen, unabhängig davon, ob sie von privaten Unternehmen oder der öffentlichen Hand erbracht werden, wobei die Dienstleistungen der öffentlichen Hand öffentliche Verwaltungsprozesse darstellen. In diesem Sektorenabschnitt werden alle Leistungen erfasst, die keine Sachgüter, sondern reine Dienstleistungen darstellen.
  Beispiele:
  - *Private Unternehmen: Beratung durch einen Steuerberater oder Anwalt; Informationen aus einer privaten Datenbank.*
  - *Öffentliche Hand: Erteilung einer Baugenehmigung; Beratung für Sozialleistungen*

1.4.5.1.1 Produkte des Verwaltungsbetriebs

Die von der Verwaltung erbrachten Leistungen und Ergebnisse des Verwaltungshandelns stellen die Produkte der Verwaltungsbetriebe. Diese Produkte haben die Form von Sach- oder Dienstleistungen und dienen grundsätzlich der Erfüllung öffentlicher Aufgaben.

Als Sachleistungen bezeichnet man Leistungen in Form von materiellen Gütern. Dienstleistungen hingegen sind immaterieller Natur.

Charakteristisch für den Verwaltungsbetrieb ist, dass er überwiegend Produkte in Form von Dienstleistungen hervorbringt. Verwaltungsbetriebe werden daher dem tertiären Sektor zugeordnet. Eine Unterscheidung zwischen materielle oder immaterielle Produkte produzierenden Produktionseinheiten erfolgt bei Verwaltungsbetrieben nicht. Der Begriff „Produkt" wird in diesem Bereich weiter gefasst und als Überbegriff verwendet. Der Verwaltungsbetrieb wird zu einem Produktionsbetrieb.

Verwaltungsprodukte sind in sich abgeschlossene Arbeitsergebnisse von Verwaltungsbetrieben, die für Adressaten außerhalb des Verwaltungsbetriebes, den sogenannten Externen, bestimmt sind/erbracht werden.

Bei den externen Adressaten handelt es sich in der Regel um Bürger, Unternehmen, Verbände, Vereine oder einen anderen Verwaltungsbetrieb.

Beispiel:

Der Müllgebührenbescheid an den Bürger stellt ein externes Verwaltungsprodukt des Landkreises dar. Ebenso die Erteilung der Baugenehmigung an den Bürger.

Ein Produkt für einen anderen Verwaltungsbetrieb kann in Form eines Teil-Produkts erbracht werden und wird als „externes Teil-Produkt" bezeichnet.

Beispiel:

Stellungnahme der Unteren Naturschutzbehörde (Verwaltungsbetrieb) zu einem Straßenbauprojekt eines kommunalen Straßenbaulastträgers für die Straßenbaubehörde (Verwaltungsbetrieb). Die Stellungnahme der Unteren Naturschutzbehörde ist für die zuständige Straßenbaubehörde ein externes Teil-Produkt, das in das Produkt der Genehmigungserteilung einfließt.

Leistungen, die für Adressaten innerhalb eines Verwaltungsbetriebs bestimmt sind, somit interner Natur sind, werden als interne Leistungen (Teil-Produkte) bezeichnet.

Beispiel:

Die Organisationseinheit 1 erstellt für die Organisationseinheit 2 eine Stellungnahme. Die Stellungnahme stellt eine interne Leistung dar.

Merke:
Je nach Adressatengruppe wird zwischen externen Verwaltungsprodukten (Produkte, die für den Bürger, Unternehmen, Vereine oder andere Behörden erbracht werden) und den internen Verwaltungsprodukten (Produkte, die eine Organisationseinheit der Verwaltung für eine andere Organisationseinheit derselben Verwaltung erstellt) differenziert.

Das sächsische NSM-Rahmenhandbuch behandelt „Leistungen" im Abschnitt „Produktbildung". Es unterscheidet (behördenexterne, permanente) „Produkte", (behördeninterne, permanente) „interne Tätigkeiten" und (behördenexterne oder behördeninterne temporäre) „Projekte". Leistungen werden weiter danach differenziert, ob sie behördenspezifisch sind oder nicht. Nicht behördenspezifische Produkte, interne Leistungen und Projekte werden in einem „Landleistungskatalog" und alle für eine Behörde relevanten Produkte werden in einem „spezifischen Leistungskatalog" zusammengefasst. Ein zentraler Leistungsausschuss, in dem alle Ressorts vertreten sind, erarbeitet Vorschläge für nicht behördenspezifische „landesweite" Produkte.

1.4.5.1.2 Produkthierarchie

Die Leistungen und Produkte werden im Rahmen der sog. Produkthierarchie auf unterschiedlichen Produktebenen, nämlich den Produktbereichen, Produktgruppen und Produkten, strukturiert gebündelt.

- Produktbereich
  Der Produktbereich stellt nach dem formal vorgeschalteten Hauptproduktbereich die oberste Gliederungsebene innerhalb der Produkthierarchie dar. Innerhalb dieser Gliederungsebene werden unter den verschiedenen Produktbereichen die jeweiligen zugehörigen Produktgruppen erfasst.
  ACHTUNG! Bei der produktorientierten kommunalen Haushaltsplanung der doppischen Kommunen wird den einzelnen Produktbereichen ein Teilhaushalt zugewiesen.
  Beispiel: Innere Verwaltung; Sicherheit und Ordnung
- Produktgruppe
  Die Produktgruppen gliedern sich hierarchisch auf der mittleren Gliederungsebene ein und erfassen die Produkte nach ihrer Thematik.
  Beispiel: Wasserwirtschaft; Brandschutz; Soziale Einrichtungen
- Produkt
  Produkte öffentlicher Verwaltungen sind die öffentlichen Leistungen, die für Dritte oder eine andere Verwaltungseinheit erbracht werden. Hierbei handelt es sich um abgeschlossene Arbeitsergebnisse.
  Beispiel: wasserrechtliche Genehmigungen

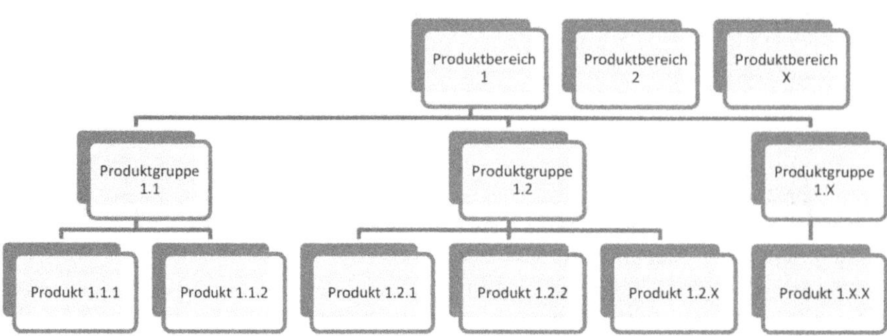

Abb.: Produkthierarchie

Die Gesamtheit der Produktbereiche ergibt den Produktrahmen, der eine hierarchische Aufbaustruktur hat.

1.4.5.1.3 Produktrahmen

Der Produktrahmen dient den Gemeinden bei der Fragestellung, welche Produkte in den einzelnen Verwaltungseinheiten einer Stadtverwaltung gebildet werden können/zu bilden sind. Des Weiteren ist darauf zu achten, dass die produktverantwortliche Verwaltungseinheit (z. B. Ordnungsamt, Bauamt) sowie der produktverantwortliche Verwaltungsmitarbeiter benannt wird und die einzelnen Produkte klar und eindeutig abgrenzbar voneinander sind, um im Rahmen des Controllings und Rechnungswesens die Zielerreichung durch Kennzahlen abbilden zu können.

In der Doppik und erweiterten Kameralistik bildet der Produktrahmen/Produktrahmenplan die Produktstruktur ab und gibt die Mindestinhalte der einzelnen Produktbereiche in Bezug auf die Zuweisung der Produkte zu den Produktgruppen vor. Der Produktrahmen ist bis zur dreistelligen Produktgruppe verbindlich; die nachfolgenden Produkte liegen im Zuständigkeitsbereich der Gemeinden/Kommunen.

Mit Hilfe des **landeseinheitlichen Produktrahmens** werden die Hauptproduktbereiche mit den dazugehörigen Produktbereichen, Produktgruppen und Produkten/Leistungen aufgestellt. Der Produktrahmen basiert auf einer funktionalen Gliederung der Produkte (sachliche Gliederung).

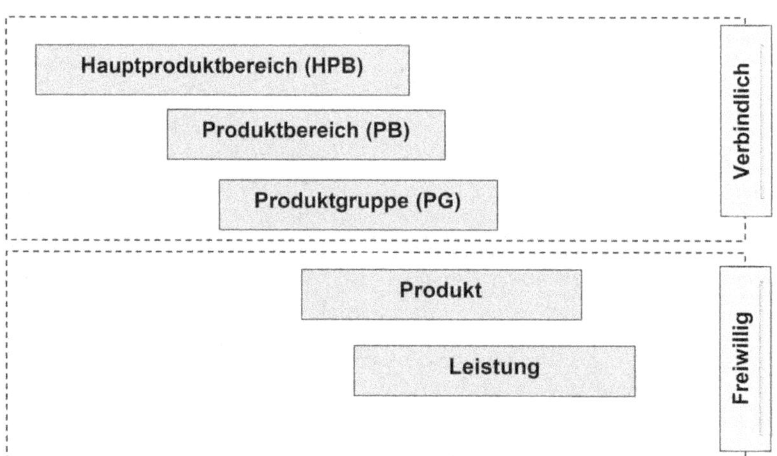

Abb.: Produktrahmen-Skelett

Hauptproduktbereich	Produktbereich	Produktgruppe	Produkt	Bezeichnung
	11			Innere Verwaltung
		111		Verwaltungssteuerung und Service
	12			Sicherheit und Ordnung
		121		Statistik und Wahlen
		122		Ordnungsangelegenheiten
		126		Brandschutz

Hauptproduktbereich	Produktbereich	Produktgruppe	Produkt	Bezeichnung
		127		Rettungsdienst
	31-35			Soziale Hilfen
		311		Grundversorgung und Hilfen nach SGB XII
			3111	Hilfen zum Lebensunterhalt

Abb.: Produktrahmen (Auszug) (Quelle: VwV Kommunale Haushaltssystematik vom 11.12.2019 (SächsABl. SDr. 2020 S. S 82)

Jede Gemeinde ist verpflichtet, unter Heranziehung des einschlägigen landeseinheitlichen Produktrahmens einen eigenen Produktplan aufzustellen; wobei die durch den landeseinheitlicher Produktrahmen vorgegebenen Zuordnungen einzuhalten sind. Er ist somit verbindlich für die Gemeinden.

Nicht vorgeschrieben sind hingegen die Anzahl der Produkte oder Leistungen. Werden einzelne Produkte oder Leistungen von der Gemeinde nicht erbracht, so sind diese nicht im gemeindlichen Produktplan auszuweisen.

In Produktgruppen, die nur einen minimalen Finanzumfang verkörpern, sind keine Differenzierungen der einzelnen Produkte vorzunehmen; vielmehr können diese zu sogenannten Sammelprodukten zusammengefasst werden.

1.4.5.1.4 Produktbildung

Im Rahmen der Erstellung des Produktplans hat sich eine Gemeinde/Kommune mit den für sie relevanten und den gemeindlichen/kommunalen Bedürfnissen entsprechenden Produkten auseinanderzusetzen und diese zu bilden (**Produktbildung**); hierbei gilt das Prinzip: Erfassung der relevanten Produkte. Gleichzeitig sind bei der Produktbildung die Vorgaben des Produktrahmens für die Haushaltsführung der doppischen Kommunen zu beachten.

Im Rahmen dieser Erstellung entsteht der sogenannte **Produktkatalog** der örtlichen Verwaltungsprodukte, der eine Übersicht der kommunalen Produktbereiche, Produktgruppen und Produkte wiedergibt.

1.4.5.1.5 Produktbeschreibung und Produktformular

Die gebildeten Produkte sind durch Produktbeschreibungen darzustellen. Gemäß § 4 Abs. 2 Sächsische KommHV-Doppik sind die „Leistungsziele und Kennzahlen zur Messung der Zielerreichung" abzubilden. Mit Hilfe von sogenannten Produktformblättern werden in der Praxis die einzelnen Produkte detailliert beschrieben und definiert.

1.4.5.2 Güter

Für den Produktionsprozess bedarf es der Eingabe von Gütern (sog. Input), um Produkte (Output) erstellen zu können. Diese einzusetzenden Güter nennt man auch Produktionsfaktoren.

> Grundsätzlich sind Güter solche Dinge, die der menschlichen Bedürfnisbefriedigung dienen.
>
> Betriebswirtschaftlich betrachtet, sind Güter materielle oder immaterielle Objekte, die der Befriedigung unternehmerischer Bedürfnisse dienen.

Güter werden nach ihrer Art kategorisiert und aufgrund ihres Inhalts „Güterpaarungen" zugeführt. Im Teil Volkswirtschaftslehre dieses Lehrbriefes werden verschiedene Arten von Gütern erläutert.

1.4.5.3 Produktionsfaktoren

Für die Erbringung von Leistungen und das Erzeugen von Produkten ist es erforderlich, dass unterschiedliche Wirtschaftsgüter, sog. Produktionsfaktoren, miteinander kombiniert werden. Produktionsfaktoren werden auch als Inputfaktoren bezeichnet. Nach Erich Gutenberg unterscheidet man zwischen Elementarfaktoren und dispositiven Faktoren.

1.4.5.3.1 Elementare Produktionsfaktoren

Als Elementarfaktoren (Einsatzgüter) werden die Faktoren bezeichnet, die den Input des Betriebes darstellen. Arbeit, Boden, Kapital und Wissen sind die klassischen Elementarfaktoren. Elementarfaktoren sind nach ihrer Güterart zu differenzieren:

- **Reale materielle Produktionsfaktoren**
  Sämtliche materiellen Faktoren, die für die Produktion der Produkte herangezogen werden.
  - **Betriebsmittel (Anlagen- und Gebrauchsgüter** für die Produktion)
    Als Betriebsmittel wird die technische Ausstattung, die dem Produktionsprozess dient, bezeichnet.
    - ✓ Mobiliar, Maschinen, Anlagen (maschinelle Anlagen; Werkzeug; Kopierer; Computer)
      Diese werden durch die Art der zu erbringenden Leistungen und Produkte geprägt und bestimmt.
    - ✓ Boden, Raum (Grundstücke; Liegenschaften; Immobilien)
      Diese beiden Faktoren sind maßgeblich für den Standort des Betriebes (Boden) und für die Produktivität und damit Wirtschaftlichkeit eines Betriebes (Raum). Je besser das Gebäude auf den Betrieb zugeschnitten ist, umso effektiver können die Leistungsprozesse gestaltet werden.

  - **Werkstoffe (Verbrauchsgüter** für die Produktion)
    Mit dem Begriff „Werkstoff" werden die Roh-, Hilfs- und Betriebsstoffe erfasst, die es für die Erzeugung neuer Produkte bedarf. Alle Werkstoffe, bis auf die Betriebsstoffe, gehen vollständig in dem neuen Produkt auf und werden Bestandteil desselbigen.
    - ✓ Rohstoffe
      = Hauptbestandteile des zu erzeugenden Produkts
    - ✓ Hilfsstoffe
      = Nebenbestandteile, die zwar für die Erzeugung des Produkts erforderlich sind, sich jedoch nicht mengen- oder wertmäßig auf dieses auswirken.
      Beispiele: Papier; Radiergummi; Schreibutensilien
    - ✓ Betriebsstoffe
      = Stoffe, die für die Produktion erforderlich sind, jedoch nicht in die Produkte einfließen.
      Beispiele: Heizstoffe; Elektrizität; Glühbirnen
- **Reale immaterielle Produktionsfaktoren**
  - **Arbeit**
    Der Faktor Mitarbeiter und Arbeitskraft ist der wesentliche Faktor bei der Erzeugung von Leistungen/Produkten. Ohne die ausführende (exekutive) körperliche und/oder geistige Arbeit der Verwaltungsmitarbeiter würden keine Verwaltungsprodukte erzeugt werden können und die verwaltungsbetrieblichen Zielsetzungen nicht realisiert werden.
  - **Dienstleistungen**
    Der Faktor Dienstleistungen ist immaterieller Natur und Teilprodukt aus der Kombination anderer Produktionsfaktoren. Innerhalb des Faktors Dienstleistungen ist zwischen externen Dienstleistungen und internen Leistungserbringungen zu unterscheiden.
    - ✓ Externe Dienstleistungen
      = externer Produktionsfaktor: Erbringung von externen immateriellen Gütern durch externe Betriebe/Unternehmen.
    - ✓ Interne Leistungserbringung
      = Dienstleistungen, die durch interne andere Organisationseinheiten desselben Betriebes erbracht werden.
  - **Rechte**
    Rechte stellen immaterielle Faktoren dar, die Werte und Rechte eines Betriebes verkörpern.
    Beispiel: Patente; Konzessionen; Lizenzen
  - **Wissen**
    Der Faktor Wissen bezieht sich auf das einzusetzende Wissen und relevante Informationen innerhalb der Produktionsprozesse. Gleichzeitig stellt dieser Faktor den zunehmend kritischer werdenden Erfolgsfaktor im Wertschöpfungsprozess dar. Der Wandel von der materiellen Produktionsgesellschaft hin zu einer dienstleistungsorientierten Wissensgesellschaft spiegelt sich in der Entwicklung des Faktor Wissen wider. Informationen werden global kommuniziert, abgegriffen, verarbeitet und so Teil des Wertschöpfungssystems, wobei ihre stetig abnehmende Halbwertzeit zu beachten ist. Es gilt, die richtige Information zur richtigen Zeit zu haben. Dies bedeutet jedoch, dass eine zielorientierte Filterung und Aufbereitung der global erlangten Informationen zu erfolgen hat, um einen Informationsvorsprung vor Wettbewerbern zu erlangen oder zu erhalten. Der Faktor Wissen ist eine der bedeutendsten und wertvollsten Ressourcen eines Betriebes.
    Es passiert immer häufiger, dass der Faktor Wissen und der darin enthaltene Faktor Information dem Produktionsfaktor „Werkstoffe" zugewiesen wird. Die Information wird dann zu einem Werkstoff der informationsverarbeitenden Dienstleistungsbetriebe.
- **Nominale immaterielle Produktionsfaktoren**
  - **Kapital**
    Das Kapital ist der monetäre Faktor und verkörpert die finanziellen Mittel. Das Kapital fungiert hier jedoch nicht als Tauschmittel, um einen anderen Elementarfaktor zu erlangen, sondern stellt einen wesentlichen Bestandteil der Leistungen des Verwaltungsbetriebes dar.
    Beispiel: Geldleistungen als Sozialleistungen; Subventionen; etc.

1.4.5.3.2 Dispositive Produktionsfaktoren

Die dispositiven Produktionsfaktoren beziehen sich insbesondere auf die Lenkung und Leistung der betrieblichen Abläufe sowie dem Treffen unternehmerischer Entscheidungen. Dispositive Produktionsfaktoren nehmen somit Einfluss auf die Prozess- und Leistungsabläufe innerhalb eines Betriebes. Mit dieser Begrifflichkeit wird die Geschäftsleitung, Planung und Organisation und Kontrolle des betrieblichen Handelns erfasst; sprich die Managementebene eines Betriebes.

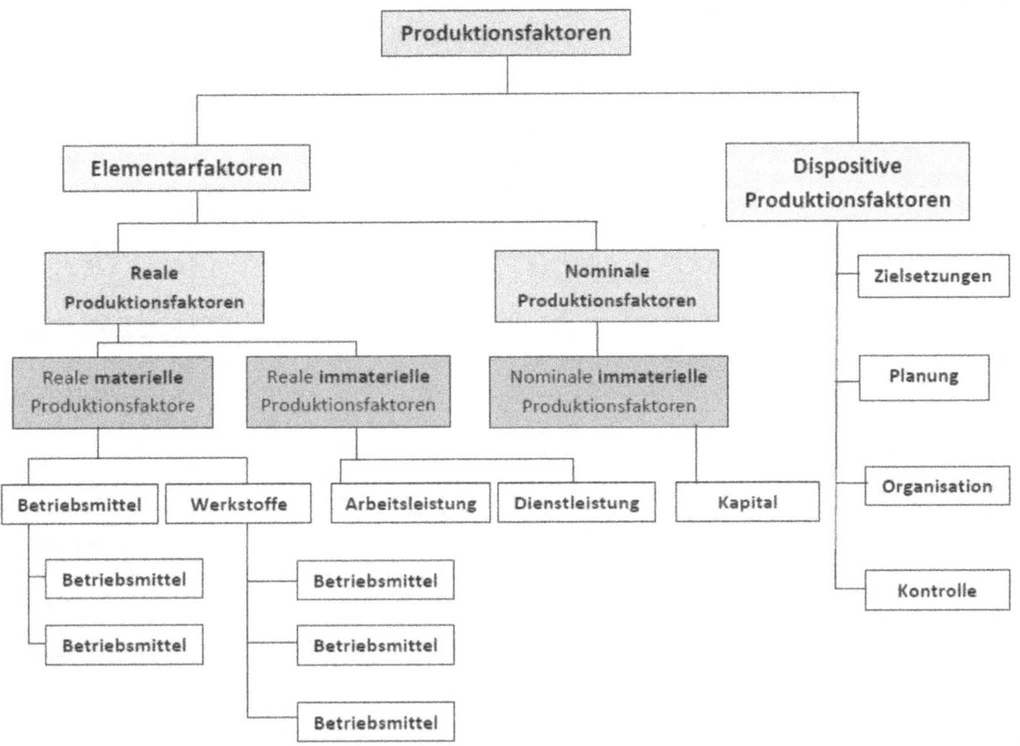

Abb.: Produktionsfaktoren

1.4.5.3.3 Refinanzierung von Produktionsfaktoren

Private Betriebe geben ihre Leistungen am Markt grundsätzlich mit dem Ziel der Gewinnerzielung oder zumindest Kostendeckung ab. Zur Kostendeckung für die eingesetzten Produktionsfaktoren werden die Verkaufseinnahmen bereits verkaufter Produkte eingesetzt oder Investitionen getätigt.

Die öffentliche Verwaltung hingegen gibt ihre Leistungen und Produkte unentgeltlich, stellenweise entgeltlich oder auch kostendeckend an die Bürger weiter. Zur Kostendeckung für die eingesetzten Produktionsfaktoren werden Abgabe in Form von Gebühren oder Beiträgen für gewisse Verwaltungsleistungen vom Adressaten eingefordert. Eine andere Form der Abgaben sind die Steuern, diese werden von der zuständigen Stelle innerhalb der öffentlichen Verwaltung von den Bürgern eingefordert, ohne dass diese einen rechtlichen Anspruch auf eine Gegenleistung geltend machen können.

Das Recht zur Einnahme von Steuern, Beiträgen und Gebühren obliegt den Finanzministerien, Oberfinanzdirektionen, Hauptzollämtern, Finanzämtern, Zollämtern, kommunalen Steuerämtern bzw. den jeweils beitrags-, gebührenerhebungsberechtigten Behörden. Des Weiteren werden im rechtlich zulässigen Rahmen Kredite aufgenommen (Finanzministerium, kommunale Kämmereien oder Finanzabteilungen).

Nach dem NSM-Rahmenhandbuch werden die unterschiedlichen Produkte erfasst:

- einen Preis erzielen (Preisprodukte)
  Beispiel: Aufführungen eines städtischen Theaters; städtischer Zoo; etc.
- Gebühren erzielen (Gebührenprodukte)
  Beispiel: Erteilung des Baugenehmigungsbescheides; Erstellung des Personalausweises; etc.
- über spezifische Budgets verfügen (Budgetprodukte)
  Beispiel: Hochwasserschutz; Küstenschutz; etc.

Produktkategorien sind die gruppenweise Zusammenfassung von Produkten nach bestimmten Kriterien, wie z. B. Produkteigenschaften, Produktverwendung, Produktbeschaffung etc. Produkte derselben Produktkategorie weisen gleiche oder ähnliche und damit vergleichbare Merkmale auf.

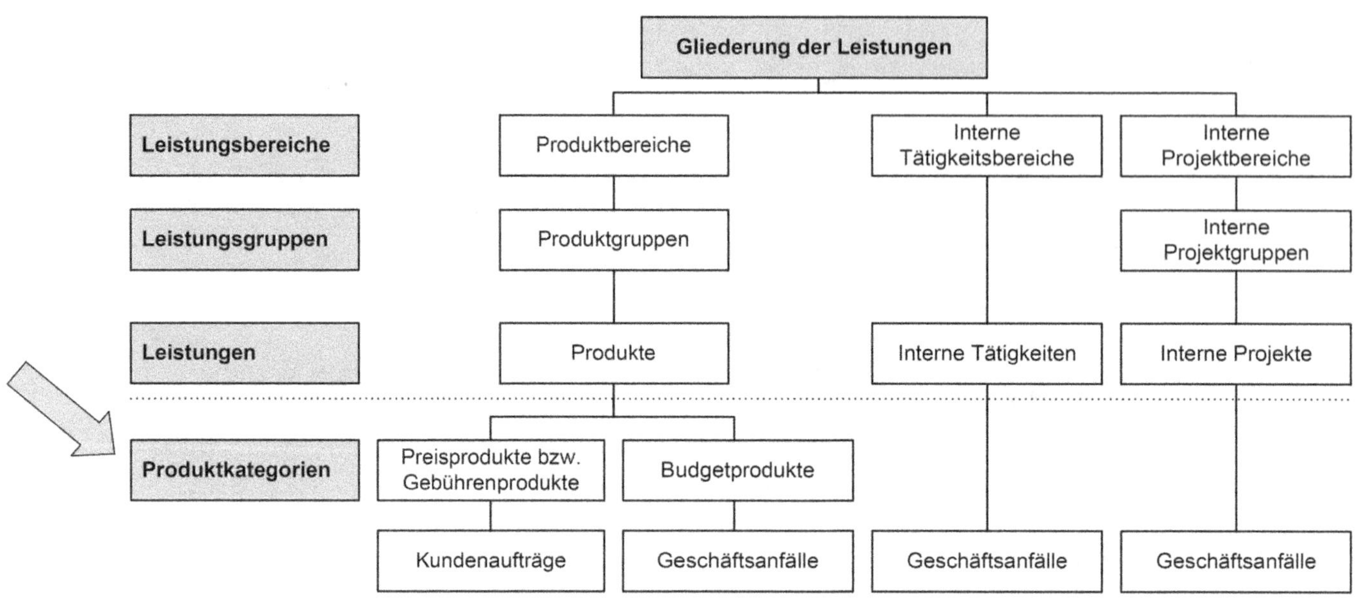

Quelle Abb.: Rahmenhandbuch Neue Hochschulsteuerung, Teil I: Fachkonzept zur Neuen Hochschulsteuerung, S. B-4.

1.4.5.4 Kontrollfragen

1. Handelt es sich bei der öffentlichen Verwaltung um einen Betrieb?
2. Erstellen Sie einen hierarchischen Produktkatalog.
3. Erstellen Sie eine Produktkategorisierung, in der Sie Produkte der öffentlichen Verwaltung nach Preis-, Gebühren- und Budgetprodukten differenzieren.

Lösung

Zu 1: Die öffentliche Verwaltung ist angehalten, betriebswirtschaftlich zu denken, planen und agieren, bedingt durch die Auferlegung des Prinzips der Wirtschaftlichkeit. Die öffentliche Verwaltung stellt Zielsetzungen auf, die durch Gesetze und ihre Normierungen, Ratsbeschlüsse und angezeigte Bedarfe der Bürger in Form von Bürgerbegehren bestimmt werden. Die öffentliche Verwaltung produziert nicht für den Eigenbedarf, sondern für den Fremdbedarf der Bürger. Damit werden sie zu Wirtschaftseinheiten und damit zu Betrieben, die auch als öffentliche Verwaltungsbetriebe bezeichnet werden.

Zu 2:	Produktbereich	Produktgruppe 1.1	Produkt 1.1.1
		Produktgruppe 1.2	Produkt 1.2.1

zu 3:

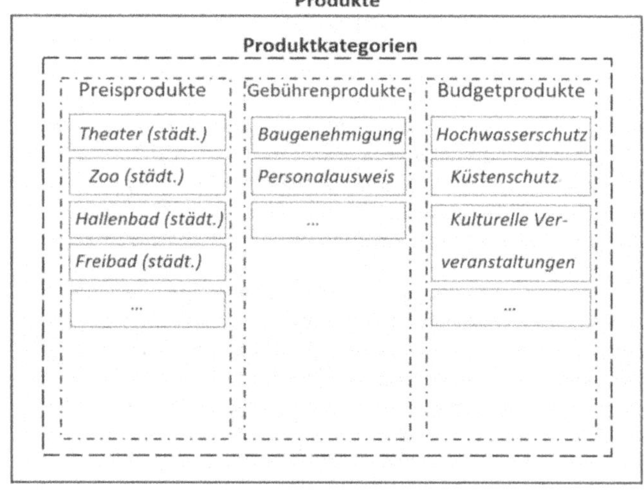

1.4.6 Funktionsbereiche der Verwaltungsbetriebe

Der Begriff der Funktionsbereiche beschreibt die verschiedenen Leistungsbereiche eines Betriebs. Die Anzahl der einzelnen betrieblichen Funktionsbereiche variiert je nach Größe und Zielsetzung des Betriebs. Einen Überblick über die Gesamtheit der Funktionsbereiche und ihr Zusammenwirken mit- und untereinander kann dem Aufbau- oder Prozessorganigramm entnommen werden.

Die Funktionsbereiche müssen untereinander so organisiert und gestaltet sein, dass sie die Erreichung der gesetzten Unternehmensziele möglich machen.

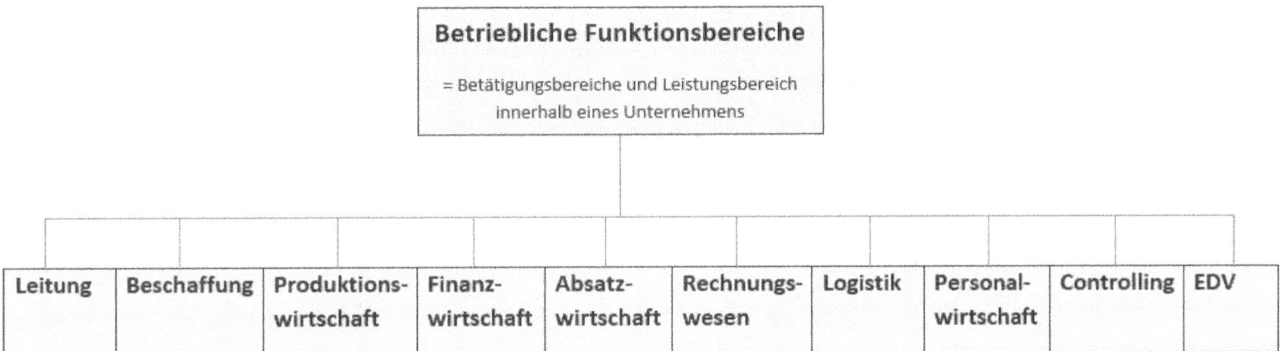

Abb.: Betriebliche Funktionsbereiche

1.4.6.1 Leitung

Der Bereich der Leitung ist ein dispositiver Produktionsfaktor und stammt begrifflich aus der Organisationslehre. Leitung betitelt das oberste Organ eines Unternehmens, die Unternehmensleitung.

1.4.6.2 Beschaffung

Beschaffung steht als Oberbegriff für alle betrieblichen Tätigkeiten, die – sehr verallgemeinert – die Beschaffung von Produktionsfaktoren und Finanzmitteln zum Inhalt haben.

Der Bereich der Beschaffung ist mit (fast) allen Funktionsbereichen verwoben, da die Beschaffung für die gesamte Ressourcenversorgung der betrieblichen Leistungsprozesse verantwortlich ist:

- Beschaffung von Gütern und Dienstleistungen (Roh-, Betriebs- und Hilfsstoffe; Fremdleistungen)
- Beschaffung von Personal
- Beschaffung von Finanzmitteln (Kapital).

Gemäß § 72 Abs.1 SächsGemO hat „Die Gemeinde [...] ihre Haushaltswirtschaft so zu planen und zu führen, dass eine stetige Erfüllung ihrer Aufgaben gesichert ist. Dabei ist den Erfordernissen des gesamtwirtschaftlichen Gleichgewichts grundsätzlich Rechnung zu tragen.“

1.4.6.2.1 Beschaffungsziele

Ziel der Beschaffung ist

- die Sicherstellung der Leistungsfähigkeit durch bedarfsgesteuerte Ressourcenversorgung,
- die Sicherung der Qualität,
- Kostenreduzierung durch Senkung der Beschaffungskosten, Bezugskosten und Lagerhaltungskosten,
- die Bedarfsermittlung, um die entsprechenden Ressourcen zur richtigen Zeit am richtigen Ort einsetzen zu können,
- die Lieferantenermittlung durch Vergabeverfahren und damit verbundene Angebotsvergleiche. Damit geht die Möglichkeit der Beschaffungskostensenkung einher.

1.4.6.2.2 Beschaffungsprozess

Der Beschaffungsprozess teilt sich in drei große Bereiche:

- Beschaffungsplanung
- Beschaffungsdurchführung
- Beschaffungskontrolle.

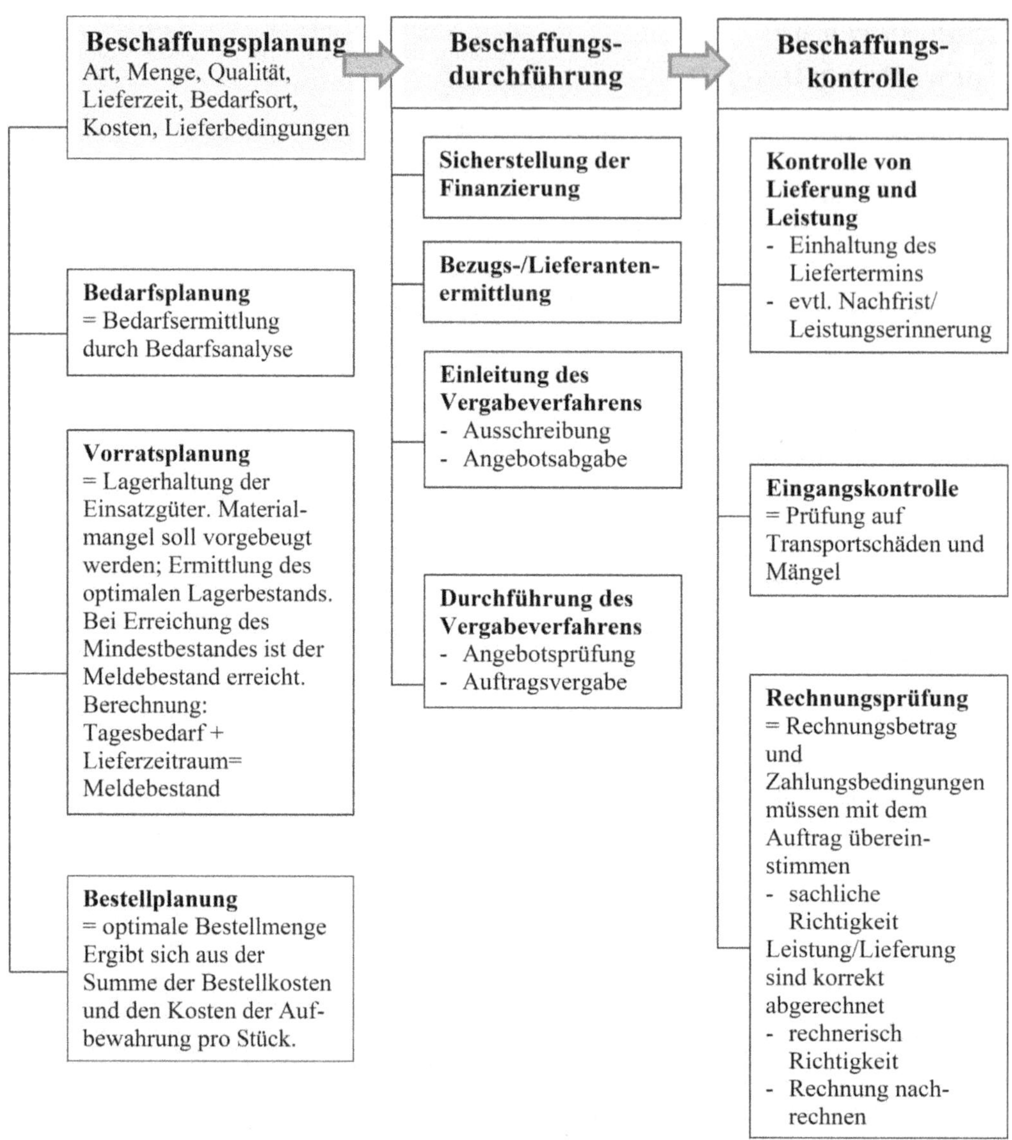

Abb.: Beschaffungsprozess

1.4.6.2.2.1 Beschaffungsplanung

Beschaffungsplanung hat die Planung der optimalen Beschaffung im Rahmen eines festgesetzten Budgets zum Inhalt. Dreh- und Angelpunkt sind die Bedarfe (Art, Menge, Qualität, Einsatzort).

Ziel der Beschaffungsplanung

Die Ziele der Beschaffungsplanung sind vielfältig:

- *Minimierung der Beschaffungskosten*
  Die Verringerung der Produktkosten erfolgt durch die Auswahl der Lieferanten und Verhandlung der Lieferkonditionen, der Optimierung des Bestellprozesses und der Lagerhaltung, Dies kann durch die Bestimmung der optimalen Bestellmenge zur optimalen Zeit möglich gemacht werden.
- *Senkung des Beschaffungsrisikos*
  Das Beschaffungsrisiko zu minimieren, bedeutet auf unvorhergesehene Ereignisse (z. B. Lieferengpässe, Lieferverzögerungen, Transportschäden etc.) flexibel reagieren zu können.
- *Bestimmung der Qualitätsstandards*
  Bestimmung der Lieferstandards und Qualitätsstandards.
- *Beachtung des Beschaffungsprozesses*
  Einhaltung der Prozessabläufe, um den festgesetzten Standard zu wahren, evtl. Risiken zu minimieren oder ganz zu unterbinden und die gesetzten Ziele zu erreichen.

Vorratsplanung

Im Rahmen der Vorratsplanung werden die Vorratsmenge und die Lagerhaltung geplant. Um eine optimale Vorratsplanung zu gewährleisten, ist es erforderlich, dass das Bestellverfahren, der Meldebestand und Mindestbestand bestimmt werden.

- Bestellrhythmusverfahren
  Nach Ablauf eines festgelegten Zeitraums (z. B. monatlich, quartalsweise etc.) werden die Lagerbestände überprüft und bis zu einem ebenfalls festgelegten Sollbestand aufgefüllt, dabei variiert die Bestellmenge je nach Lagerbestand.

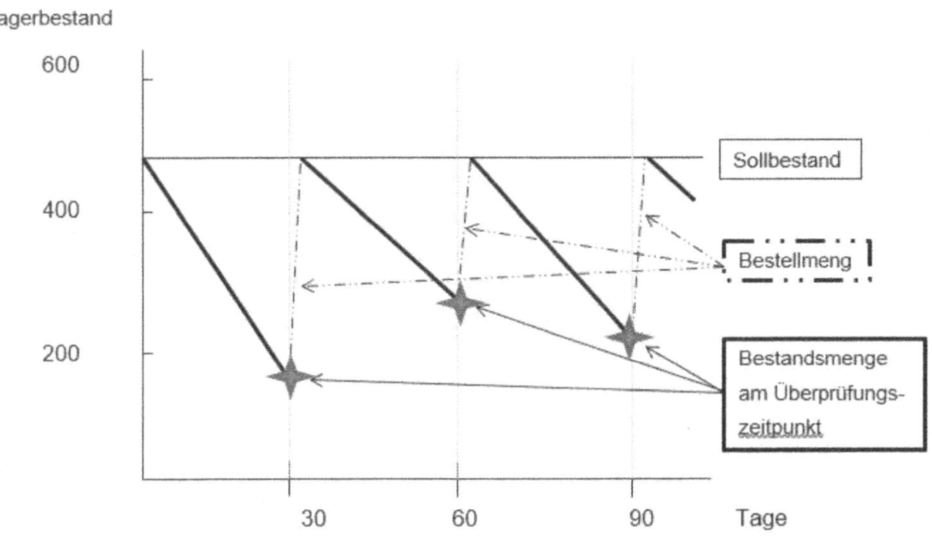

- Bestellpunktverfahren
  Bei dem Bestellpunktverfahren wird immer dann eine Bestellung ausgelöst, wenn die Lagerbestände die kritische Menge, den sogenannten Meldebestand, erreicht haben.

Der Meldebestand wird wie folgt berechnet:
Verbrauch pro Tag x Beschaffungszeitraum = Meldebestand

Mit der Bestimmung des Meldebestands kann sichergestellt werden, dass die Bedarfe bis zur Materiallieferung durch den noch vorhandenen Lagerbestand gedeckt werden können, ohne dass es zu Verzögerungen im Betriebsablauf kommt.

Der Meldebestand ist nicht gleich dem Mindestbestand. Vielmehr besteht zwischen dem Meldebestand und dem Mindestbestand ein ausreichender Pufferbestand. Dieser sorgt dafür, dass bei Lieferschwierigkeiten oder Verzögerungen Materialreserven für einen bestimmten Zeitraum zur Verfügung stehen.

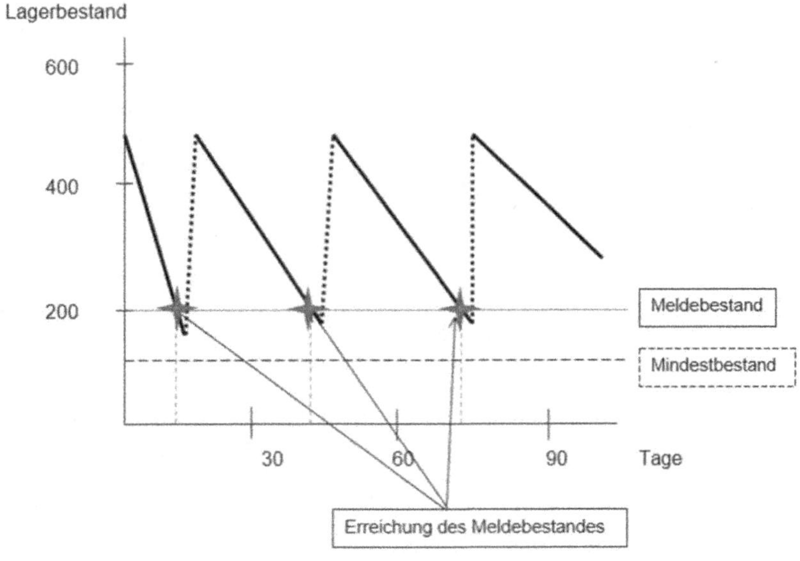

Bestellplanung

Die Bestellplanung kann unterschiedlich gestaltet werden. So besteht die Möglichkeit, die Planung anhand der maximalen Lagerkapazitäten auszurichten, was dazu führt, dass die durchschnittlichen Lagerbestände sehr hoch sind und eine hohe Kapitalbindung erzeugen.

Hält man die Lagerbestände hingegen niedrig, so werden die durchschnittlichen Lagerbestände niedrig gehalten, die Häufigkeit der Bestellungen steigt jedoch, da immer nur geringe Mengen geordert werden. Dies führt zu hohen Bestellkosten und es besteht die Gefahr, dass es bei Lieferverzögerungen zu Lagerengpässen kommt.

Daher gilt es, bei der Bestellplanung die optimale Bestellmenge zu ermitteln. Die optimale Bestellmenge ist die Menge, bei der sowohl die Lage-, als auch die Bezugskosten ihren Minimalpunkt haben.

1.4.6.2.2.2 Beschaffungsdurchführung

Sicherstellung der Finanzierung

Es ist sicherzustellen, dass die erforderlichen Finanzmittel für die Beschaffung im Haushalt berücksichtigt werden, sprich entsprechende Finanzmittel zur Verfügung stehen.

Bezugs-/Lieferantenermittlung

Die Bezugsquellen- und Lieferantenermittlung erfolgt durch die Markterkundung. Es handelt sich um reine Recherchearbeit, um zu ermitteln,
- welche Lieferanten die benötigten Waren und Leistungen,
- zu welchen Preisen und Qualität sowie
- in welchen Lieferzeiträumen und
- zu welchen Lieferbedingungen

erbringen können.
Ist die Beschaffung zentral organisiert, so ist für diese Arbeiten die zuständige Vergabestelle zuständig.

Vergabeverfahren

Die Einleitung und Durchführung von Vergabeverfahren obliegt bei der zentralen Organisation der Beschaffung, den zuständigen Vergabeverfahren.

Ob ein nationales oder europaweites Vergabeverfahren durchzuführen ist, richtet sich nach der Höhe des Auftragswerts; liegt dieser unterhalb der Schwellenwerte, so erfolgt die nationale Ausschreibung des Auftrages im Rahmen des Vergabeverfahrens im Unterschwellenbereich. Übersteigt der Auftragswert hingegen den Schwellenwert, so ist eine EU-weite Ausschreibung erforderlich.

Nach Ablauf der Angebotsfrist werden die Angebote geprüft. Der Auftrag ist grundsätzlich dem Bieter zu erteilen, der unter Beurteilung aller Kriterien das wirtschaftlichste Angebot abgegeben hat.

Die Auftragserteilung ist rechtlich betrachtet die Annahme des eingereichten Angebots.

Die für im Vergaberecht geltenden gesetzlichen Normierungen sind zwingend einzuhalten. Eine Missachtung kann zu Verfahrensfehlern führen.

1.4.6.2.2.3 Beschaffungskontrolle

Beschaffungskontrollen bedeuten, dass jeder Schritt vom Abruf bis zur Lieferung der Leistungen dokumentiert wird.

Eingangskontrolle

Bei Lieferung der Waren ist selbige auf Schäden oder Mängel zu kontrollieren und der Eingang sowie die Kontrolle sind zu dokumentieren.

Rechnungsprüfung

Lieferungen und erbrachte Leistungen müssen auf ihre sachliche Richtigkeit überprüft werden, also ob sie tatsächlich geliefert oder durchgeführt worden sind. Im Anschluss daran erfolgt die rechnerische Überprüfung; die Rechnung wird nachgerechnet (rechnerische Richtigkeit).

1.4.6.2.3 Beschaffungsorganisation im öffentlichen Bereich

Die Beschaffung wird im Bereich der öffentlichen Verwaltung sowohl zentral als auch dezentral organisiert.

Die **zentrale Beschaffung** erfolgt durch die Einrichtung von zentralen Beschaffungsstellen auf Bundes- und Landesebene, die Rahmenverträge/Rahmenvereinbarungen mit Lieferanten abschließen, sodass eine zentrale Versorgung mit Betriebsmitteln erfolgen kann. Bei diesen zentral zu beschaffenden Leistungen handelt es sich z. B. um Büromaterial, Computer, Dienstleistungen etc. Die Bedarfe aller Fachbereiche werden durch die zentrale Beschaffungsstelle erfasst und abgedeckt.

Vorteil der zentralisierten Beschaffung ist die Stärkung der Verhandlungsposition durch größere Bedarfsmengen und die Vereinheitlichung der zu verwendenden Ressourcen/Materialien. Dies führt wiederum zu einer Kostenreduzierung im Bereich der Beschaffung.

Im Rahmen der **dezentralen Beschaffung** erfolgt die Beschaffung durch jeden Fachbereich gesondert.

1.4.6.3 Produktionswirtschaft

Mit dem Begriff der Produktionswirtschaft wird die Leistungserstellung erfasst, das bedeutet, es wird der Bereich, der mit der Erstellung von Gütern (materieller oder immaterieller Natur) und/oder Dienstleistungen betraut ist, genauer betrachtet und geplant.

1.4.6.3.1 Ziele der Produktionswirtschaft

Bezogen auf die öffentliche Verwaltung ist Ziel der Produktionswirtschaft, durch geschickte Produktionsplanung die
- Qualität der Verwaltungsvorgange durch Rechtmäßigkeit, Verständlichkeit und

- Bürgerzufriedenheit durch Verständlichkeit und Bearbeitungsgeschwindigkeit

zu steigern.

1.4.6.3.2 Produktplanung

Im Bereich der Produktionsplanung werden die Produkte und Dienstleistungen genau definiert.

Öffentliche Verwaltungen sind bei der Gestaltung ihres Produktportfolios jedoch nicht frei, da ihnen von Gesetz her die Wahrnehmung bestimmter Aufgaben zugewiesen werden. Einen Entscheidungsspielraum haben sie jedoch im Bereich der freiwilligen Aufgabenübernahmen und deren Ausgestaltung und Wahrnehmung.

Beispiel:

Bürgerbüro = *Beantragung Personalausweis*
Ausstellen von Meldebescheinigungen
Bauamt = *Bearbeitung Bauanträge*
Erstellung von Bebauungsplänen

1.4.6.3.3 Produktionsverfahren

Bei den Produktionsverfahren ist zwischen unterschiedlichen Fertigungsverfahren zu differenzieren:

Fertigungsverfahren	Beschreibung
Werkstattfertigung	Gleichartige Arbeitsschritte werden an einem Arbeitsplatz/einer Werkstatt ausgeführt, die weiteren Arbeitsschritte erfolgen in den jeweiligen Werkstätten/Arbeitsplätzen.
Fließfertigung	Die einzelnen Arbeitsschritte sind aufeinanderfolgend angeordnet und zeitlich aufeinander abgestimmt. Dadurch werden die Durchlaufzeiten reduziert.
Einzelfertigung	Es werden einzelne Erzeugnisse/Stücke hergestellt.
Serienfertigung	Produktion von mehreren gleichartigen Erzeugnissen/Stücken (Klein- oder Großserie, je nach Stückzahl). Die Produktionsmenge wird im Vorfeld bestimmt.
Massenfertigung	Es wird eine unbestimmte Menge von Erzeugnissen/Stücken in einem nicht bestimmten/festgelegten Zeitraum produziert (keine Konkretisierung der Fertigungsmenge (unendlich)).

Betrachtet man nun die Verwaltung, so stellt man fest, dass es sich bei den Dienstleistungen der öffentlichen Verwaltung in der Regel um Einzelfertigungen handelt, die in manchen Fällen mit Serienfertigungen gekoppelt sein können.

Beispiele:

- *Personalausweis*
  Der Personalausweis wird für jede Person extra erstellt. = Einzelstück und damit Einzelfertigung
- *Müllentsorgung/Müllabfuhr*
  Hierbei handelt es sich um Serienfertigung, da die gleichen Fahrzeuge jede Woche den Müll entsorgen.
- *Bereitstellung von Trinkwasser*
  Die Bereitstellung des Trinkwassers ist eine Massenanfertigung.

1.4.6.3.4 Produktionsvorbereitung

Im Rahmen der Produktionsvorbereitung werden die entsprechenden Ressourcen/Materialien, die für die Leistungserstellung erforderlich sind, bereitgestellt.

Bezogen auf die Verwaltung bedeutet dies, dass die Mitarbeiter nach der Reihenfolge der Tätigkeitsbereiche räumlich organisiert werden. Gleichzeitig sind sie mit den entsprechenden Arbeitsmitteln auszustatten. Auch die Aus- und Fortbildung der Mitarbeiter ist im Bereich der Produktionsvorbereitung angesiedelt.

1.4.6.3.5 Leistungserstellung

Die Leistungen sind innerhalb der vorgeschriebenen Zeiten zu erstellen und haben den Qualitätsvorgaben zu entsprechen.

In der öffentlichen Verwaltung ist die Leistungserstellung in den überwiegenden Fällen Einzelfallabhängig. Der Zeitfaktor wird durch Zielvereinbarungen oder durch gesetzliche Normierungen vorgegeben. Gleichzeitig muss die Qualität in Form der Rechtmäßigkeit des Verwaltungshandelns gewährleistet werden.

1.4.6.3.6 Produktions-/Leistungskontrolle

Im Rahmen der Produktions- oder Leistungskontrolle erfolgt die Überprüfung der Erreichung oder Annäherung an die Zielvorgaben. Gleichzeitig wird die Qualität der erbrachten Leistungen betrachtet.

Die Kontrolle erfolgt im Rahmen des Controllings und wird parallel zum Produktionsprozess durchgeführt.

Wichtige Aspekte des Controllings sind:

- Einhaltung der vereinbarten Zielvereinbarungen
- Zeitfaktor, Bearbeitungszeit je Einzelfall
- Qualität der Einzelleistungen
- Mitarbeiterfreundlichkeit, Bürgernähe
- Zufriedenheit der Bürger

1.4.6.4 Finanzwirtschaft

Im Bereich der Finanzwirtschaft werden alle Maßnahmen in Bezug auf Mittel-/Finanzbeschaffung sowie Rückzahlung erfasst. Auch der Bereich der Investitionen gehört hierher.

In Bezug auf die öffentliche Verwaltung sind in diesem Bereich alle wirtschaftlichen Aktivitäten der öffentlichen Verwaltung (in Form von Gebietskörperschaften und ihren wirtschaftlichen Betätigungen), die den Bereich der Kameralistik bzw. Doppik berühren, angesiedelt. Wichtige Elemente sind die jährliche Haushaltsplanung sowie die Finanzplanung, Jahres- und Haushaltsrechnungen (Kameralistik) oder Jahresabschlüsse und Gesamtabschlüsse (Doppik), die im Rahmen der Rechnungslegung erfolgen.

Anders als Wirtschaftsunternehmen generieren öffentliche Verwaltungsbetriebe keine oder nur geringe Umsätze. Die Finanzierung der öffentlichen Verwaltungsbetriebe erfolgt über andere Einnahmewege (Zuweisungen, Zuschüsse, Einnahmen aus Bewirtschaftung und Gebühren und Beiträgen, Steuern etc.).

1.4.6.5 Absatzwirtschaft

Als Absatzwirtschaft wird der Verkauf der Produkte und Dienstleistungen mit entsprechendem Mittelrückfluss bezeichnet. Die Absatzwirtschaft wird durch den Begriff des Marketings geprägt, was zur Folge hat, dass das gesamte Unternehmen marktorientiert ausgerichtet wird, von den Produkten, bis hin zur Unternehmensführung.

Merke:
Absatzwirtschaft = Marktorientiertheit

1.4.6.5.1 Marketing

Wie bereits gesagt, ist die Absatzwirtschaft eng mit Marketing verwoben.

Der Begriff des Marketings steht für die Ausrichtung und Orientierung eines Unternehmens am potenziellen Markt und dessen Kunden. Marketing beinhaltet Maßnahmen, die das Unternehmen am Markt etablieren und die Kunden an das Unternehmen binden sollen. Es ist nichts anderes als die Beeinflussung der Zielgruppe hin zu dem eigenen Unternehmen und dessen Produkten und Leistungen.

Alle Prozessabläufe und die Unternehmensstrategien werden an die Bedürfnisse der Zielgruppe ausgerichtet. Marketing wird zu einer Führungsphilosophie.

1.4.6.5.2 Marketing der öffentlichen Verwaltung

Das Marketing der öffentlichen Verwaltung ist Marketing für Dienstleistungen. Es orientiert sich an den Bedürfnissen der Bürger, die öffentliche Verwaltung wird dadurch bürgerorientiert.

Marketing der öffentlichen Verwaltung hat die Aufgabe, das Image der öffentlichen Verwaltung zu modernisieren, das Vertrauen der Bürger in die Verwaltung zu stärken und ein neues Image zu kreieren.

Das Marketing der öffentlichen Verwaltung hat die Schwerpunkte:

- Bedürfnisse der Zielgruppe, z. B. den Bürgern der Gemeinde, und daran ausgerichtete Leistungsangebote
- Effizienter Ressourceneinsatz
- Rechtmäßige und gleichzeitig bürgernahe Leistungserstellung
- Erstellung von Leitbild, Verwaltungskultur, Verwaltungsphilosophie
- Stärkung von Image und Vertrauen der Bürger in die Verwaltung
- Personalmarketing

1.4.6.6 Rechnungswesen

Das Rechnungswesen beinhaltet die Bereiche der Bilanzierung und Erfolgsrechnung sowie Kosten- und Leistungsrechnung. Es bildet die Grundlage für betriebliche Entscheidungsfindungen in Bezug auf die optimale betriebliche Planung.

1.4.6.7 Logistik

Der Begriff der Logistik beschreibt die Planung, Koordinierung sowie Durchführung, Kontrolle und Überwachung der unternehmerischen internen und externen Güter- und Informationsströme.

Auf das Themengebiet der Logistik wird hier nicht weiter eingegangen.

1.4.6.8 Personalwirtschaft

Der Begriff „Personalwirtschaft“ steht unter anderem für Personalwesen, Personalmanagement und Human Ressource.

1.4.6.9 Controlling

Controlling wird als Instrument der Unternehmenssteuerung angewendet und dient der Planung, Steuerung und Kontrolle.

1.4.6.10 Kontrollfragen

1. Benennen Sie die Phasen des Funktionsbereich „Beschaffung“.
2. Wie wird der Lagerbestand genannt, der nicht unterschritten werden darf?
3. Was muss die öffentliche Verwaltung durchführen, wenn sie einen Auftrag zu vergeben hat?
4. Wonach wird bestimmt, ob ein Auftrag national oder EU-weit ausgeschrieben werden muss?
5. Was bedeutet der Begriff der Produktionswirtschaft?
6. Benennen Sie die Bereiche der Produktionswirtschaft.

Lösung

Zu 1: Beschaffungsplanung, Beschaffungsdurchführung, Beschaffungskontrolle
Zu 2: Materialreserve
Zu 3: Vergabeverfahren.

Zu 4: Liegt der Auftragswert unterhalb der EU-Schwellenwerte, erfolgt ein nationales Ausschreibungsverfahren; wird der EU-Schwellenwert überschritten, ist der Auftrag EU-weit auszuschreiben.

Zu 5: Mit dem Begriff der Produktionswirtschaft wird die Leistungserstellung erfasst, das bedeutet, es wird der Bereich, der mit der Erstellung von Gütern (materieller oder immaterieller Natur) und/oder Dienstleistungen betraut ist, genauer betrachtet und geplant.

Zu 6: Produktionsplanung; Produktionsverfahren; Produktionsvorbereitung; Leistungserstellung; Produktions- und Leistungskontrolle.

1.4.7 Standortwahl

Unter dem Begriff des Standortes wird der geografisch genau bestimmbare Ort eines Betriebs oder einer Verwaltung bezeichnet.

Für die Entscheidungsfindung, welcher Standort effektiv und damit zielführend ist, werden sogenannte Standortfaktoren herangezogen.

Standortfaktoren	
Harte Standortfaktoren	**Weiche** Standortfaktoren
• **Materialorientierung** Betriebe, die aufgrund ihres Betätigungsfeldes auf bestimmte Rohstoffe angewiesen sind, orientieren sich an den Rohstoffvorkommen. • **Mitarbeiterorientierung** Vorhandensein von Arbeitnehmern, entsprechend den Bedarfen des Betriebs (Arbeitnehmerpotential). • **Subventionen/Steuerbelastung/Wirtschaftsförderung** Finanzielle Anreize wie z. B. Senkung der Steuerbelastung, Subventionen, Hebesätze. • **Verkehrsorientierung** Gute Verkehrsanbindung durch ÖPNV und Bahn, Flughafen, Logistikzentren; Autobahnanbindung, Kosten für Verkehrsanbindung.	**Unternehmerische Faktoren** • Kommunikation mit den örtlichen Verwaltungen und Entscheidungsträgern. • **Image des potenziellen Standortes** Außenwirkung der Region; Kompatibilität von Image des Standortes und Image des Betriebs. • **Wirtschaftliches Umfeld** Ansiedlung weiterer Betriebe oder bestehende Industrie. **Mitarbeiterbezogene Faktoren** • Kultur- und Freizeitangebote • Kinder- und familienfreundliches Umfeld • Landschaft und Natur • Stadtnähe • Wohnungen

Standortfaktoren	
Harte Standortfaktoren	**Weiche** Standortfaktoren
• **Absatzorientierung** Kundennähe, potenzielle Kunden, keine Betriebe mit vergleichbaren Leistungen und/oder wichtiger Absatzmarkt. • **Umweltorientierung** Umweltgesetze und -vorschriften; topografische Besonderheiten, die für den Betrieb erforderlich sind. • **Infrastruktur** Versorgung mit stabilem Internet etc.	• Lebensstandard und Lebensqualität • Schule, Universitäten etc.

Wie oben abgebildet, ist zwischen harten und weichen Standortfaktoren zu differenzieren.

Die **harten** Standortfaktoren zeichnen sich dadurch aus, dass sie einen direkten Einfluss auf den Betrieb, dessen Betätigung und Aktivitäten aufweisen. Je optimaler der Standort auf den Zuschnitt des Betriebes passt, umso sicherer und langfristiger wird die Standortwahl ausfallen.

Weiche Standortfaktoren haben keinen direkten Einfluss auf die Wahl des Standortes, sondern fließen indirekt in die Beurteilung von Standorten ein. Sie sind durch subjektives Empfinden geprägt und ihr Einfluss ist daher nur schwer, wenn überhaupt messbar.

Die oben aufgeführten Standortfaktoren sind nicht eins zu eins auf die Standortentscheidungen öffentlicher Einrichtungen anzuwenden. So kann ein Kreis z.B. nicht im Hoheitsgebiet eines anderen Kreises einfach seine öffentliche Einrichtung platzieren, auch wenn es vielleicht kostengünstiger etc. wäre.

Standortfaktor	Begründung/Beispiel
• **Materialorientierung** Betriebe, die aufgrund ihres Betätigungsfeldes auf bestimmte Rohstoffe angewiesen sind, orientieren sich an den Rohstoffvorkommen.	Öffentliche Betriebe, z.B. Forstbetriebe, aber auch für Verwaltungseinheiten wie Wasserschutzpolizei, Autobahnpolizei.
• **Mitarbeiterorientierung** Vorhandensein von Arbeitnehmern, entsprechend den Bedarfen des Betriebs (Arbeitnehmerpotential).	Öffentliche Verwaltungen benötigen eine Vielzahl von Arbeitnehmern (hohe Beschäftigungszahl), z. B. in Kreisverwaltungen. Bedarf an Fachpersonal z. B. für Rechenzentren; Umweltamt etc.
• **Subventionen/Steuerbelastung/Wirtschaftsförderung** Finanzielle Anreize wie z. B. Senkung der Steuerbelastung, Subventionen, Hebesätze.	Kein Standortfaktor für öffentliche Einrichtungen.
• **Verkehrsorientierung** Gute Verkehrsanbindung durch ÖPNV und Bahn, Autobahnanbindung, Flughafen, Logistikzentren (Quantität der Verkehrsmöglichkeiten), Kosten für Verkehrsanbindung.	Es kommt nicht auf die Quantität an, sondern darauf, dass die Erreichbarkeit entsprechend des jeweiligen Bedarfs der öffentlichen Einrichtung hinreichend und konstant gewährleistet ist. Je zentraler, umso besser erreichbar für Mitarbeiter und Bürger. Kosten für Verkehrsanbindung stellen keinen Standortfaktor für öffentliche Einrichtungen dar.
• **Absatzorientierung** Kundennähe, potenzielle Kunden, keine Betriebe mit vergleichbaren Leistungen und/oder wichtiger Absatzmarkt.	Öffentliche Einrichtungen werden so auf die abzudeckenden Gebiete verteilt, dass eine gute Versorgung für den Bürger gewährleistet wird, z. B. Kfz-Zulassungsstellen mit Zweigstellen; JobCenter mit Nebenstellen. Betriebe mit vergleichbaren Leistungen sind für öffentliche Einrichtungen kein Standortfaktor.
• **Umweltorientierung** Umweltgesetze und -Vorschriften; topografische Besonderheiten, die für den Betrieb erforderlich sind.	Umweltgesetze und -Vorschriften stellen für öffentliche Einrichtungen keinen Standortfaktor dar. Topografische Besonderheiten hingegen schon, z. B. große Freiflächen bei großem Flächenbedarf, z. B. für Flughafen oder Messegelände, Gewässer für Hafenbetriebe; Grünflächen für Parkanlagen.
• **Infrastruktur** Versorgung mit stabilem Internet etc.	Kein Standortfaktor.

1.4.8 Reform der Verwaltung

Mit dem von der Kommunalen Gemeinschaftsstelle für Verwaltungsmanagement (KGSt) entwickelten Neuen Steuerungsmodell (NSM) und dessen Veröffentlichung 1993 im KGSt-Bericht 5/1993 wurde die Modernisierung der Verwaltung eingeleitet. Ziel war und ist eine moderne kommunale „Dienstleistungsverwaltung" zu gestalten.

Anstoß für diese Verwaltungsreform waren eine Vielzahl von Steuerungsmängeln, wie zum Beispiel das Fehlen lang- und mittelfristiger Ziele oder die knappen und schwindenden Ressourcen sowie die Gegenwehr der Bürger gegen die Auferlegung weiter anwachsender Abgaben.

1.4.8.1 Neues Steuerungsmodell (NSM)

Mit dem NSM wird eine Verwaltung geformt, die:

- über ein **Leitbild** und damit über eine strategische Ausrichtung verfügt;
- auf Basis ihrer Produkte Verwaltungshandeln eine **outputorientierte Steuerung** verfolgt;
- ein **Rechnungswesen**, das sich an dem **Ressourcenverbrauch orientiert**, zur Anwendung bringt;
- **kundenorientiert** agiert;
- **Zielvereinbarungen** als Mittel zur Steuerung einsetzt;
- **dezentrale Ergebnis- und Ressourcenverantwortung** betreibt;
- Budgets zuweist (**Budgetierung**);

- zwischen der **Steuerungs- und der Ausführungsebene** differenziert;
- **Controlling** durchführt;
- **Wettbewerb** durch kommunale Vergleiche (Benchmarking) betreibt.

1.4.8.2 Outputorientierte Steuerung-Produkte als Basis des Verwaltungshandelns

Wie bereits festgestellt, sind Produkte das Ergebnis des Verwaltungshandelns, also die erbrachten Leistungen. Mit dem Neuen Steuerungsmodell wurde der Begriff des Verwaltungsprodukts definiert und somit die Möglichkeit geschaffen, die Verwaltung und ihr Handeln über die Produkte zu definieren und zu steuern.

Nach dem Neuen Steuerungsmodell sind Produkte all die Leistungen oder zusammengefassten Leistungen einer Verwaltungseinheit, die von außerhalb der Verwaltung stehenden Dritten/ Adressaten nachgefragt werden. Gleichzeitig ist zwischen internen und externen Adressaten zu unterscheiden. interne Adressaten = verwaltungsinterne Produkte externe Adressaten = verwaltungsexterne Produkte

Dazu ist die Bestimmung von sogenannten Produktzielen erforderlich, ebenso wie der Menge, Qualität und Kosten. Diese Zielsetzungen nach der outputorientierten Steuerung ermöglichen die genaue Bestimmung des Outputs und der Zielerreichung der Verwaltungsbetriebe. Dafür müssen die einzelnen Leistungserbringungen klar und eindeutig voneinander zu differenzieren sein. Das heißt, es muss klar erkennbar sein, wo und bei wem die Verantwortung für das Ergebnis/Produkt liegt.

Für jedes Verwaltungsprodukt muss somit eine produktverantwortliche Organisationseinheit oder ein produktverantwortlicher Verwaltungsbeschäftigter gegeben sein (Transparenz der Verwaltung). Die Zuweisung der Verantwortlichkeiten hat zur Folge, dass die Qualität der erbrachten Leistungen und zumeist auch deren Quantität gesteigert werden (Produktivitätssteigerung). Ein weiterer Nebeneffekt ist, dass die anfallenden Kosten und erbrachten Leistungen bestimmbar und zurechenbar werden (Wirtschaftlichkeit).

Produktivitätssteigerung

Durch Veränderung alter Verwaltungsstrukturen und -abläufen sowie der Schaffung von Kostentransparenz, soll die Produktivität gesteigert werden.

Steigerung der Wirtschaftlichkeit

Aus der Erhöhung der Produktivität bei konstanten Preisen der Produktionsfaktoren folgt die Steigerung der Wirtschaftlichkeit. Die Erhöhung der Wirtschaftlichkeit ist jedoch abhängig von einer konstanten Qualität der erbrachten Leistungen.

Steigerung der Bürgerorientiertheit

Das Verwaltungsprodukt rückt in den Mittelpunkt und wird zum Maßstab des Verwaltungshandelns und der Ausrichtung an den Bedürfnissen und Erwartungen der Bürger und Unternehmen (Bürgerorientiertheit). Der Bürger ist zu einem Kunden der Verwaltung geworden und erwartet, als solcher behandelt zu werden. Die Zufriedenheit des Bürgers mit den Leistungen der Verwaltung ist daher genauso zu beachten wie die Produktivität und Wirtschaftlichkeit. Die Überprüfung der Bürgerzufriedenheit mit den erbrachten Leistungen kann durch unterschiedliche Instrumente erfolgen:

- Bürgerbefragungen
- Bürgersprechstunde
- Beschwerdemanagement

Die gewonnenen Informationen werden sodann analysiert und für die qualitative Verbesserung der Leistungserbringung etc. verwendet.

Beispiel:

Imagekampagnen; kürzere Bearbeitungszeiten von Bürgeranliegen; bürgerfreundliche Öffnungszeiten

Der Bereich der Steigerung der Bürgerorientiertheit und -zufriedenheit ist eng mit dem Qualitätsmanagement verbunden. Für die Steigerung der Wirtschaftlichkeit und Produktivität der Verwaltung ist es von maßgeblicher Bedeutung, dass den Verwaltungsmitarbeitern Beachtung geschenkt wird, indem ein Augenmerk auf die Arbeitsbedingungen gelegt wird (Mitarbeiterzufriedenheit). Nur ein zufriedener Mitarbeiter erbringt entsprechend qualitativ hochwertiger Leistung und erweist sich im Umgang mit Bürgern als freundlich und zuvorkommend (Mitarbeiterfreundlichkeit).

Steigerung der Mitarbeiterzufriedenheit und Mitarbeiterfreundlichkeit

Die Arbeitsbedingungen sowie die Tätigkeit selbst sind so zu gestalten, dass sich der Mitarbeiter wahrgenommen, akzeptiert und honoriert fühlt, nur so wird die Basis für motiviertes Arbeiten, Mitarbeiterzufriedenheit und -freundlichkeit geschaffen. Je höher die Motivation und Zufriedenheit, umso höher fällt die Produktivität der Verwaltungsmitarbeiter aus.

Die vorangegangenen Zielsetzungen nach der outputorientierten Steuerung der Verwaltung zeigen auf, dass die einzelnen Ziele wie kleine Zahnräder ineinandergreifen; hakt eines, so kommt das gesamte Konstrukt ins Stottern. Es zeigt aber auch, dass sich die Verwaltung öffnen muss, von einem in sich geschlossenen System hin zu einer transparenten Verwaltung mit Kunden- oder Bürgerbeziehung (bürgernahe Verwaltung).

1.4.8.3 Weitere Instrumente der Verwaltungsreform des Neuen Steuerungsmodells

Neben der outputorientierten Steuerung bedarf es weiterer Instrumente, um die Verwaltungsbürokratie zu einer modernen Dienstleistungsverwaltung umzubauen, die im Sinne des öffentlichen Interesses und des Gemeinwohls unter Zuhilfenahme betriebswirtschaftlicher Instrumente agiert.

Ressourcenverbrauchsorientiertes Rechnungswesen

Die Verwaltung ist verpflichtet, wirtschaftlich mit den bestehenden Ressourcen umzugehen. Substanzerhalt, Nachhaltigkeit und Transparenz haben die Aufgabenerfüllung der Verwaltung zu prägen und sind Merkmale einer outputorientierten Steuerung. Der Ressourcenverbrauch und Ressourcenzuwachs (Kosten und Leistungen) rücken damit in den Fokus und bilden die Grundlage für ein ressourcenorientiertes Rechnungswesen, welches zu der doppelten kommunalen Buchführung (Doppik) führt.

Unter dem Begriff der Ressource werden alle Mittel erfasst, die für ein lückenloses Verwaltungshandeln erforderlich sind.

Beispiel:

Mitarbeiterkapazitäten; Gebäude; Büro- und IT-Ausstattung; Einkauf von externen Dienstleistungen.

Somit ist unter „Ressourcenverbrauch" der Werteverzehr durch den Einsatz vorhandener Mittel zu verstehen; „Ressourcenzuwachs" hingegen bedeutet Anstieg der Sachmittel oder der Geldmittel. Betriebswirtschaftlich betrachtet stellt der Werteverzehr/Verbrauch Aufwendungen dar, die als Kosten deklariert werden.

Zielvereinbarungen

Es werden Vereinbarungen zwischen der Verwaltungsführung, der politischen Ebene und den ausführenden Instanzen der Verwaltung (Fachbereiche) geschlossen, die sog. Kontrakte. Diese Kontrakte beinhalten Leistungsvereinbarungen über die Art, Menge, Qualität, Kosten sowie die einsetzbaren Mittel und Kompetenzen hinsichtlich der Leistungserbringung.

Zielvereinbarungen = zweiseitige Leistungsvereinbarungen/ Leistungszusagen, die der Ergebnissteuerung dienen.

Zielvereinbarungen/Kontrakte werden verhandelt und vereinbart. Dies kann auf allen Ebenen mittels beidseitiger Absprache erfolgen, wobei diese hierarchisch aufgebaut ist:

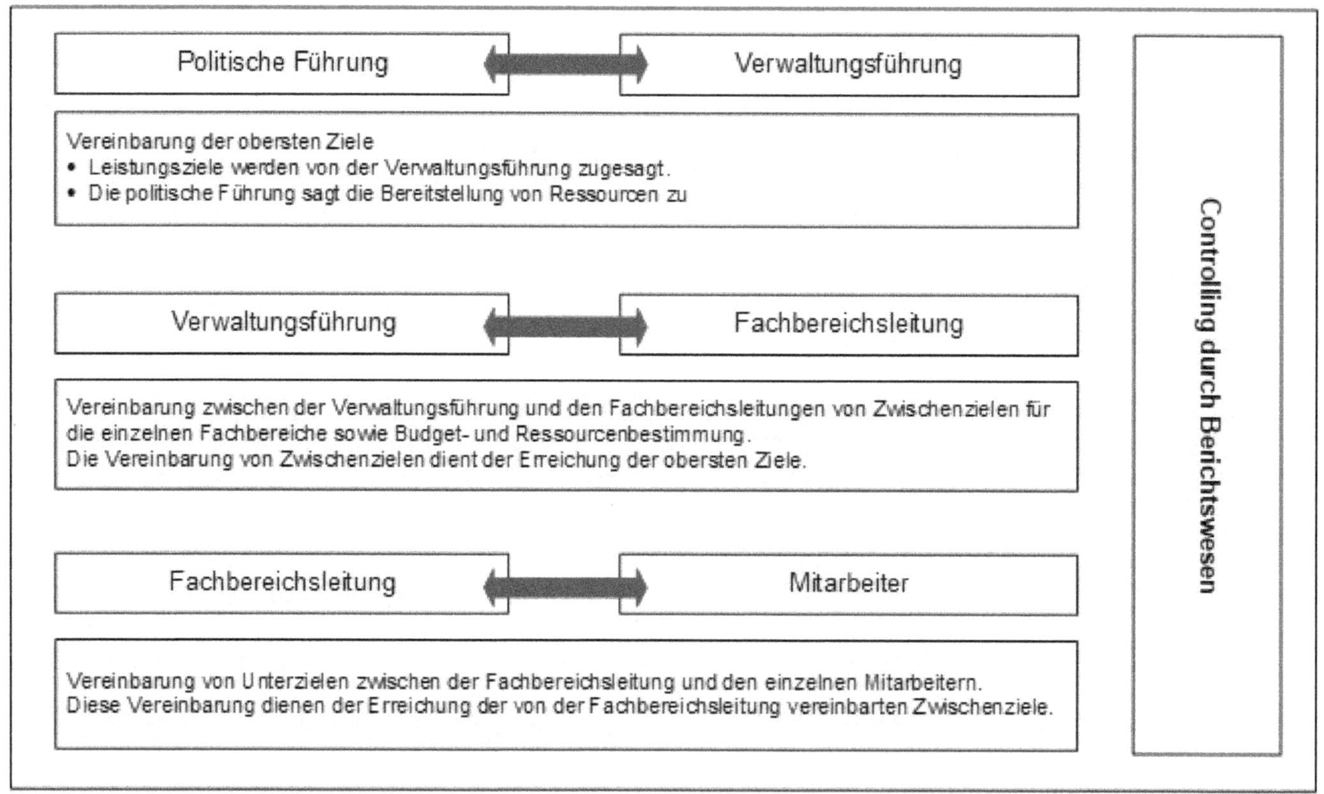

Abb.: Hierarchie der Zielvereinbarungen

Dezentrale Ergebnis- und Ressourcenverantwortung

Mit den Begriffen der dezentralen Ergebnis- und Ressourcenverantwortung wird das Delegieren von Fachverantwortung für die Produkte, für finanzielle und personelle Ressourcen sowie für Sachmittel auf die Fachbereiche durch die Steuerungsebenen beschrieben. Das hat zur Folge, dass die Fachbereiche ihre zugewiesenen Ressourcen eigenverantwortlich verwalten und verantworten. Dadurch werden die bisher verpflichteten Fachbereiche, wie z. B. Personal oder Finanzen, in ihrer fachlichen Leistungserbringung berührt, da ihnen nach dem neuen Steuerungsmodell die komplette Ressourcenverwaltung entzogen werden soll.

Beispiel:

Der Leiter des Fachbereichs „wirtschaftliche Hilfen" hat die Zielvereinbarung getroffen, dass alle Erstanträge innerhalb einer Woche bearbeitet und beschieden sein müssen. Bisher lag die Bearbeitungszeit, aufgrund von Personalmangel und krankheitsbedingter Ausfälle, bei zwei bis drei Wochen.

Nach der dezentralen Ressourcenverantwortung obliegt es nun dem Fachbereichsleiter, den Fachbereich im Rahmen der zur Verfügung stehenden Ressourcen (Aushilfspersonal, Überstundenvereinbarungen etc.) in die Lage zu versetzen, die vereinbarten Ziele umzusetzen. Auch die Verantwortung für das Nichterreichen der Zielvereinbarungen liegt beim Fachbereichsleiter.

Über den Einsatz und die Verwendung der übertragenen Ressourcen, den erstellten Leistungen und erreichten Ergebnissen ist entsprechend Bericht zu führen. Die Ergebnisverantwortung verschiebt sich somit auf die jeweiligen Verwaltungseinheiten/Fachbereiche.

Budgetierung

Budgetierung ist die Zuweisung finanzieller Mittel, die im Rahmen der dezentralen Ressourcenverantwortung fachbereichsspezifisch verwaltet und verantwortet werden (siehe § 4 Abs.2 SächsKomHVO-Doppik). Dies führt bei der doppelten kommunalen Haushaltsführung zu einer outputorientierten Budgetierung der einzelnen Verantwortungsbereiche/Fachbereiche; aber nur dann, wenn die Haushalte produktorientiert ausgelegt werden. Dies wiederum kann dazu führen, dass das Budget zu einem Bestandteil von Zielvereinbarungen und damit zu einem monetären Richtwert für die Leistungs- und Produktplanung gemacht wird. Gleichzeitigen erfolgt eine Steigerung der Selbstständigkeit der einzelnen Verantwortungsbereiche/Fachbereiche aufgrund der Zuweisung neuer Verantwortung.

Trennung der Steuerungs- und Ausführungsebene

Nach dem Neuen Steuerungsmodell wird die Verwaltung als Gesamtheit, als ein Konzern betrachtet. Der Konzern wiederum ist in eine Steuerungsebene und eine Ausführungsebene unterteilt, wobei die Steuerungsebene die Konzernspitze und die Ausführungsebene die relativ eigenständigen Verantwortungsbereiche/Fachbereiche darstellt.

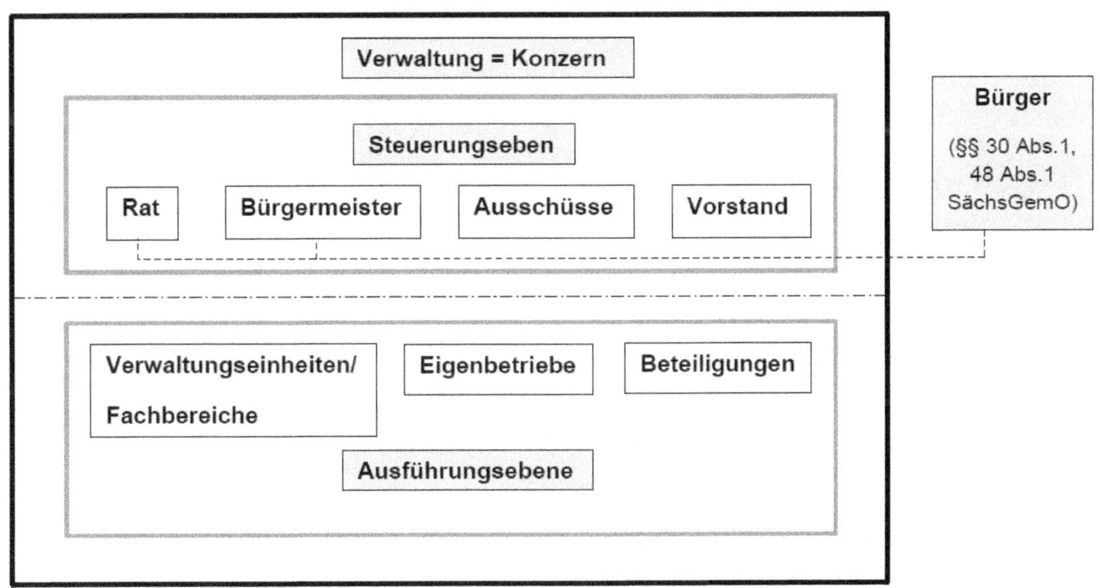

Abb.: Differenzierung zwischen der Steuerungs- und Ausführungsebene

Controlling

Dem Controlling fällt im Rahmen des Berichtswesens die Aufgabe zu, steuerungsrelevante Informationen für die kommunalen Entscheidungsträger in regelmäßigen Abständen einzuholen. Hierbei handelt es sich um Informationen, wie z. B. die Realisierung der Zielvereinbarungen im Verwaltungsalltag, Einhaltung des Finanzrahmens oder Daten aus dem Bereich des Produkthaushaltes, der Kosten- und Leistungsrechnung und der Wirtschaftlichkeitsberechnung. Auch wenn die Verwaltung durch die Weitergabe der Ergebnis- und Ressourcenverantwortung eine Dezentralisierung erfahren hat, ist das Controlling zentral eingesetzt.

Kurz gesagt besteht ein effektives Controlling aus einem standardisierten und konstant terminierten Berichtswesen, mit dessen Hilfe neue Produkte und Ziele erarbeitet werden. Es dient der Entscheidungsfindung der verantwortlichen Führungsebenen, um positive Entwicklungen weiter voranzutreiben und negative zu unterbinden, indem zielorientierte Maßnahmen entwickelt werden.

Vergleichender Wettbewerb

Anders als bei Wirtschaftsunternehmen, die dem am Markt vorherrschenden Wettbewerb und damit der Verpflichtung des wirtschaftlichen Handelns unterliegen, stehen die Verwaltungen und ihre Leistungen in keinem direkten Wettbewerb zueinander. Vielmehr könnte man die Stellung der Verwaltungen aufgrund ihrer Gebietshoheiten als Monopolstellungen beschreiben.

Um jedoch die Leistungen der Verwaltungen aussagekräftig analysieren zu können, ist es erforderlich, die Leistungen der Verwaltung, im Rahmen von interkommunalen Vergleichen, miteinander vergleichen zu können. Dies geschieht z. B. in Form von Benchmarking. Hierbei werden im Rahmen eines freiwilligen interkommunalen Vergleichs Kennziffern von einem definierten Produkt oder einer Produktgruppe zusammengetragen und miteinander verglichen.

Die Besten sind die sogenannten Benchmarks und geben somit für die anderen Kommunen mögliche Zielbenennungen vor. Durch diese Art von Wettbewerb erfährt die Verwaltungslandschaft eine Dynamik, mit deren Hilfe Analysen von Leistungen aussagekräftiger werden und aufzeigen, in welchen Bereichen Optimierungsbedarf besteht und vielleicht auch Ziele neu vereinbart werden müssen. Gleichzeitig bedeutet es aber auch, dass die Verwaltungen von und miteinander lernen und sich so weiterentwickeln.

1.4.8.4 Zusammenfassung

Zusammenfassend kann festgehalten werden, dass der Weg der Verwaltungsmodernisierung hin zu einer Bürgerkommune und einem betriebswirtschaftlich geprägten Verwaltungs-Dienstleistungsunternehmen durch das Neue Steuerungsmodell der KGSt maßgeblich geprägt und vorangetrieben wird. Die prägenden Elemente des Neuen Steuerungsmodells lassen sich wie folgt abbilden:

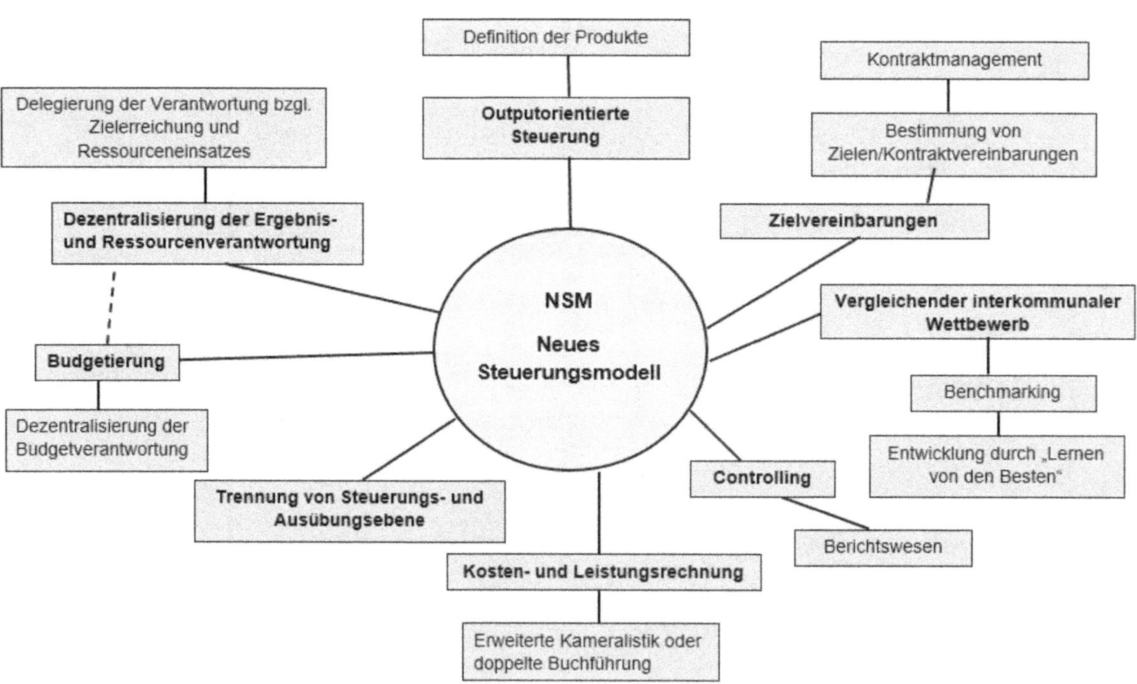

Abb.: NSM – Neues Steuerungsmodell

1.4.8.5 Traditionelles Bürokratiemodell versus Neues Steuerungsmodell

Bürokratiemodell nach Max Weber (1864–1920)	**Neues Steuerungsmodell**
– Steuerung der Verwaltung durch eine zentrale Entscheidungsinstanz (Gemeinderat) = zentral organisierte Verwaltungsstruktur) – Fester Hierarchieaufbau = Amtshierarchie (Über-Unterordnung, Befehle von oben nach unten) – Eindeutige Kompetenzabgrenzungen und Arbeitsführung (strenge Zuordnung der Kompetenzen zu den einzelnen Ämtern)	– Dezentralisierte Verwaltungsstruktur = eigenständige/selbstständige Verwaltungseinheiten – Kontraktmanagement (löst das Steuerungsmodell der Weisungen und Anordnungen ab) – Outputorientierung der Verwaltung = Ergebnisorientierung – Abbau der Bürokratie = Abbau der Produktion überflüssiger Verwaltungsakte

Bürokratiemodell nach Max Weber (1864–1920)	Neues Steuerungsmodell
– Amtsführung im Rahmen der bestehenden Regeln (Prinzip der gebundenen Amtsführung) – Steuerung der Verwaltung durch sogenannte Inputgrößen (Zuteilung der Ressourcen, um die Bearbeitung von Aufgabenbereichen zu steuern) – Aufgaben werden im Rahmen von Arbeitsteilung bearbeitet – Schrifttum der Akte (schriftliche Amtsführung) – Output der Verwaltung bleibt unberücksichtigt – Hauptberufliche Betätigung der Verwaltungstätigkeit durch Beamte (Amtsinhaber sind nicht auf weitere Einnahmequellen aus weiteren Tätigkeiten angewiesen) – Amtsaufstieg erfolgt im Rahmen der Hierarchie des Dienstalters – Amtsinhaber müssen erforderliche Fachqualifikationen aufweisen (kein Quereinstieg möglich)	– Identität des Verwaltungsbetriebes durch Schaffung eines Leitbildes – „Verwaltungsdienstleister" = Kundenorientiertheit, Bürgernähe – Qualitätsmanagement – Vergleichender Wettbewerb zwischen den öffentlichen Verwaltungen (Steigerung der Qualität) – Einsatz von betriebswirtschaftlichen Instrumenten

1.4.8.6 Weiterentwicklung des NSM zu einem kommunalen Steuerungsmodell (KSM)

Der KGSt hat das NSM zu einem kommunalen Steuerungsmodell (KSM) weiterentwickelt, wobei die Basis weiterhin die Kooperation, Vernetzung und Partizipation der Kommunen untereinander bilden.

Das KSM wird durch folgende Kernelemente geprägt:

- Die Stärkung einer strategischen und wirkungsorientierten Steuerung.
- Die Betonung der Führungsverantwortung kommunaler Entscheidungsträger.
- Die konsequente Verknüpfung von ganzheitlicher Planung mit dem Haushalt.
- Die Verbesserung der gemeinsamen Zielorientierung von politischen Entscheidungen und Verwaltungshandeln.

1.4.9 Reform der Rechnungslegung in der öffentlichen Verwaltung

2003 wurde durch die Konferenz der Innenminister die Umstellung des bis dahin kameralistisch geführten Haushaltswesens auf eine doppische Haushaltsführung beschlossen. Erklärtes Ziel war und ist die Schaffung einer transparenten, betriebswirtschaftlichen und zielorientierten Steuerung der kommunalen Haushalte.

Seit dem 1.1.2013 ist das kommunale Haushalts- und Rechnungswesen doppisch durchzuführen. Es zeigt sich jedoch, dass die Umstellung auf die kommunale Doppik im Freistaat Sachsen einen nicht unerheblichen Zeitverzug in Bezug auf die Erstellung von Eröffnungs- und Jahresabschlüssen aufweist.

Am 13.7.2019 erfolgte die Novellierung der SächsGemO, mit der ein Wahlrecht in Bezug auf in § 88b SächsGemO enthaltene Maßgaben eingeräumt wird. Damit erhalten die Kommunen die Möglichkeit, entweder einen Gesamtabschluss aufzustellen oder aber einen Beteiligungsbericht nach § 99 Abs. 2-4 SächsGemO darzulegen. Die Begründung liegt in der Minderung des Verwaltungsaufwandes.

Weitere Änderungen folgten. So auch die haushaltsrechtliche Änderung der Aufhebung der verfahrenstechnischen Verknüpfung von Haushaltsplanung und Jahresabschluss. Dies hat zur Folge, dass Haushaltspläne auch ohne Vorlage von Jahresabschlüssen faktisch genehmigungsfähig sind.

Die Möglichkeit der Sanktionierung fehlender, nicht eingereichter oder nicht aufgestellter Jahresabschlüsse wurde mit den Änderungen genommen.[1]

1 Jahresbericht 2019 des Sächsischen Rechnungshofs, S.259 f. (Quelle: https://www.rechnungshof.sachsen.de/JB2019-30.pdf)

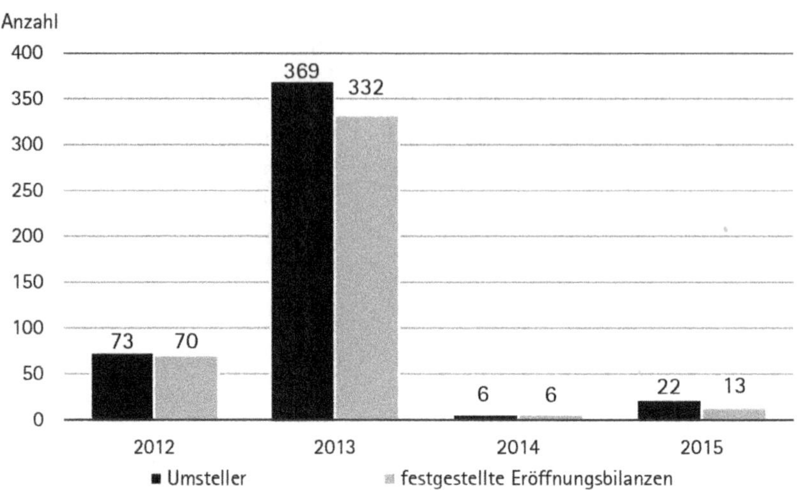

Abb.: Durchführung der Doppikumstellung – Anzahl der Umsteller und deren aufgestellte Eröffnungsbilanz am 1.8.2019 (Quelle: Jahresbericht 2019 des Sächsischen Rechnungshofs, S.261, https://www.rechnungshof.sachsen.de/JB2019-30.pdf).

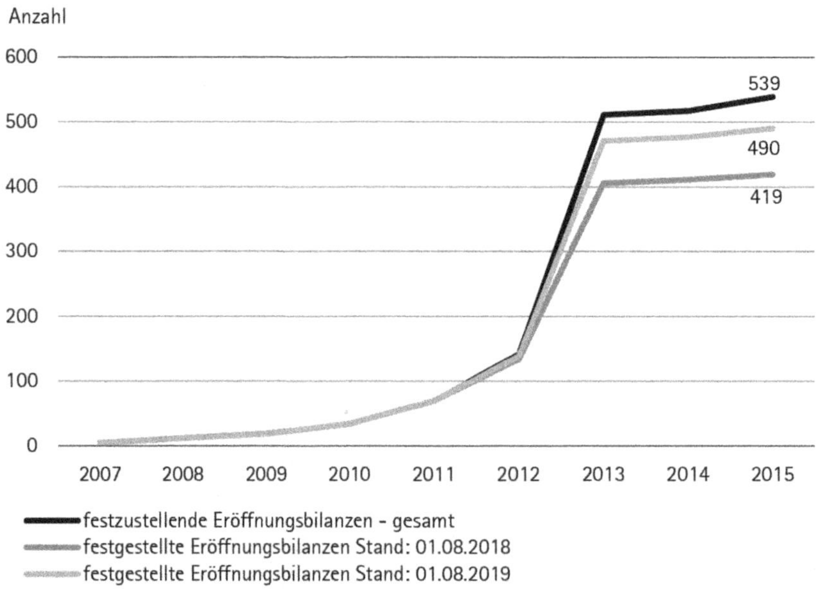

Abb.: Durchführung der Doppikumstellung – Eröffnungsbilanzen 1.8.2019 im Vergleich zum 1.8.2018 (Quelle: Jahresbericht 2019 des Sächsischen Rechnungshofs, S.260, https://www.rechnungshof.sachsen.de/JB2019-30.pdf).

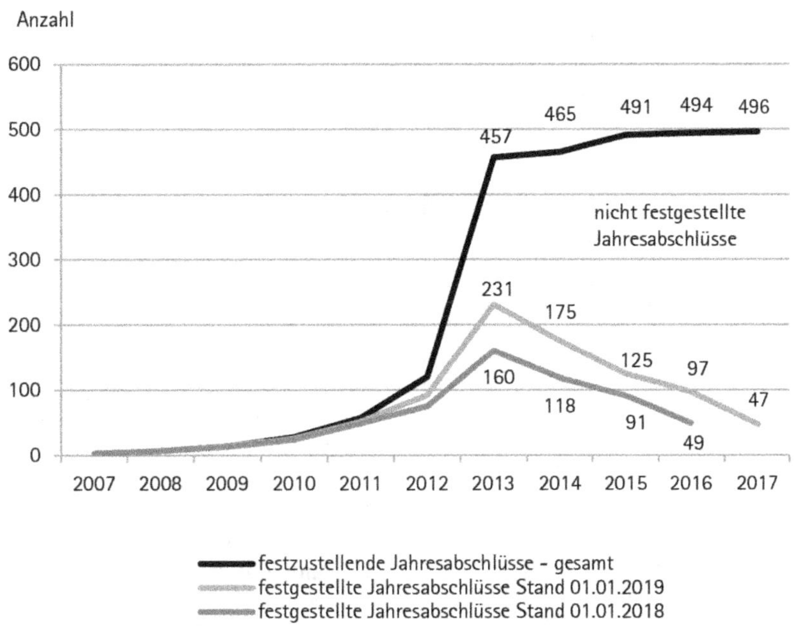

Abb.: Durchführung der Doppikumstellung – Jahresabschlüsse aller doppisch buchenden Körperschaften zum 1.1.2019 im Vergleich zum 1.1.2018
(Quelle: Jahresbericht 2019 des Sächsischen Rechnungshofs, S.262, https://www.rechnungshof.sachsen.de/JB2019-30.pdf).

1.4.9.1 Kameralistik

Das traditionelle Steuerungsmodell der kameralistische Rechnungslegung basiert auf der Dokumentation der Einnahmen und Ausgaben, der Ein- und Auszahlungen, deren Differenz das Liquiditätssaldo ergeben. Die Ausweisung von Inventar, Vermögen und Schulden erfolgt nicht, ebenso wenig wird der Ressourcenverbrauch oder die Bildung von Rückstellungen abgebildet.

Im Rahmen der Kameralistik erfolgt die Buchung von Geschäftsvorfällen auf einseitigen, dreispaltigen Konten (Soll, Ist, Rest). Die Gliederung der Konten ergibt sich aus dem Haushaltsplan.

Geschäftsvorfälle werden auf dem entsprechenden Konto verbucht, erfordert jedoch zwei Buchungen: eine Soll- und eine Ist-Buchung.

Die Soll-Buchung wird mit Fälligkeit der Einnahmen- oder Ausgaben getätigt (Soll-Stellung). Die Ist-Buchung hingegen erfolgt erst, wenn die Ausgabe (Ist-Ausgabe) in Form der Zahlung oder Einnahme (Ist-Einnahme) tatsächlich getätigt wurde.

1.4.9.2 Doppische Rechnungslegung (Doppik)

Die doppelte Buchführung (Doppik) in der öffentlichen Verwaltung ist das Pendant zur traditionellen Kameralistik. Der Begriff der Doppik steht für „Doppelte Buchführung in Konten“.

Die Doppik bildet, im Gegensatz zur kameralistischen Rechnungslegung, das Aufkommen von Aufwendungen und Erträgen innerhalb eines Haushaltsjahres ab. Daneben werden auch die Verschuldung und nicht zahlungswirksame Größen, z. B. Pensionsrückstellungen, ausgewiesen. Die Rechnungslegung erfolgt durch den doppischen Jahresabschluss. Neben dem doppischen Jahresabschluss sind ein ergänzender Lagebericht sowie ein Gesamtabschluss zu erstellen, in dem der Jahresabschluss des Haushaltsplans und die Konsolidierung erfasst werden.

Der doppische Jahresabschluss stellt das Gegenstück zum doppischen Haushaltsplan dar. Dieser enthält die Prognosen und die Planung für das Haushaltsjahr und bildet die Grundlage für die Haushaltswirtschaft der Kommune.

Geprägt wird die Doppik zum einen durch die Buchung von Geschäftsvorfällen auf immer mindestens zwei Konten, zum anderen durch die sogenannte Drei-Komponenten-Rechnung: Ergebnisrechnung – Finanzrechnung – Bilanz/Vermögensrechnung.

Ziel der doppischen Rechnungslegung ist es, Transparenz in die kommunalen Haushalte zu bringen, indem alle anfallenden haushaltsrelevanten Größen abgebildet werden und dadurch ein genaues Bild des Ist-Zustandes der Kommunen gezeigt werden kann. Gleichzeitig wird im Rahmen der Doppik immer von der Generationengerechtigkeit gesprochen, ein Begriff, der mit der neuen Art der Rechnungslegung aufgekommen ist. Diesem Wunsch nach Gerechtigkeit wird durch die Betrachtung von Aufwand und Ertrag innerhalb eines Haushaltsjahres Rechenschaft gezollt. Denn nur, wenn sich Erträge und Aufwendungen die Waage halten, der Ergebnishaushalt also ausgeglichen ist, werden auch zukünftige Generationen nicht mit zusätzlichen Kosten belastet.

1.4.9.3 Kameralistik versus Doppik

Kameralistik	Doppik
– einseitige mehrspaltige Konten – Inputsteuerung – keine vollständige Abbildung des Vermögens, Inventar bleibt unberücksichtigt – Abbildung des reinen Geldverbrauchs, daher keine vollständige Darstellung der Verschuldung (Rückstellungen bleiben unberücksichtigt) – keine Konsolidierung von Auslagerungen im Haushalt	– Geschäftsvorgänge werden auf mindestens zwei Konten gebucht – doppelte Buchführung – Finanzhaushalt und Ergebnishaushalt – Outputsteuerung – Produktorientierter Haushalt – Vollständige Vermögenserfassung – Vollständige Darstellung der Verschuldung – Konsolidierung von Auslagerungen im Haushalt

1.4.9.4 Kontrollfragen

1. Benennen Sie die Kernelemente des Neuen Steuerungsmodells.
2. Definieren Sie die Begriffe „Input" und „Output".
3. Zeigen Sie die Kriterien der Standortwahl von Betrieben auf.

Lösung

Zu 1: Leitbild; Outputorientierte Steuerung; Ressourcenverbrauchsorientiert; Kundenorientiert; Zielvereinbarungen; Dezen-tralisierung der Ressourcen- und Budgetverantwortung; Controlling; Interkommunaler Wettbewerb.

Zu 2: Input = Mitteleinsatz für die Erstellung von Produkten und Leistungen.
Output = Erzeugnis/Ergebnis aus der Zusammenführung von Gütern im Rahmen der Produktion.

Zu 3: Materialorientierung, Mitarbeiterorientierung, Subventionen/Steuerbelastung, Wirtschaftsförderung, Verkehrsorientierung, Absatzorientierung, Umweltorientierung, Infrastruktur.

1.5 Rechtsträger der öffentlichen Verwaltung

Träger der öffentlichen Verwaltung sind die Einrichtungen, die für die Aufrechterhaltung der Verwaltung mit Hilfe von Personal und Sachmitteln Sorge tragen und damit das Handeln und Agieren der Verwaltung ermöglichen und sicherstellen.

Die Rechtsträger der öffentlichen Verwaltung sind in die beiden großen Bereiche

- Rechtsträger öffentlicher Rechte und
- Rechtsträger privater Rechte mit öffentlichen Funktionen

aufgeteilt.

1.5.1 Rechtsträger öffentlichen Rechts mit öffentlichen Funktionen

Bei den Rechtsträgern öffentlichen Rechts handelt es sich um juristische Personen des öffentlichen Rechts.

> Juristische Personen sind Personenzusammenschlüsse oder Vermögensmassen, die Träger von Rechten und Pflichten sein können. Auf Basis von Rechtsgrundlagen erlangen sie ihre Rechtsfähigkeit.
>
> Juristische Personen des öffentlichen Rechts sind rechtlich eigenständige Personenvereinigungen, Zweckverbände oder Vermögensmassen, die durch Hoheitsakte (staatliche Verleihung oder formelle Errichtung, Eintragung ins Handelsregister (z. B. GmbH; AG) oder Vereinsregister (e.V.)) ihre Rechtsfähigkeit erlangen.

Dies sind zum einen die Staatsverwaltung in Form von Bund, Ländern und Kommunen (Gebietskörperschaften); zum anderen die sonstigen Körperschaften (Innungen, Handwerkskammern (Personenkörperschaften), Industrie- und Handwerkskammern (Realkörperschaften)), Anstalten und Stiftungen des öffentlichen Rechts.

Beispiel:

- *Gebietskörperschaften als Träger der öffentlichen Verwaltung:*
  - *Bundesrepublik Deutschland (Bund)*
  - *Freistaat Sachsen (Land)*
  - *Landkreis Sächsische Schweiz (Kreis)*
  - *Stadt Freiberg (Gemeinde)*
- *Anstalten öffentlichen Rechts als Träger der öffentlichen Verwaltung:*
  - *Deutsche Bundesbank*
  - *Kommunale Sparkassen*
  - *Rundfunkanstalten*

1.5.2 Rechtsträger privaten Rechts mit öffentlichen Funktionen

Rechtsträger privaten Rechts mit öffentlichen Funktionen sind juristische Personen oder natürliche Personen privatrechtlicher Natur. Das bedeutet, es handelt sich nicht um Hoheitsträger.

Jeder Mensch ist eine natürliche Person und damit Träger von Rechten und Pflichten. Natürliche Personen sind damit in der Lage, Verträge zu schließen, Unternehmen zu gründen und zu führen und am allgemeinen wirtschaftlichen und sozialen Leben teilzunehmen.

Gemäß § 94a Abs. 1 Satz 1 SächsGemO darf die Gemeinde sich an wirtschaftlichen Unternehmen beteiligen, wenn es der Erfüllung oder Förderung ihrer Aufgaben dient. Die Beteiligung an Wirtschaftsunternehmen durch die Gemeinde wird in den §§ 94a-102 SächsGemO normiert.

Privatrechtliche Rechtsträger werden immer dann mit der Wahrnehmung öffentlicher Aufgaben und Funktionen betraut, wenn dadurch ein klar erkennbarer Vorteil *(z. B. Kosteneinsparungen = Entlastung der öffentlichen Kassen und damit des Steuerzahlers etc.)* gegenüber der Wahrnehmung durch öffentlich-rechtliche Rechtsträger entsteht.

Bei Rechtsträger privaten Rechts, die mit öffentlichen Funktionen ausgestattet sind, unterscheidet man zwischen:

- Rechtsträgern privaten Rechts mit öffentlicher Beteiligung

und

- Rechtsträgern privaten Rechts mit hoheitlichen Aufgaben.

1.5.2.1 Rechtsträger privaten Rechts mit öffentlichen Beteiligungen

Rechtsträger privaten Rechts mit öffentlichen Beteiligungen sind Rechtssubjekte des privaten Rechts, an denen die öffentliche Hand beteiligt ist und somit privatwirtschaftlich tätig wird. Es ist zwischen den Eigengesellschaften und den Beteiligungsgesellschaften zu unterscheiden.

Eigengesellschaft

Eigengesellschaften sind Kapitalgesellschaften (GmbH, AG) an denen Kommunen oder Landkreise zu 100 % beteiligt sind und die Aufgaben der öffentlichen Verwaltung wahrnehmen. Gleichzeitig sind sie wirtschaftlich und rechtlich aus der Kommunalverwaltung ausgegliedert und damit rechtlich selbstständig. Die Konzernabschlüsse im Rahmen der doppelten kommunalen Buchführung werden mit den finanzwirtschaftlichen Daten der öffentlichen Verwaltung konsolidiert, um einen Gesamtabschluss gemäß § 88b SächsGemO aufzustellen.

Beteiligungsgesellschaft

Beteiligungsgesellschaften sind gemischtwirtschaftliche Unternehmen und Institutionen, die eine Beteiligung der öffentlichen Hand in Höhe von 1–100 % aufweisen.

Rechtsträger privaten Rechts mit öffentlichen Beteiligungen haben zumeist die Unternehmensform von Kapitalgesellschaften: AG, GmbH, Genossenschaft oder Verein mit öffentlicher Beteiligung.

1.5.2.2 Rechtsträger des privaten Rechts mit hoheitlichen Aufgaben

Rechtsträger des privaten Rechts mit hoheitlichen Aufgaben sind juristische oder natürliche Personen des privaten Rechts, denen hoheitliche Aufgaben und damit Befugnisse der Verwaltung übertragen worden sind, die sogenannten Beliehenen. Diese handeln zwar in eigenem Namen, können aber gemäß §1 Abs. 4 VwVfG im verfahrensrechtlichen Sinn als Behörde betrachtet werden, die eigenständige Verwaltungsakte erlassen können. Für das Tätigwerden von Beliehenen wird keine Rechnung, sondern eine Gebühr für die Erbringung von Dienstleistungen erhoben; diese Gebühren sind öffentlich-rechtlich geregelt. Beliehene Unternehmen sind zwar eigenständig, unterstehen aber mit ihrem Handeln der staatlichen Aufsicht der öffentlichen Hand.

Charakteristisch für Beliehene ist, dass

- ihnen als Personen des privaten Rechts die Kompetenz zugewiesen wurde, öffentliche, hoheitliche Tätigkeiten wahrzunehmen. Eine Wahrnehmung durch öffentliche Bedienstete ist nicht zwingend erforderlich.

  Beispiel:

  natürliche Personen = Schornsteinfeger
  juristische Personen = TÜV, DEKRA
- sie grundsätzlich eigenverantwortlich tätig sind und damit im vollen Umfang das persönliche Risiko der Haftung tragen. Eine Haftungsbegrenzung gibt es nicht.
- die Wahrnehmung öffentlicher Funktionen auch in außergewöhnlichen Situationen gewahrt werden.

  Beispiel:

  Hoheitsgewalt eines Schiffs- oder Flugzeugkapitäns zur Wahrnehmung öffentlicher Funktionen an Bord, z. B. Festnahme von Personen.
- sie wirtschaftliche und fachliche Unabhängigkeit wahrt.

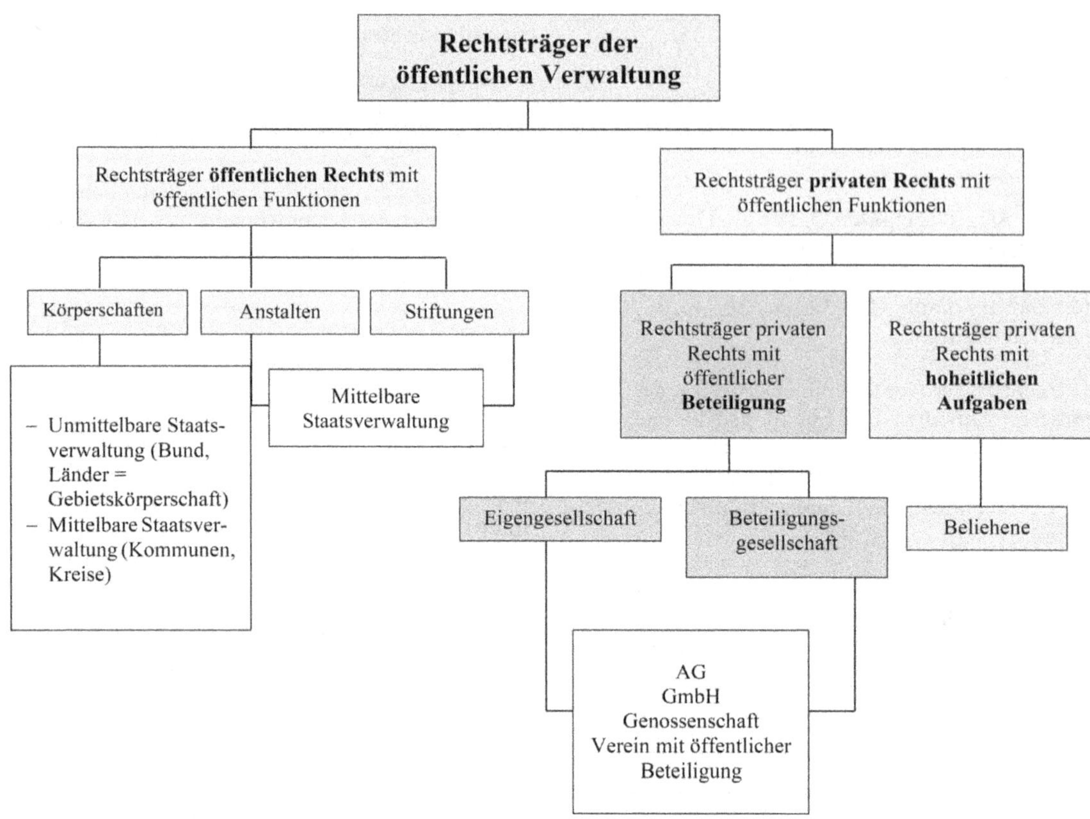

Abb.: Rechtsträger der öffentlichen Verwaltung

1.6 Rechtsformwahl privater und öffentlicher Betriebe

Als Rechtsformwahl wird die Entscheidung bezeichnet, mit der man sich für die Unternehmensform und die damit verbundene gesetzliche und betriebswirtschaftliche Organisationsstruktur eines Betriebes entscheidet. Gleichzeitig werden mit dieser Wahl die Willensbildung und Einflussnahmen der Eigentümer sowie der Auftritt und die Teilnahme am Wirtschaftsleben bestimmt.

Bei der Rechtsformfindung für öffentliche Betriebe gilt es zu beachten, dass diese, anders als private Betriebe, nicht in jeder Rechtsform geführt werden dürfen.

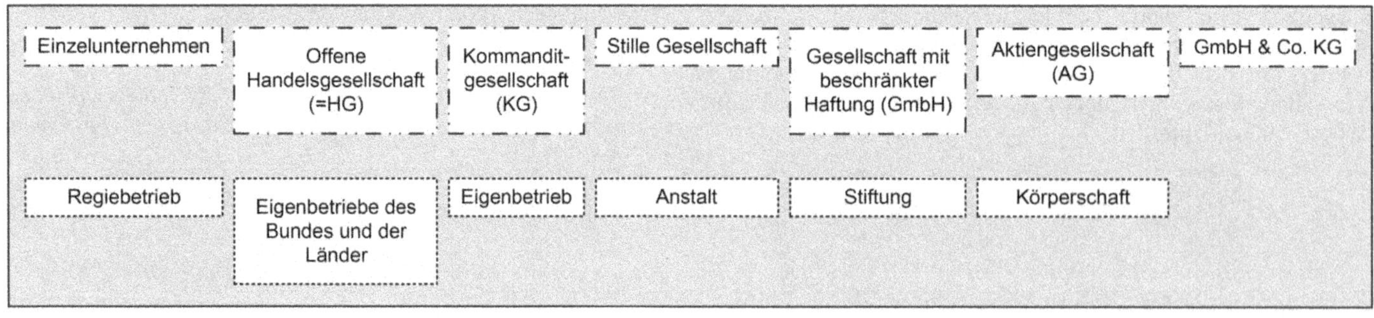

Abb.: Rechtsformen

1.6.1 Grundbegriffe: Juristische Person, Kaufmann und der Gewerbebetrieb im Rahmen der Rechtsformwahl

1.6.1.1 Juristische Person

Zunächst muss der Begriff der juristischen Person im Rahmen der Rechtsformwahl noch einmal näher betrachtet werden. Juristische Personen können in die zwei großen Bereiche „juristische Personen des privaten Rechts“ und „juristischc Personen des öffentlichen Rechts“ unterteilt werden, innerhalb derer wiederum eine Vielzahl von Erscheinungsformen existieren.

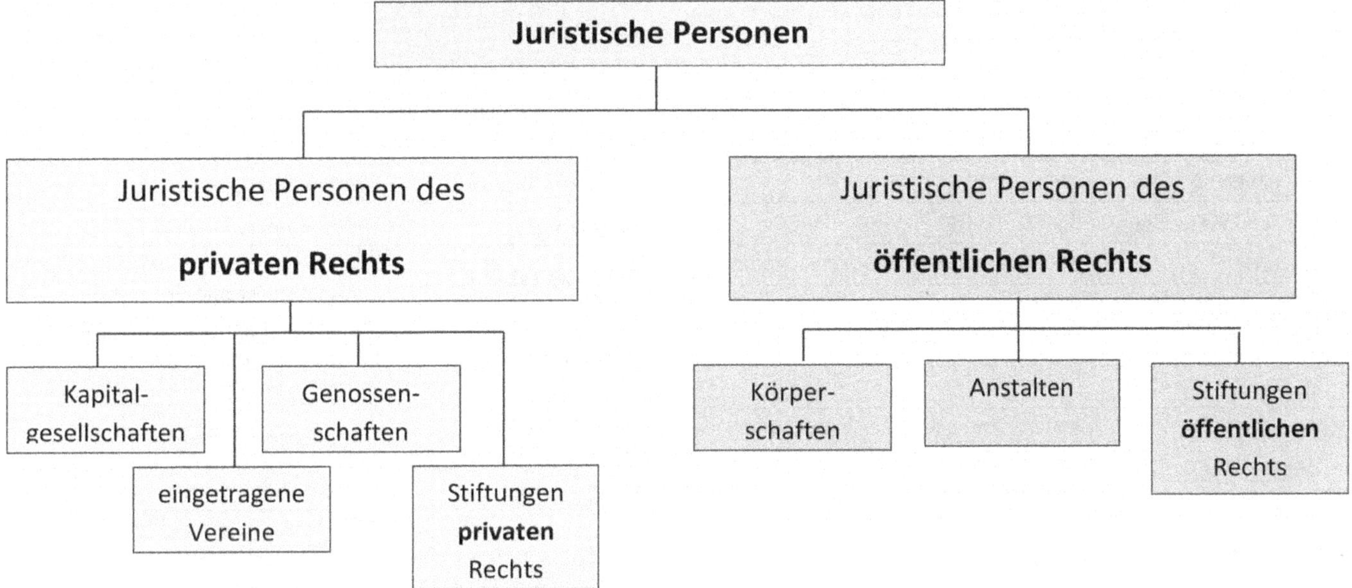

Wird eine juristische Person nicht ordnungsgemäß im Handelsregister eingetragen, haftet die Geschäftsführung des Betriebes persönlich bis zur ordnungsgemäßen Eintragung.

1.6.1.2 Kaufmann

Gemäß § 1 HGB ist Kaufmann, wer ein Handelsgewerbe betreibt (Ist-Kaufmann). Es wird auf die kaufmännische Tätigkeit und den Gewerbebetrieb abgestellt. Der Begriff des Handelsgewerbes bezieht sich dabei auf die Gesamtheit des Betriebes. Sobald ein Handelsgewerbe ausgeübt wird, wird der betreibende Unternehmer folglich kraft Gesetzes als Kaufmann angesehen. Gleichzeitig muss er im Handelsregister eingetragen werden.

Das HGB unterscheidet zwischen verschiedenen Formen des Kaufmanns:

- **Ist**-Kaufmann, § 1 HBG (kraft Gesetzes)
- **Kann**-Kaufmann, §§ 2, 3 HGB (durch Eintragung in das Handelsregister)
- **Schein**-Kaufmann, § 5 HGB
- **Form**-Kaufmann, § 6 HGB (kraft Rechtsform).

1.6.1.3 Gewerbebetrieb

Ein Gewerbebetrieb ist eine auf Dauer angelegte, selbstständige Tätigkeit, die im Rahmen der Beteiligung am Wirtschaftsverkehr mit Gewinnerzielungsabsicht ausgeübt wird. Die Ausübung eines Gewerbebetriebes unterliegt den gesetzlichen Normierungen der GewO.

Von dem Begriff des Gewerbebetriebes werden freiberufliche Tätigkeiten, Land- und Forstbetriebe sowie künstlerische- und wissenschaftliche Tätigkeiten nicht erfasst.

1.6.2 Rechtsformen des privaten Rechts

Im Rahmen des Privatrechts wird zwischen Personen- und Kapitalgesellschaften sowie der Einzelunternehmen unterschieden.

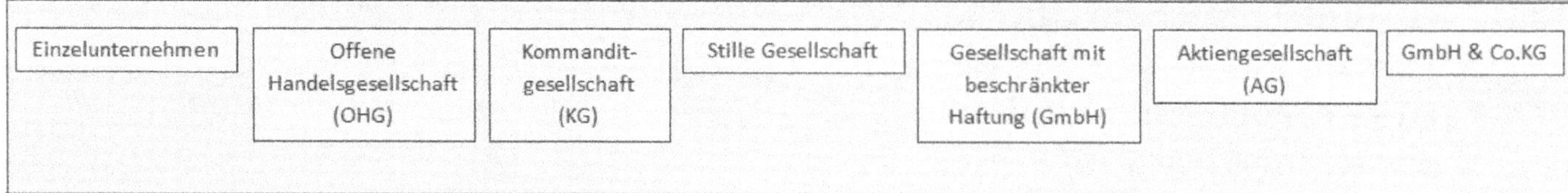

Abb.: Rechtsformen des privaten Rechts

1.6.2.1 Rechtsform des Einzelunternehmens

Bei Einzelunternehmen handelt es sich um Unternehmen, die von Einzelpersonen gegründet werden und damit über keinen weiteren Mitgründer oder -eigentümer verfügen.

Die Tätigkeit ist selbstständiger und dauerhafter Natur sowie auf Gewinnerzielung ausgerichtet. Freiberufler, Land- und Forstwirte und Gewerbetreibende agieren häufig als Einzelunternehmer.

Merkmale \ Rechtsform	Einzelunternehmen
Rechtsstellung	selbstständig
Rechtliche Grundlage	§§ 1 ff. HGB
Gründung	Gründung: „Kaufmannseigenschaft"
Gründerzahl	1 Person
Mindestkapital	keine gesetzlichen Normierungen
Einlage	
Haftung	Unternehmensinhaber haftet unbeschränkt mit Geschäfts- und Privatvermögen

Merkmale \ Rechtsform	Einzelunternehmen
Geschäftsführung	Unternehmensinhaber
Vertretung	Unternehmensinhaber
Eigenkapital (EK)	EK: Privatvermögen wird in Eigenkapital umgewandelt
Fremdkapital (FK)	FK: Fremdkapital abhängig vom Haftungskapital (Privatvermögen + Betriebsvermögen)
Gewinn- und Verlustverteilung	Unternehmensinhaber
Besteuerung	Est; GewSt

1.6.2.2 Rechtsformen der Personengesellschaften

Personengesellschaften werden von mindestens zwei Personen gegründet. Diese haben sich für die Erreichung eines bestimmten Ziels zu einer Gesellschaft zusammengeschlossen. Diese Gesellschaftsformen sind keine juristischen Personen.

Die Gesellschafter haften, je nach Form der Personengesellschaft, persönlich mit ihrem Privat- und Geschäftsvermögen.

Die gesetzlichen Normierungen des HGB finden Anwendung.

Merkmale \ Rechtsform	Offene Handelsgesellschaft (OHG)	Kommanditgesellschaft (KG)	Stille Gesellschaft
Rechtliche Grundlage	§§ 105–160 HGB	§§ 161–177a HGB	§§ 230–236 HGB
Gründung	Gesellschaftsvertrag; Eintragung in das Handelsregister	Gesellschaftsvertrag; Eintragung in das Firmenbuch	
Gründerzahl	mind. zwei Personen	(mind. zwei Personen) ein Kommanditist ein Komplementär	mind. zwei Personen
Mindestkapital	keine gesetzliche Normierung	keine gesetzliche Normierung	keine gesetzliche Normierung
Einlage			
Haftung	Gesellschafter haften persönlich, uneingeschränkt mit Privat- und Geschäftsvermögen und solidarisch.	Komplementär = Vollhafter Kommanditist = Haftung nur im Rahmen der Einlagen	Gesellschafter haften mit ihren Einlagen
Geschäftsführung	Gesellschafter selbst; Regelung im Gesellschaftsvertrag	Komplementär;	Stiller Gesellschafter nach außen nicht erkennbar;

Merkmale \ Rechtsform	Offene Handelsgesellschaft (OHG)	Kommanditgesellschaft (KG)	Stille Gesellschaft
Vertretung		Kommanditist hat nur Kontrollrechte; Regelung im Gesellschaftsvertrag	Stellung vergleichbar mit Kommanditisten
Eigenkapital (EK)	EK: Privatvermögen wird in Firmenkapital gewandelt	EK: Privatvermögen wird in Firmenkapital gewandelt	vergleichbar mit der KG
Fremdkapital (FK)	FK: nach Kreditwürdigkeit	FK: nach Kreditwürdigkeit; Aufnahme eines weiteren Kommanditisten	
Gewinn- und Verlustverteilung	anteilige Verteilung nach Köpfen	4 % der Einlagen; §§ 168, 121 HGB	nach Vertrag
Besteuerung	Est bei den Gesellschaftern; GewSt	Est bei den Gesellschaftern; GewSt	Est bei den Gesellschaftern; GewSt

1.6.2.3 Rechtsformen der Kapitalgesellschaften

Kapitalgesellschaften sind selbstständige juristische Personen und können somit Träger von Rechten und Pflichten sein. Sie bestehen aus einem Zusammenschluss von mindestens zwei Personen (natürliche oder juristische Personen), auch Gesellschafter genannt, zur Verfolgung eines bestimmten gemeinsamen Ziels.

Die Gesellschafter tätigen Kapitaleinlagen i. H. v. 1 EUR bis 50.000 EUR und haften rein mit ihrem Gesellschaftsvermögen.

Auch wenn es sich bei den Rechtsformen der Kapitalgesellschaften um privatrechtliche Rechtsformen handelt, so passiert es immer wieder, dass auch öffentliche Betriebe in privatrechtlichen Rechtsformen firmieren: GmbH und AG.

Die Motivation dafür steckt in dem Wunsch, die Grenzen zwischen dem öffentlichen Haushalts- und Personalrecht und den kaufmännischen Grundsätzen verschmelzen zu lassen.

Die öffentliche Hand betreibt häufig z. B. Stadtwerke, Krankenhäuser oder Stadtmarketing in der Rechtsform einer GmbH; Verkehrsbetriebe oder Stromversorger hingegen z. B. in Form einer AG.

Merkmale \ Rechtsform	Gesellschaft mit beschränkter Haftung (GmbH)	Aktiengesellschaft (AG)	GmbH & Co.KG (Mischform)
Rechtliche Stellung	juristische Person selbstständig	juristische Person selbstständig	selbstständig
rechtliche Grundlage	HGB GmbHG	HGB AktG	Normierungen der GmbH und der KG finden Anwendung
Gründung	Notariell beurkundeter Gesellschaftsvertrag; Eintragung in das Handelsregister	Notariell beurkundeter Gesellschaftsvertrag; Entstehung erst mit Eintragung in das Handelsregister, Abt. B	1. Schritt: Gründung und Eintragung einer GmbH ins Handelsregister; 2. Schritt: Gründung der GmbH & Co.KG Notariell beurkundeter Gesellschaftsvertrag; Eintragung in das Handelsregister (vgl. GmbH und KG)
Gründerzahl	mind. zwei Personen (natürliche oder juristische Person) Ausnahme: Ein-Personen-GmbH/ Ein-Personen-UG	mind. eine Person (natürliche oder juristische Person)	
Mindestkapital	mind. 25.000 EUR (Stammkapital)	mind. 50.000 EUR (Stammkapital), davon müssen mind. 12.500 EUR bei Gründung eingezahlt sein	mind. 25.000 EUR (vgl. GmbH und KG)
Einlage	Einlage: von 1,00 EUR Stammeinlage; Gesellschafter müssen aber zu-	Einlage: Mindestnenn-/Mindeststückwert	

Merkmale \ Rechtsform	Gesellschaft mit beschränkter Haftung (GmbH)	Aktiengesellschaft (AG)	GmbH & Co.KG (Mischform)
	sammen mind. 12.500 EUR Einlagen eingebracht haben oder in Sachwerten einbringen		
Haftung	GmbH haftet mit ihrem Geschäftsvermögen; Gesellschafter haften rein mit ihren Einlagen	AG: Haftet mit dem gesamten Geschäftsvermögen Aktionäre: Haften mit dem Wert ihrer Aktien	GmbH = Komplementär (da der Komplementär eine GmbH ist, ist die Haftung begrenzt) KG = Kommanditist (Haftung rein mit den Einlagen)
Geschäftsführung und Vertretung	**Organe:** Geschäftsführer: Vertretung der GmbH im Außen- und Innenverhältnis Gesellschafterversammlung: Beschlussrechte Aufsichtsrat: (ab 500 Mitarbeitern); Überwachungs-/Kontrollfunktion der Geschäftsführung)	**Organe:** Vorstand: Beschlussberechtigt und Geschäftsführung Aufsichtsrat: Überwachungs-/Kontrollfunktion Hauptversammlung: Aktionäre der AG entscheiden über Kapitalveränderungen, Gewinnverteilung und -verwendung; Abstimmung über Satzungsänderungen	GmbH = Geschäftsführung KG = Kontrollrechte
Eigenkapital (EK) / **Fremdkapital (FK)**	EK: Stammeinlagen; Erhöhung der Stammeinlagen; Aufnahme weiterer Gesellschafter FK: Kreditaufnahme je nach Kreditwürdigkeit	EK: Erhöhung des Stammkapitals durch Ausgabe frischer Aktien (ordentliche Kapitalerhöhung); Gewinnthesaurierung FK: Kreditaufnahme je nach Kreditwürdigkeit	(vgl. GmbH und KG)
Gewinn- und Verlustverteilung	Erfolgt anteilsmäßig nach der Höhe der eingebrachten Einlagen.	Im Verhältnis des jeweiligen Aktienkapitals; i. d. R. werden 40 % des Gewinns nicht ausgeschüttet	(vgl. GmbH und KG)
Besteuerung	Ust; GewSt; KSt Gesellschafter: Est	Ust; GewSt; KSt Gesellschafter: Est	Est; KSt; Ust; GewSt

1.6.3 Rechtsformen öffentlichen Rechts

Die Rechtsformen des öffentlichen Rechts der öffentlichen Betriebe und Verwaltungen beschreiben die Formen der Firmierung von Organisationseinheiten der öffentlichen Verwaltung zur Wahrnehmung ihrer öffentlichen Aufgaben.

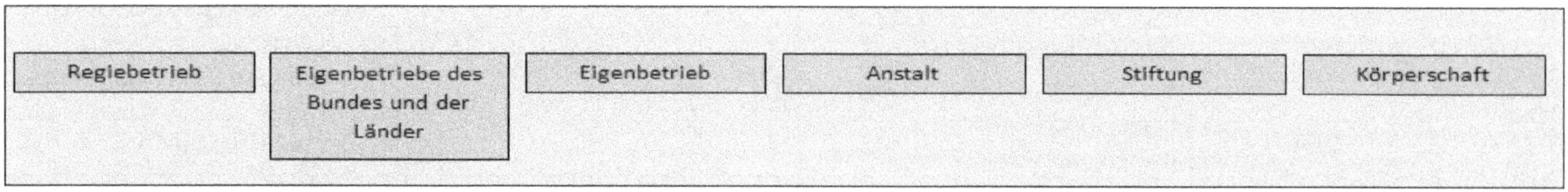

Abb.: Rechtsformen öffentlichen Rechts

Bei den Rechtsformen der öffentlichen Betriebe ist zwischen den Betrieben ohne eigene Rechtspersönlichkeit und solchen mit eigener Rechtspersönlichkeit zu unterscheiden.

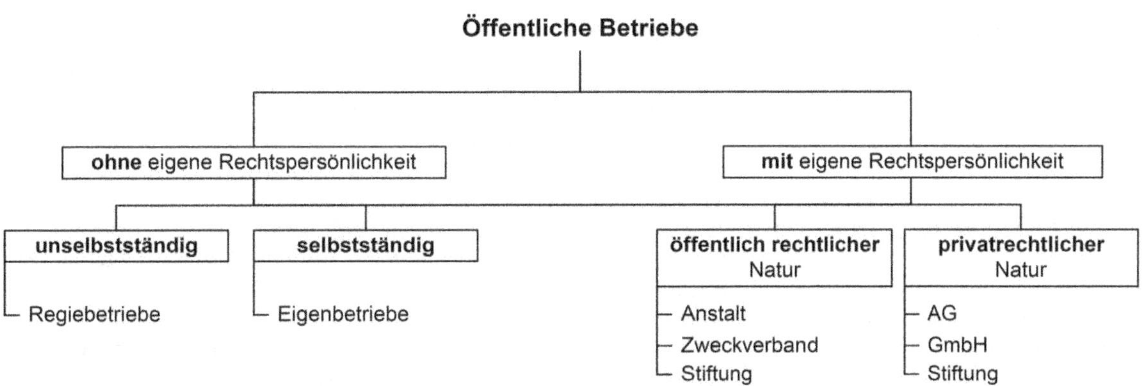

Abb.: Öffentliche Betriebe

1.6.3.1 Regiebetrieb

Regiebetriebe sind administrativ und wirtschaftlich unselbstständige Organisationseinheiten der öffentlichen Verwaltung, auch wenn sie einen klar abgrenzbaren Bereich der Verwaltung darstellen. Ihr Personal, ihr Vermögen und ihre Organisation sind Teil des kommunalen Haushaltes und damit Teil der Kommunalverwaltung. So betrachtet, ist der Regiebetrieb eine Organisationsform der kommunalen Betätigung am wirtschaftlichen Leben ohne eigene Rechts- und Parteifähigkeit.

Die Buchführung und der Leistungsumfang von Regiebetrieben unterliegen der Kontrolle und Steuerung der kommunalen Gremien. Einnahmen, Ausgaben, Kreditaufnahme, sonstige Verbindlichkeiten und Forderungen fließen vollständig in den kommunalen Haushalt ein. Das haushaltsrechtliche Gesamtdeckungsprinzip findet Anwendung: die generierten Erlöse der Regiebetriebe können jedem beliebigen Haushaltszweck zugeführt werden.

Beispiele:

Stadtbibliothek, Schlachthöfe, Bäder, Theater, Museen, Kindergärten etc.

1.6.3.2 Eigenbetrieb

Der Eigenbetrieb ist ein organisatorisch und wirtschaftlich verselbstständigter Betrieb der Gebietskörperschaften Bund, Land oder Kommune (Eigenbetrieb des Bundes, des Landes oder der Kommune). Bei den Eigenbetrieben handelt es sich um sogenannte Nettobetriebe, deren Saldo von Ausgaben und Einnahmen als Wirtschaftsergebnis „netto“ im öffentlich-rechtlichen Haushaltsplan ausgewiesen wird (Nettobetrieb).

Der Gegenpart zum Nettobetrieb ist der „Bruttobetrieb“. Bruttobetriebe sind ausschließlich haushaltswirtschaftlich-kameralistisch Bewirtschaftungen, bei denen alle Ausgaben und Einnahmen brutto im öffentlich-rechtlichen Haushaltsplan ausgewiesen werden (Bruttobetriebe). Behördenbetriebe sind Bruttobetriebe.

Eine eigene Rechtspersönlichkeit verkörpern die Eigenbetriebe nicht, sie verfügen jedoch über eine gewisse Selbständigkeit. Eigenbetriebe sind das Sondervermögen der Gemeinden und aufgrund dessen aus der Verwaltung ausgegliedert (ausgegliedertes Sondervermögen). Die Verwaltung der Eigenbetriebe wird durch die Eigenbetriebsverordnung des Landes geregelt.

Beispiele:

Gas-, Strom-, Verkehrsbetriebe

1.6.3.2.1 Eigenbetrieb des Bundes und des Landes

Eigenbetriebe des Bundes oder der Länder sind rechtlich unselbstständige Organisationseinheiten der Bundes- oder Landesverwaltung. Die betriebliche Führung obliegt der Rechts- oder Fachaufsicht des zuständigen Ministeriums.

Auf die Eigenbetriebe des Bundes und der Länder findet die Bundeshaushaltsordnung (BHO) die Landeshaushaltsordnung (LHO) Anwendung.

Beispiele:

- *sächsische Umweltbetriebsgesellschaft*
- *sächsische Landestalsperrenverwaltung*

1.6.3.2.2 Eigenbetrieb der Kommune

Gemäß § 95 Abs.1 SächsGemO dürfen Unternehmen der Gemeinde nach den Vorschriften der SächsGemO als Eigenbetriebe (Nr. 2) geführt werden. Diese sind, organisatorisch und wirtschaftlich zwar eigenständig, es fehlt ihnen jedoch die eigene Rechtspersönlichkeit.

Die Rechtsverhältnisse des Eigenbetriebs werden durch Betriebssatzung geregelt. Das Vermögen und Personal des Eigenbetriebs gehört dem Träger, d. h. der Gebietskörperschaft, die den Eigenbetrieb betreibt. Das Vermögen wird als Sondervermögen der Gemeinde ausgewiesen (§ 11 Abs.1 SächsEigBVO, § 91 Nr.1 SächsGemO), welches es zu erhalten gilt (§ 12 SächsEigBVO). Für den Eigenbetrieb ist eine sogenannte Sonderkasse einzurichten, die mit der Gemeindekasse verbunden ist (§ 86 Abs.1 S.2 SächsGemO).

Jedes Jahr ist ein Wirtschaftsplan aufzustellen, der den Erfolgsplan, Vermögensplan und die Stellenübersicht ausweist.

Auf die Eigenbetriebe findet die SächsGemO und die SächsEigBVO Anwendung.

Beispiele:

Verkehrs- oder Versorgungsbetriebe

1.6.3.3 Anstalt des öffentlichen Rechts (AöR)

Die AöR ist eine juristische Person des öffentlichen Rechts und ist vollumfänglich rechtsfähig, d. h., sie ist organisatorisch, rechtlich und wirtschaftlich selbstständig. Errichtet wird die AöR durch den Träger oder Gesetz. Die Sachmittel und Personalausstattung erfolgt ebenfalls durch den Träger der AöR.

Träger der AöR:

- Bund = Bundesanstalten
- Länder = Landesanstalten
- Kommunen = kommunale Anstalten

AöR sind von den Körperschaften des öffentlichen Rechts zu unterscheiden, da sie nicht über Mitglieder, sondern über Nutzungsmöglichkeiten verfügen. Diese Nutzung wird durch die sogenannte Benutzungsordnung geregelt und hat auch die Organe, Mitgliedszahl, Aufgaben etc. auszuweisen.

Für die Gründung ist die AöR im Handelsregister einzutragen. Es finden die Gemeindeordnung und die Eigenbetriebsverordnung Anwendung.

Beispiele:

- *Bundesebene: Nationalbibliothek; Nationalbank; KfW*
- *Landesebene: Universitäten; Hochschulen; Schulen; Bibliotheken*
- *Kommunalebene: Städtische Versorgungs-, Verkehrs- und Entsorgungsbetriebe etc.*

1.6.3.4 Stiftung öffentlichen Rechts

Stiftungen öffentlichen Rechts findet man auf Bundes-, Landes- und Kommunalebene.

- Bundeseigene Stiftungen
  Werden durch den Bund eingerichtet und unterliegen der Bundesaufsicht.
- Landeseigene Stiftungen
  Werden durch die Bundesländer errichtet und unterliegen der Landesaufsicht.
- Kommunale Stiftungen
  Stiftungen, die auf kommunaler Ebene eingerichtet werden und deren Stiftungszweck im kommunalen Aufgabenbereich der jeweiligen kommunalen Körperschaft angesiedelt ist.

Es handelt sich um juristische Personen, die eine eigenständige Rechtspersönlichkeit darstellen und deren Stiftungsvermögen ausschließlich für bestimmte öffentlich-rechtliche Belange verwendet werden darf.

Die Gründung einer Stiftung öffentlichen Rechts erfolgt durch hoheitlichen Akt, auf Grundlage von Gesetz oder Rechtsverordnung.

1.6.3.5 Körperschaft öffentlichen Rechts (KöR)

KöR sind juristische Personen öffentlichen Rechts und damit eine eigenständige Rechtspersönlichkeit. KöR sind mitgliedschaftlich organisiert und bleiben auch unabhängig von Mitgliedswechseln bestehen. Sie gibt es in unterschiedlichen Formen:

- Gebietskörperschaften
  Mitgliedschaft aufgrund des Wohnsitzes
  Beispiel: Bund, Land, Kreis, Gemeinde
- Personalkörperschaft
  Mitgliedschaft aufgrund eines bestimmten Merkmals, das der Person innewohnt
  Beispiel: Industrie- und Handelskammer, Handwerkskammer etc.
- Verbandskörperschaft
  Mitglied können ausschließlich juristische Personen sein
  Beispiel: Kommunalverbände, Regionalverbände, Verband kommunaler Arbeitgeber
- Realkörperschaften
  Mitgliedschaft aufgrund des Eigentums von Liegenschaften
  Beispiel: Wasserschutzverband

1.6.3.6 Überblick über ausgewählte Rechtsformen öffentlicher Betriebe

Rechtsform / Merkmale	Regiebetrieb	Eigenbetrieb	Anstalt öffentlichen Rechts
Rechtliches Verhältnis	Keine eigenständige Rechtspersönlichkeit = organisatorische, wirtschaftliche und rechtliche Unselbstständigkeit Teil des Kommunalvermögens	Keine eigenständige Rechtspersönlichkeit = rechtliche Unselbstständigkeit Organisatorisch und wirtschaftlich selbstständig (Sondervermögen)	Eigenständige Rechtspersönlichkeit = Organisatorisch und rechtlich selbstständig
Rechtliche Grundlage	GemO GemHVO	BHO LHO GemO EigBG, EigBVO (in Sachsen gibt es nur eine EigBVO)	GemO
(Mindest)kapital	Kein Mindestkapital	„angemessene Eigenkapitalausstattung" (EigBVO)	Ausstattung mit ausreichend/ angemessenem Stammkapital
Geschäftsführung	Betrieb ist voll in die Verwaltung eingegliedert Leitung erfolgt wie in anderen Verwaltungsbereichen	Betriebsleitung erfolgt durch eigenständige Organe Kontrolle durch: Werks-/Betriebsausschuss; Gemeinderat (obliegen die Entscheidungen über Kapitalveränderungen und Gewinnverwendung	Dem Vorstand obliegen die Leitung und Führung der Geschäfte; Verwaltungsrat = Kontrollorgan; Vertretung erfolgt durch den Vorstand
Rechnungswesen	Nicht eigenständig; Rechnungswesen des Trägers (Doppik)	Wirtschaftsplan Eigenständiges betriebswirtschaftliches Rechnungswesen gemäß EigBG, EigBVO	Eigenständiges betriebswirtschaftliches Rechnungswesen gemäß EigBG, EigBVO
Wirkung auf den Haushalt	Bruttobetrieb	Nettobetrieb	Nettobetrieb
Besteuerung	Keine eigenständige Besteuerung	Eigenständige Besteuerung, abhängig von betrieblicher Tätigkeit	Eigenständige Besteuerung, vergleichbar mit Eigenbetrieb

1.6.4 Kriterien der Rechtsformwahl

Der Anlass für die Wahl der Rechtsform liegt entweder in der Gründung eines Unternehmens oder dem Erfordernis einer Rechtsformänderung, der sogenannten Umgründung. Die Entscheidung, welche Rechtsform am geeignetsten ist, hängt von den jeweiligen entscheidenden Bedarfen der Gebietskörperschaft, den sogenannten Entscheidungsfaktoren, ab. Diese sollen die Abwägung der unterschiedlichen Aspekte transparent gestalten und erleichtern, um eine optimale und damit langfristige Rechtsformfindung zu ermöglichen. Es ist eine strategische Entscheidung der Trägerkörperschaft, da die Rechtsform der Betriebe nicht nach Belieben gewechselt wird. Warum ist das so? Zum einen ist es ökonomisch unwirtschaftlich, da eine Änderung der Rechtsform immer mit einem hohen einmaligen Kostenaufwand verbunden ist (unter anderem Kosten für rechtliche Prüfungen und Beratungen und damit verbundene Rechts- und Steuerberaterleistungen, Publizität); zum anderen bestehen rechtliche Hürden.

1.6.4.1 Allgemeine Entscheidungsfaktoren

Im Bereich der allgemeinen Entscheidungsfaktoren werden solche Faktoren/Kriterien der Rechtsformwahl abgebildet, die sich aus den Rechtsformen und gesetzlichen Normierungen ergeben.

Zunächst ist zu entscheiden, ob es sich um eine Personen- oder Kapitalgesellschaft handeln soll; wobei das Betätigungsfeld diese Entscheidung häufig entbehrlich macht.

Merkmale / Gesellschaftsform	Personengesellschaft	Kapitalgesellschaft
Rechtliches Verhältnis	(Teil-)rechtsfähig	Eigenständige Rechtspersönlichkeit
Geschäftsführung/Leitung und Vertretung	Selbstorganschaft: Geschäftsführung und Vertretung durch Gesellschafter	Fremdorganschaft: Geschäftsführung kann durch einen Nichtgesellschafter (Externen) übernommen werden
Kapitalausstattung	Kein Mindestkapital	Mindestkapital
Haftung	Alle Gesellschafter haften unbeschränkt Ausnahme: KG (Komplementär = unbeschränkte Haftung, Kommanditist = Haftung mit Einlage)	Haftung auf das Gesellschaftsvermögen beschränkt
Anteilsübertragung	Änderung des Gesellschaftsvertrages und Zustimmung der anderen Gesellschafter erforderlich	unproblematisch

Abb.: Allgemeine Entscheidungskriterien für die Art der Gesellschaft

Weitere Entscheidungsfaktoren, die auf dem Weg zu der passenden Rechtsform betrachtet werden sollten, sind neben der Art der Gesellschaftsform solche Aspekte, die spezifisch für die einzelnen Rechtsformen sind:

- **Gründungsvoraussetzungen**
  Gründeranzahl (Mindestzahl)
- **Haftung**
  Die Haftung beschreibt das Kapitalverlustrisiko. Dieses variiert je nach Rechtsformwahl. D. h. es kann sich allein auf die Höhe der Einlagen beschränken (beschränkte Haftung) oder es ist unbeschränkt und umfasst neben den Einlagen auch die Haftung mit dem Privatvermögen.
- **Geschäftsführung/Leitung, Vertretungsmacht und Mitbestimmung**
  Die Regelungen hinsichtlich der Geschäftsführung und Leitungsbefugnissen etc. sind abhängig von der gewählten Rechtsform. So werden bei Personengesellschaften die Aufgaben der Geschäftsführung, Vertretung und Mitbestimmungsrechte bei den Gesellschaftern angesiedelt. Kapitalgesellschaften können die Geschäftsführung und Vertretung auf angestellte Geschäftsführer (Geschäftsführer, die nicht Gesellschafter sind) übertragen.
- **Kapitalausstattung/Finanzierung (Finanzierungsmöglichkeiten)**
  Mit der Kapitalausstattung wird die Höhe des Minimums des Haftungskapitals bestimmt. Die Höhe des Haftungskapitals hat Auswirkungen auf die Kreditwürdigkeit und damit auch auf die Generierung von Fremdkapital.
  Die Höhe des Mindestkapitals ist abhängig von der Rechtsformwahl.
- **Gewinn- und Verlustbeteiligung**
  Die Gewinn- und Verlustbeteiligung richtet sich insbesondere nach den Haftungsverpflichtungen und Einlagen der Gesellschafter. Der Gesellschaftervertrag kann diesbezüglich von den gesellschaftsrechtlichen Normierungen abweichende Regelungen enthalten.
- **Steuerbelastung**
  Die Steuerbelastung richtet sich nach der Rechtsform:
  Einzelunternehmen und Personengesellschaften:
  Diese Rechtsformen stellen keine selbstständigen Steuersubjekte dar. Die Steuerbelastung trifft die Eigentümer/Gesellschafter.
  Kapitalgesellschaften:
  Die Rechtsformen der Kapitalgesellschaften werden als eigenständige Steuersubjekte angesehen und sind damit selbstständig steuerpflichtig (Körperschaftssteuer).
- **Rechnungslegung, Publizitätspflichten**
  Rechnungslegung:
  Die Verpflichtung zur Rechnungslegung bedeutet, dass die Verpflichtung zur (doppelten) Buchführung, Gewinn- und Verlustrechnung sowie zur Aufstellung von Bilanzen besteht. Die Rechtgrundlage ist dem HGB zu entnehmen.
  Publizitätspflichten (Veröffentlichungs- oder Offenlegungspflicht):
  Bei der Publizitätspflicht handelt es sich um die Pflicht zur Offenlegung oder Veröffentlichung von bestimmten Unternehmensinformationen wie z. B. Jahresabschlüsse oder Geschäfts- und Zwischenberichte. Die rechtlichen Grundlagen sind insbesondere dem Handelsgesetzbuch (HGB), Publizitätsgesetz und Bilanzrichtliniengesetz (BiRiLiG) zu entnehmen.
  Gesellschaften mit beschränkter Haftung, Kapitalgesellschaften und Großunternehmen[2] unterliegen dieser Verpflichtung.

2 Großunternehmen= Bilanzsumme > 65 Millionen EUR; Umsatzerlöse > 130 Millionen EUR; Beschäftigungszahl > 5.000 Mitabreter.

1.6.4.2 Spezielle Entscheidungsfaktoren für öffentliche Betriebe

Neben den oben abgebildeten allgemeinen Entscheidungsfaktoren sind bei der Rechtsformwahl im Bereich der öffentlichen Betriebe weitere spezielle Faktoren zu beachten:

Organisatorische und rechtliche Selbstständigkeit

Mit der organisatorischen und rechtlichen Selbstständigkeit wird zum Ausdruck gebracht, ob es sich bei der Rechtsform um organisatorisch und rechtlich selbstständige Rechtssubjekte handelt. Die Variationsmöglichkeiten von organisatorischer- und rechtlicher Selbstständigkeit unterscheiden sich je nach Rechtsform:

- *Organisatorische und rechtliche Unselbstständigkeit:*
  Der Betrieb ist organisatorisch in die Verwaltungs-/Behördenhierarchie eingegliedert und besitzt keine eigene Rechtspersönlichkeit, die Geschäftsführung und Vertretung erfolgt durch die Trägerverwaltung.
- *Organisatorische Selbstständigkeit und rechtliche Unselbstständigkeit:*
  Der Betrieb ist administrativ und organisatorisch selbstständig, d. h. dass die Betriebsführung einer Betriebsleitung und die Kontrolle dem Betriebsausschuss obliegen. Da diesen Betrieben die rechtliche Selbstständigkeit fehlt, steht das Vermögen im Eigentum des Trägers, ebenso ist das Personal weiterhin dem Träger zugewiesen.
- *Organisatorische und rechtliche Selbstständigkeit:*
  Der Betrieb ist administrativ und organisatorisch selbstständig und besitzt die rechtliche Selbstständigkeit.

Grad der Kontroll- und Einflussnahme durch den Träger

Mit dem Grad der Kontrolle- und Einflussnahme wird zum Ausdruck gebracht, wie und in welchem Maß der Träger Einfluss auf den öffentlichen Betrieb nehmen kann. Zum Beispiel, ob die Kontrolle beim Gemeinderat liegt (Regiebetrieb) oder der Gemeinderat im überwiegenden Maße an den Betriebsausschuss übergeben hat, wie bei den Eigenbetrieben.

Beteiligung Dritter

Überprüfung, ob die Möglichkeit besteht, Dritte neben dem Träger an dem Unternehmen zu beteiligen.

1.6.5 Rechtsgrundlagen der Rechtsformwahl

Grundlage der Rechtsformwahl kommunaler Unternehmen, die außerhalb der kommunalen Verwaltung angesiedelt sind, sind den §§ 94a ff. SächsGemO zu entnehmen.

1.6.5.1 Rechtsformen nach der Sächsischen Gemeindeordnung

Gemäß § 95 Abs. 1 SächsGemO kann die Gemeinde für ihre Unternehmen eine der nachstehenden Rechtsformen wählen:

- Regiebetriebe,
- Eigenbetriebe,
- in der Rechtsform des Privatrechts.

Bei der Wahl der Rechtsform und der wirtschaftlichen Betätigung der Gemeinde in Form einer Unternehmung hat die Gemeinde den Normierungen des § 94a Abs. 1 SächsGemO zu entsprechen. Gemäß dieser Vorschrift darf die Gemeinde nur wirtschaftliche „Unternehmen errichten, übernehmen, unterhalten, wesentlich verändern oder sich daran unmittelbar oder mittelbar beteiligen,

- wenn der öffentliche Zweck dies rechtfertigt,
- das Unternehmen nach Art und Umfang in einem angemessenen Verhältnis zur Leistungsfähigkeit der Gemeinde und zum voraussichtlichen Bedarf steht und
- der Zweck nicht besser und wirtschaftlicher durch einen privaten Dritten erfüllt wird oder erfüllt werden kann." (§ 94a Abs. 1 Satz 1 SächsGemO)

Die Gemeinde hat ihre wirtschaftlichen Unternehmen „so zu führen, dass der öffentliche Zweck erfüllt, wird" (§ 94a Abs. 4 Halbs. 1 SächsGemO). Gleichzeitig trifft sie die gesetzliche Verpflichtung, einen Ertrag für den kommunalen Haushalt zu erwirtschaften, ohne dadurch die Erfüllung des öffentlichen Zwecks zu beeinträchtigen (§ 94a Abs. 4 Halbs. 2 SächsGemO). Durch die wirtschaftliche Betätigung und Gewinnerzielungsabsicht der Gemeinde darf also der öffentliche Zweck niemals entfallen. Er ist von besonderer Bedeutung und darf nicht unberücksichtigt bleiben. Im Umkehrschluss bedeutet dies, dass die Gemeinde kein wirtschaftliches Unternehmen führen oder daran beteiligt sein darf, bei dem der öffentliche Zweck entfällt. Welche Unternehmen nach der SächsGemO nicht als wirtschaftliche Unternehmen und damit als unproblematisch zu bewerten sind, bestimmt § 94a Abs. 3 SächsGemO.

Die Gemeinde darf sich gemäß § 96 Abs. 1 SächsGemO nur in den Fällen für ein Unternehmen in einer Rechtsform des privaten Rechts entscheiden, „wenn

1. durch die Ausgestaltung des Gesellschaftsvertrages oder der Satzung die Erfüllung der Aufgaben der Kommune sichergestellt ist,
2. die Kommune einen angemessenen Einfluss, insbesondere im Aufsichtsrat oder in einem entsprechenden Überwachungsorgan des Unternehmens erhält und
3. die Haftung der Kommune auf einen ihrer Leistungsfähigkeit angemessenen Betrag begrenzt wird." (§ 96 Abs. 1 SächsGemO)

Sollte eine Gemeinde die Rechtsform der Aktiengesellschaft (AG) in Erwägung ziehen, so hat sie im Vorfeld der Errichtung, Übernahme, wesentlichen Veränderung und unmittelbaren oder mittelbaren Beteiligung genau zu prüfen, ob „der öffentliche Zweck des Unternehmens nicht ebenso gut in einer anderen Rechtsform erfüllt wird oder [...] werden kann." (§ 96 Abs. 2 SächsGemO)

Die Gemeinde bedarf für Rechtsgeschäfte dieser Art der Genehmigung durch die Rechtsaufsichtsbehörde (§ 102 Abs. 1 SächsGemO).

1.6.5.2 Begrenzung der Geschäftsbereiche

Die Gemeinde hat bei ihren Betätigungsfeldern neben dem öffentlichen Zweck noch einen weiteren wichtigen Punkt zu beachten: sie darf keine Bankunternehmen betreiben oder Anteile an selbigen halten, so bestimmt es § 94a Abs. 6 Satz 1 SächsGemO. § 94a Abs. 6 Satz 3 besagt aber auch, dass die §§ 94a–102 SächsGemO auf Sparkassen, Beteiligungen an der Sachsen-Finanzgruppe und die sie tragenden Zweckverbände keine Anwendung finden.

1.6.5.3 Vertretung der Gemeinde

Gemäß § 98 Abs. 1 Satz 1 SächsGemO wird die Gemeinde in der Gesellschafterversammlung etc. durch den Bürgermeister vertreten. Besteht für die Gemeinde die Möglichkeit, weitere Vertreter zu entsenden, so sind diese durch den Gemeinderat zu bestellen. Dieser kann die Bestellung auch widerrufen.

Die eingesetzten Vertreter haben den Gemeinderat oder die zuständigen Ausschüsse frühzeitig über alle Angelegenheiten der Beteiligung in Kenntnis zu setzen (§ 98 Abs. 1 S 7 SächsGemO).

Der Bürgermeister hat bei Stimmenabgaben, die unter dem Vorbehalt der Einholung einer vorherigen Ratsentscheidung stehen, im Vorfeld die Zustimmung des Gemeinderats einzuholen.

1.6.5.4 Haftung

Gemäß § 96 Abs. 1 Nr. 3 SächsGemO muss bei der Beteiligung der Gemeinde an einem Unternehmen in Privatrechtsform die Haftung „auf einen ihrer Leistungsfähigkeit angemessenen Betrag begrenzt" (§ 96 Abs. 1 Nr. 3 SächsGemO) werden. Diese gesetzliche Haftungsbegrenzung ist insbesondere in den Fällen von Bedeutung, in denen es um die Rechtsform Personengesellschaften geht.

1.6.5.5 Grundsatz der Wirtschaftlichkeit und Sparsamkeit

Die Gemeinde wird durch die GemO angehalten, ihre Geschäfte im Rahmen des Grundsatzes der Sparsamkeit und Wirtschaftlichkeit zu führen. Gleichzeitig hat sie so zu agieren, dass der öffentliche Zweck erfüllt wird. Diese Maximen finden auch auf ihre Betätigungen im Rahmen von wirtschaftlichen Unternehmen in privatrechtlichen Rechtsformen Anwendung.

1.6.6 Kontrollfragen

1. Erklären Sie den Unterschied zwischen natürlichen und juristischen Personen.
2. Benennen Sie die Formen des Kaufmanns.
3. Wie nennt man die Gesellschafter der KG und wie ist das Haftungsverhältnis?
4. Wie ist die Haftung bei einer OHG?
5. Benennen Sie zwei Rechtsformen des öffentlichen Rechts ohne eigene Rechtspersönlichkeit.
6. Benennen Sie eine Rechtsform des öffentlichen Rechts die eigene Rechtspersönlichkeit besitzen.
7. Welche Organe hat ein Kommunalunternehmen?
8. Wie muss die Haftung ausgestaltet sein, wenn sich die Gemeinde an einem privatrechtlichen Unternehmen beteiligt?

Lösung

Zu 1: Natürliche Personen sind Menschen. Juristische Personen sind Personenzusammenschlüsse oder Vermögensmassen.
Zu 2: Ist-, Kann-, Schein-, Formkaufmann
Zu 3: Komplementär = haftet mit seinem gesamten Vermögen (Privat- und Geschäftsvermögen); Kommanditist = haftet nur mit seiner Kapitaleinlage.
Zu 4: Die Gesellschafter haften mit ihrem gesamten Vermögen.
Zu 5: Regiebetriebe; Eigenbetriebe
Zu 6: Anstalt; Stiftung; Kommunalbetrieb
Zu 7: Vorstand und Verwaltungsrat
Zu 8: Gemäß § 96 Abs. 1 Nr. 3 SächsGemO muss bei der Beteiligung der Gemeinde an einem Unternehmen in Privatrechtsform die Haftung „auf einen ihrer Leistungsfähigkeit angemessenen Betrag begrenzt" (§ 96 Abs. 1 Nr. 3 SächsGemO) werden.

1.7 Privatisierung öffentlicher Betriebe

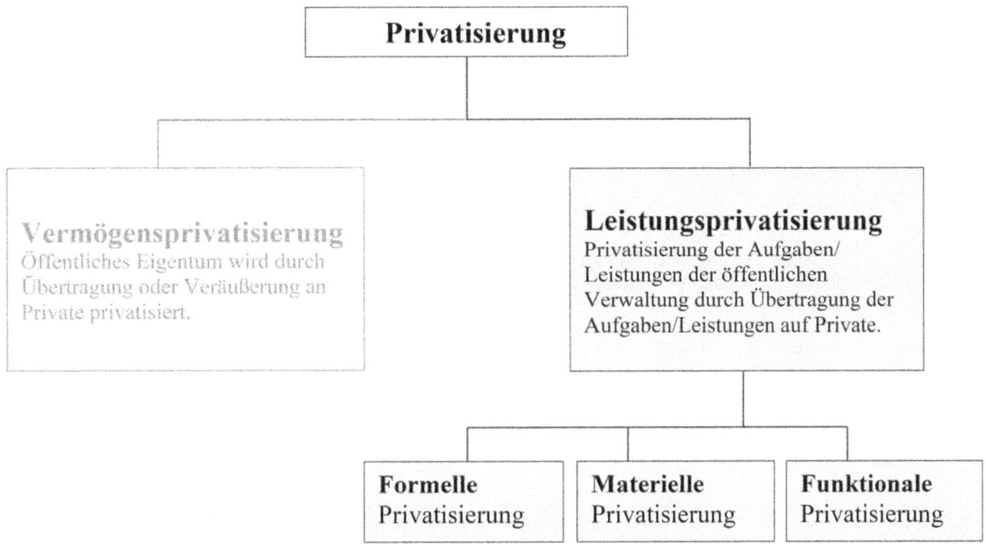

Abb.: Formelle und materielle Privatisierung

Mit dem Begriff der Privatisierung werden die Veräußerung und die damit einhergehende Umwandlung öffentlichen Vermögens in privates Eigentum beschrieben. Daneben wird auch die Übertragung von öffentlichen Aufgaben der öffentlichen Verwaltung auf private Anbieter/Dienstleister erfasst.

1.7.1 Formelle Privatisierung

Die formelle Privatisierung, auch Organisationsprivatisierung genannt, ist im Bereich der Leistungsprivatisierung angesiedelt. Im Rahmen der formellen Privatisierung wird eine der öffentlichen Verwaltung obliegende Aufgabe auf ein im öffentlichen Eigentum stehenden Betrieb übertragen, unabhängig von ihrer Rechtsform.

Bei der formellen Privatisierung spricht man auch von der sogenannten „unechten" Privatisierung, da weiterhin der öffentliche Träger die Aufgaben wahrnimmt. Die Aufgaben und damit verbundene Kosten bleiben bei der öffentlichen Hand und in deren Haushalt, werden nur „verschoben".

1.7.2 Materielle Privatisierung

Bei der materiellen Privatisierung oder Aufgabenprivatisierung werden öffentliche Aufgaben auf private Unternehmen übertragen, um diese in Zukunft auszuführen. Der öffentliche Träger zieht sich damit vollständig aus dieser Aufgabenerfüllung zurück.

1.7.3 Funktionale Privatisierung

Von funktionaler Privatisierung spricht man, wenn die Gemeinde im Rahmen ihrer Aufgabenerfüllung für selbige ein privates Unternehmen zu Hilfe nimmt. Diese Art der Kooperation zwischen einem öffentlichen Träger und einem privatwirtschaftlichen Unternehmen wird auch als Public Private Partnership (PPP) bezeichnet.

Public Private Partnership ist von dem Begriff des Beliehenen klar zu unterscheiden, da der Beliehene als Privatperson für seiner Tätigkeit mit hoheitlichen Befugnissen ausgestattet wird, was bei einem Public Private Partnership nicht der Fall ist (Beispiel Müllabfuhr).

1.7.4 Rechtliche Grundlagen der Privatisierung

Wie und in welchem Umfang eine Gemeinde Aufgaben nach außen abgibt (Ausgliederung), wird durch die GemO geregelt. In ihr wird der Umfang der wirtschaftlichen und nichtwirtschaftlichen Betätigung der Gemeinde normiert. Die Aufgaben, die einer Gemeinde obliegen, werden jedoch nicht abschließend benannt, sodass eine Gemeinde neben den üblichen Gemeindeaufgaben auch weitere Aufgaben tätigen kann (freiwillige und Pflichtaufgaben der Selbstverwaltung). Im Rahmen der Erfüllung dieser Aufgaben kann die Gemeinde das Mittel der Privatisierung zu Hilfe nehmen. Dies gilt jedoch nicht für den Bereich der Pflichtaufgaben nach Weisung (übertragener Wirkungskreis), hier erfährt die Privatisierung von Verwaltungsaufgaben eine klare Beschränkung.

Generell hat die Gemeinde/der öffentliche Träger bei der Privatisierung einer öffentlichen Unternehmung stets darauf zu achten, dass dem öffentlichen Zweck weiterhin genüge getan wird.

Neben der GemO gibt es keine weiteren allgemeinen gesetzlichen Regelungen, die für die Privatisierung von kommunalen Verwaltungsaufgaben herangezogen werden.

1.7.5 Ziel der Privatisierung

Mit der Privatisierung soll zum einen die Entlastung der öffentlichen Verwaltung erreicht und gleichzeitig auch die Effizienz gesteigert werden. Zum anderen soll durch die Übertragung von kommunalen Aufgaben der Bürokratisierung entgegengewirkt und die Qualität der Leistungserbringung und die damit verbundene Bürgerzufriedenheit gesteigert werden.

Durch die Veräußerung öffentlichen Eigentums und damit verbundener Aufgaben wird frisches Geld in die öffentlichen Kassen gespült, was zur Entlastung und Sanierung des öffentlichen Haushaltes beiträgt.

1.7.6 Kontrollfragen

1. Benennen Sie die drei Formen der Privatisierung öffentlicher Betriebe.
2. Differenzieren Sie zwischen der formellen- und materiellen Privatisierung.
3. Warum spricht man bei der formellen Privatisierung auch von einer „unechten Privatisierung“?

Lösung

Zu 1: Formelle, Materielle, Funktionale Privatisierung.

Zu 2: Formelle Privatisierung = Aufgaben der öffentlichen Verwaltung werden auf ein im Eigentum der öffentlichen Hand stehenden Betrieb übertragen.
Materielle Privatisierung = Die Aufgaben werden in Gänze auf ein privates Unternehmen übertragen. Die öffentliche Verwaltung zieht sich aus der Aufgabenerfüllung vollständig zurück.

Zu 3: Die Aufgaben und damit verbundene Kosten bleiben bei der öffentlichen Hand und in deren Haushalt, werden nur „verschoben“.

2. Kosten- und Leistungsrechnung

2.1 Funktionsweise und Ziele

Die Kosten- und Leistungsrechnung zeichnet alle betriebsbedingten Leistungsströme des Betriebes auf und verrechnet diese auf die verursachenden Kostenträger. Kostenstellen können dabei mit einzelnen Bereichen im Betrieb gleichgesetzt werden, in welchen Werteverzehre i. S. v. Kosten entstehen. Kostenträger entsprechen Produkten des Betriebes. Dabei werden auch Leistungsströme erfasst, welche aufgrund der entsprechenden gesetzlichen Bestimmungen durch die Finanzbuchführung nicht als Aufwand oder Ertrag berücksichtigt werden. Es sollen die aus kostenrechnerischer Sicht richtigen Werte erfasst werden.

Grundlegendes Ziel ist es, das Betriebsergebnis der Kosten- und Leistungsrechnung zu ermitteln. Dieses ergibt sich aus allen Leistungsströmen der betrachteten Abrechnungsperiode, somit aus der Differenz von Leistungen und Kosten. Leistungen stellen dabei betriebsbedingten Wertezuwachs dar. Unter Kosten ist betriebsbedingter Werteverzehr zu verstehen. Das Betriebsergebnis der Kosten- und Leistungsrechnung gibt Auskunft über die Wirtschaftlichkeit des Betriebsprozesses in der Gesamtschau.

Daneben können mithilfe der Kosten- und Leistungsrechnung eine Vielzahl weiterer Informationen gewonnen werden: Die Kostenträger- und Kostenträgerstückrechnung ermitteln die Kosten für die Produktion der Kostenträger (Produkte) und Kostenträgereinheiten (Produkteinheiten). Der Nettoerfolg des Kostenträgers bzw. der Stückerfolg (als Nettoerfolg pro Stück) einer Kostenträgereinheit geben Auskunft über den Anteil von Kostenträger und Kostenträgereinheit am Betriebsergebnis der Kosten- und Leistungsrechnung und dienen der Kontrolle der Wirtschaftlichkeit und Kostendeckung des Betriebsprozesses. Durch Ermittlung des Deckungsbeitrages und des Stückdeckungsbeitrages (als Bruttoerfolg pro Stück) kann überprüft werden, welcher Anteil am Fixkostenblock aus Produktion und Absatz der Kostenträger bzw. deren Einheiten gedeckt werden kann. Ebenso ist es möglich, die kritische Menge zu ermitteln. Dies ist die Mindestproduktionsmenge zur Erzielung eines positiven Betriebsergebnisses der Kosten- und Leistungsrechnung.

Anhand der o. g. Werte können wichtige Informationen für die Wirtschaftlichkeitskontrolle sowie die Steuerung und Planung des betrieblichen Produktionsprozesses abgeleitet werden. Die Kosten- und Leistungsrechnung dient der Selbstinformation der Betriebsleitung und liefert Grundlagen für wichtige betriebliche Entscheidungen. Dies betrifft beispielsweise folgende Fragestellungen:

- Zusammensetzung des Produktportfolios
- Eigenfertigung oder Fremdbezug
- Auswahl der Lieferanten
- Preiskalkulation
- Höhe der Benutzungsgebühren im Falle kostenrechnender Einrichtungen im öffentlichen Bereich
- Höhe interner Verrechnungspreise im Rahmen der innerbetrieblichen Leistungsverrechnung zwischen verschiedenen Kostenstellen

Daneben ermöglicht die Kosten- und Leistungsrechnung Vergleiche zwischen verschiedenen Betrieben und Abrechnungsperioden (Ist-Ist-Vergleich) sowie zwischen geplanten und tatsächlichen Kosten und Leistungen eines Betriebes (Soll-Ist-Vergleich).

Aufgrund der o. g. Selbstinformationsfunktion ist die Kosten- und Leistungsrechnung ein zentraler Teil des internen betrieblichen Rechnungswesens, während die Finanzbuchführung aufgrund ihrer nach außen gerichteten Funktionen (Rechenschaftslegung, Beweismittel, Gläubigerschutz, Nachweis der Besteuerungsgrundlagen) als externes betriebliches Rechnungswesen bezeichnet wird.

Im öffentlichen Bereich hat die Kosten- und Leistungsrechnung Bedeutung für die Steuerung von öffentlichen Verwaltungen, Einrichtungen und Betrieben. § 14 Satz 1 und 2 der Sächsischen Kommunalhaushaltsverordnung (SächsKomHVO) bestimmen Folgendes: „Als Grundlage für die Verwaltungssteuerung sowie für die Beurteilung der Wirtschaftlichkeit und Leistungsfähigkeit der Verwaltung sind für alle Aufgabenbereiche nach den örtlichen Bedürfnissen Kosten- und Leistungsrechnungen zu führen. Die Kosten sind aus der Buchführung nachprüfbar herzuleiten."

Daneben findet die Kosten- und Leistungsrechnung im Bereich der Gebührenkalkulation kostenrechnender Einrichtungen Anwendung. Nach § 10 Abs. 1 des Sächsischen Kommunalabgabengesetzes (SächsKAG) dürfen die Benutzungsgebühren für öffentliche Einrichtungen nur so bemessen werden, dass die Gesamtkosten gedeckt werden können (Kostendeckungsgrundsatz). Ausgenommen davon sind wirtschaftliche Unternehmen i. S. v. § 94a der Sächsischen Gemeindeordnung (SächsGemO).

Zur Verdeutlichung soll ein beispielhafter Anwendungsfall für den öffentlichen Bereich skizziert werden:

Für den Gemeinderat steht die Vorbereitung einer Sitzung des Tourismusausschusses an. Zur Erhöhung der touristischen Aktivität betreibt die Kommune im örtlichen Naherholungsgebiet eine Grillhütte. Es soll nun über die Höhe der Nutzungsentgelte für die Anmietung der Grillhütte entschieden werden. Für die Anfertigung eines Entscheidungsvorschlages wird die Höhe und Zusammensetzung der Kosten benötigt, welche durch die Grillhütte verursacht werden. Art und Höhe der Kosten können der Kosten- und Leistungsrechnung entnommen werden.

2.2 Kostenverläufe

2.2.1 Gesamtkosten

Die Gesamtkosten der betriebsbedingten Leistungserstellung setzen sich i. d. R. zusammen aus fixen und variablen Kosten.

Für die Gesamtkosten gilt daher:

$$\text{Gesamtkosten} = \text{fixe Kosten} + \text{variable Kosten}$$
$$K(x) = K_f + K_v$$

K... Gesamtkosten
K_f... fixe Kosten
K_v... variable Kosten

Nachfolgend werden typische Kostenverläufe dargestellt, wobei die Darstellungen nicht abschließend sind.

2.2.2 Linearer Kostenverlauf

2.2.2.1 Fixe Kosten

Die fixen Kosten sind die Kosten der Betriebsbereitschaft, welche unabhängig vom Beschäftigungsgrad bzw. der Produktionsmenge bestehen. Fixe Kosten fallen auch dann an, wenn gar keine betriebliche Leistungserstellung stattfindet.

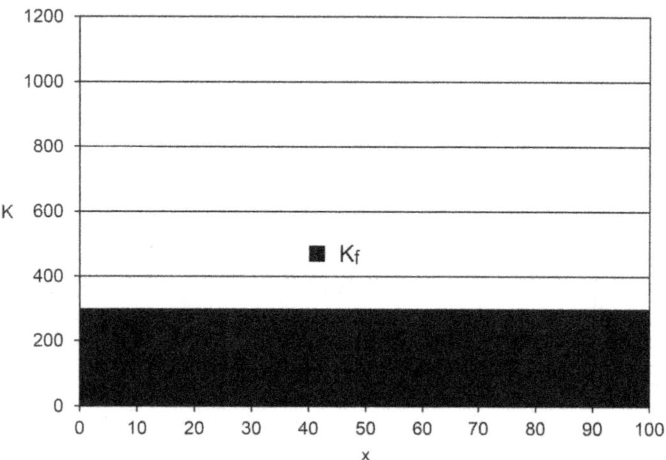

Beispiel für fixe Kosten sind die Abschreibungen für das Anlagevermögen (Verwaltungsgebäude, Sporthalle oder Pkw).

Unter Beschäftigung ist die Menge an Gütern und Dienstleistungen, sprich Kostenträgereinheiten, je Zeiteinheit zu verstehen, die ein Betrieb aufgrund seiner Produktionskapazitäten produziert.

Der Beschäftigungsgrad ist das Verhältnis zwischen der tatsächlichen und der aufgrund der Produktionskapazitäten maximal möglichen Produktionsmenge.

$$\text{Beschäftigungsgrad} = \frac{\text{tatsächliche Produktionsmenge}}{\text{maximal mögliche Produktionsmenge}}$$

Der Anteil an den fixen Kosten, der auf eine Einheit eines Kostenträgers verrechnet wird, die fixen Stückkosten, sinken mit zunehmendem Beschäftigungsgrad, da der Fixkostenblock auf immer mehr Kostenträgereinheiten verrechnet werden kann. Dieser Umstand wird als Fixkostendegression bezeichnet.

Es gilt:

$$k_f = \frac{K_f}{x}$$

K_f... fixe Kosten
k_f... fixe Stückkosten
x... produzierte Menge

Dieser Zusammenhang soll im nachfolgenden Diagramm dargestellt werden. Die dem Beispiel zugrundeliegenden Werte können der sich anschließenden Tabelle entnommen werden:

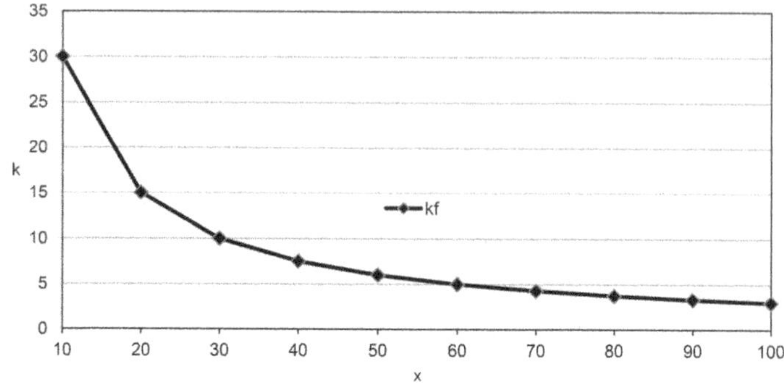

Beschäftigungsgrad	x	K_f	k_f
10 %	10	300,00	30,00
20 %	20	300,00	15,00
30 %	30	300,00	10,00
40 %	40	300,00	7,50
50 %	50	300,00	6,00
60 %	60	300,00	5,00
70 %	70	300,00	4,29
80 %	80	300,00	3,75
90 %	90	300,00	3,33
100 %	100	300,00	3,00

2.2.2.2 Variable Kosten

Variable Kosten steigen im Falle eines linearen Kostenverlaufs proportional mit steigendem Beschäftigungsgrad und fallen proportional mit fallendem Beschäftigungsgrad (proportionaler Verlauf der variablen Kosten). Für sie gilt:

variable Kosten = variable Stückkosten * produzierte Menge

$$K_v(x) = k_v * x$$

K_v... variable Kosten
k_v... variable Stückkosten
x... produzierte Menge

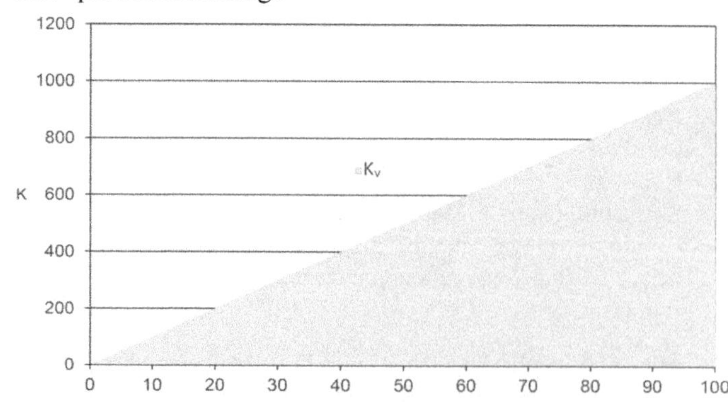

Die variablen Stückkosten einer linearen Kostenfunktion bleiben bei steigendem oder fallendem Beschäftigungsgrad konstant, da gilt:

$$\text{variable Stückkosten} = \frac{\text{variable Kosten}}{\text{produzierte Menge}}$$

$$k_v = \frac{K_v}{x}$$

Dieser Zusammenhang soll im nachfolgenden Diagramm dargestellt werden. Die dem Beispiel zugrundeliegenden Werte können der sich anschließenden Tabelle entnommen werden:

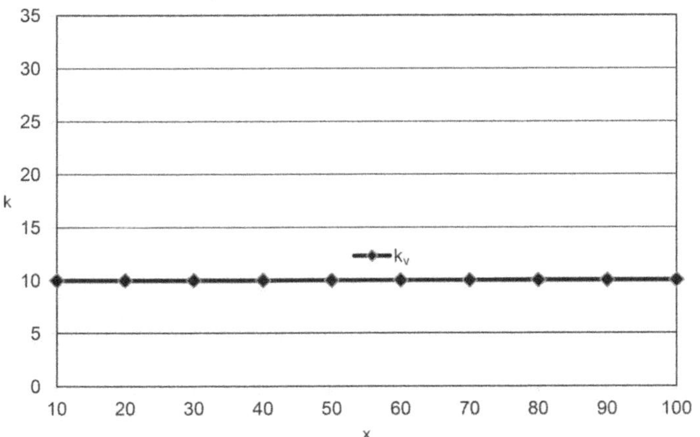

Beschäftigungsgrad	x	K_v	k_v
10 %	10	100,00	10,00
20 %	20	200,00	10,00
30 %	30	300,00	10,00
40 %	40	400,00	10,00
50 %	50	500,00	10,00
60 %	60	600,00	10,00
70 %	70	700,00	10,00
80 %	80	800,00	10,00
90 %	90	900,00	10,00
100 %	100	1.000,00	10,00

2.2.2.3 *Gesamtkosten*

Für die Ermittlung der Gesamtkosten im Falle linearer Kostenfunktionen gilt:

Gesamtkosten = fixe Kosten + variable Stückkosten * produzierte Menge

Die lineare Kostenfunktion ergibt sich somit wie folgt:

$$K(x) = K_f + k_v * x$$

K… Gesamtkosten
K_f… fixe Kosten
k_v… variable Stückkosten
x… produzierte Menge

Diese Zusammenhänge sollen in den nachfolgenden Diagrammen dargestellt werden. Die dem Beispiel zugrundeliegenden Werte können den vorhergehenden Tabellen entnommen werden:

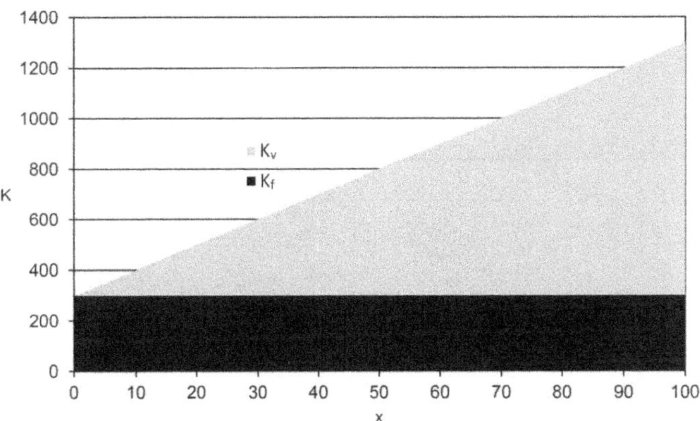

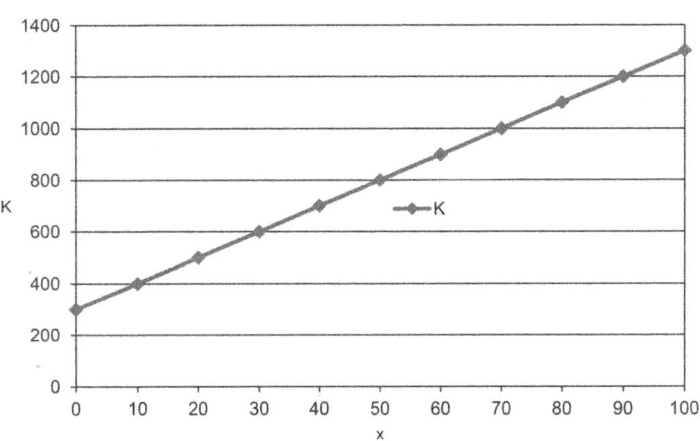

Die Stückkosten, d. h. die Kosten für die Produktion einer Einheit eines Produkts bzw. Kostenträgers, können wie folgt ermittelt werden:

Stückkosten = fixe Stückkosten + variable Stückkosten

$$k = k_f + k_v$$

k… Stückkosten
k_f… fixe Stückkosten
k_v… variable Stückkosten

Gleichzeitig lassen sich die Stückkosten auch wie folgt ermitteln:

$$\text{Stückkosten} = \frac{\text{Gesamtkosten}}{\text{produzierte Menge}}$$

$$k = \frac{K}{x}$$

k… Stückkosten
K… Gesamtkosten
x… produzierte Menge

Dieser Zusammenhang soll im nachfolgenden Diagramm dargestellt werden. Die dem Beispiel zugrundeliegenden Werte können der sich anschließenden Tabelle entnommen werden:

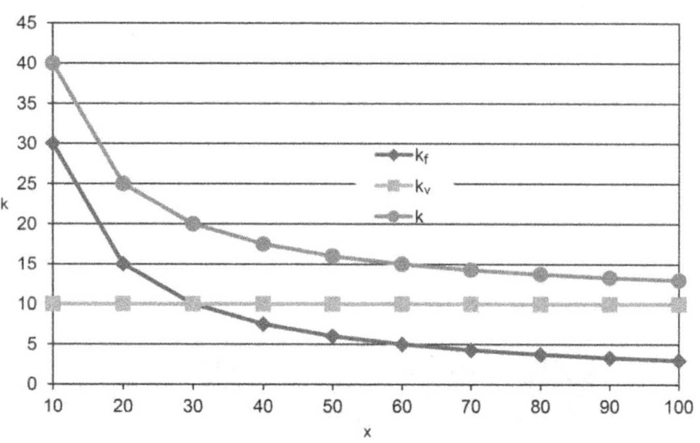

Beschäftigungsgrad	x	k_f	k_v	k
10 %	10	30,00	10,00	40,00
20 %	20	15,00	10,00	25,00
30 %	30	10,00	10,00	20,00
40 %	40	7,50	10,00	17,50
50 %	50	6,00	10,00	16,00
60 %	60	5,00	10,00	15,00
70 %	70	4,29	10,00	14,29
80 %	80	3,75	10,00	13,75
90 %	90	3,33	10,00	13,33
100 %	100	3,00	10,00	13,00

2.2.2.4 *Grenzkosten*

Die variablen Stückkosten entsprechen im Falle linearer Kostenverläufe gleichzeitig den Grenzkosten, d. h. den für die Steigerung der Produktionsmenge um eine Einheit eines Produkts bzw. Kostenträgers zusätzlich anfallenden Kosten:

Grenzkosten = variable Stückkosten

$$K' = k_v$$

$$K' = \frac{\Delta K}{\Delta x}$$

K'... Grenzkosten
k_v... variable Stückkosten
ΔK... Veränderung der Gesamtkosten
Δx... Veränderung der Produktionsmenge

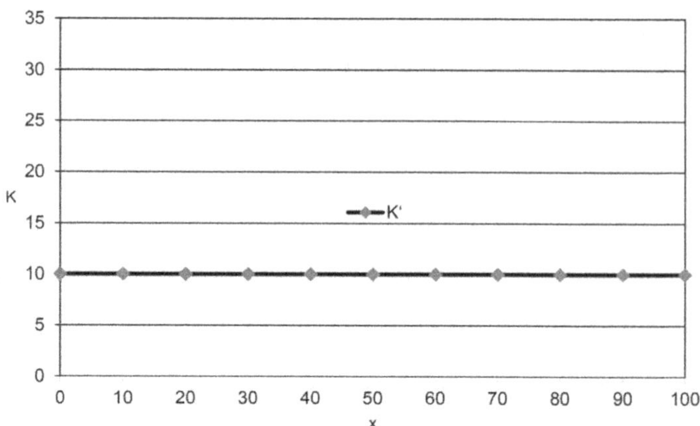

Beschäftigungsgrad	x	K_v	k_v	K'
10 %	10	100,00	10,00	10,00
20 %	20	200,00	10,00	10,00
30 %	30	300,00	10,00	10,00
40 %	40	400,00	10,00	10,00
50 %	50	500,00	10,00	10,00
60 %	60	600,00	10,00	10,00
70 %	70	700,00	10,00	10,00
80 %	80	800,00	10,00	10,00
90 %	90	900,00	10,00	10,00
100 %	100	1.000,00	10,00	10,00

2.2.2.5 *Differenzquotientenverfahren*

Im Falle eines linearen Kostenverlaufs kann die Kostenfunktion mathematisch ermittelt werden, wenn Angaben zu den Gesamtkosten bei zwei unterschiedlichen Produktionsmengen bekannt sind.

Es wird dabei das Differenzquotientenverfahren als mathematische Zweipunktmethode angewandt. In einem ersten Schritt werden die variablen Kosten ermittelt:

$$\text{variable Kosten} = \frac{\text{Gesamtkosten}_2 - \text{Gesamtkosten}_1}{\text{produzierte Menge}_2 - \text{produzierte Menge}_1}$$

$$k_v = \frac{K_2 - K_1}{x_2 - x_1}$$

Im zweiten Schritt kann die Ermittlung der fixen Kosten erfolgen:

$$\text{Gesamtkosten}_1 = \text{variable Kosten} * \text{produzierte Menge}_1 + \text{fixe Kosten}$$

$$K_1(x_1) = k_v * x_1 + K_f$$

Umstellung der Gleichung:

$$\text{fixe Kosten} = \text{Gesamtkosten}_1 - \text{variable Kosten} * \text{produzierte Menge}_1$$

$$K_f = K_1(x_1) - k_v * x_1$$

K... Gesamtkosten
K_f... fixe Kosten
k_v... variable Stückkosten
x... produzierte Menge

Die Zusammenhänge sollen anhand des nachfolgenden Beispiels verdeutlicht werden:

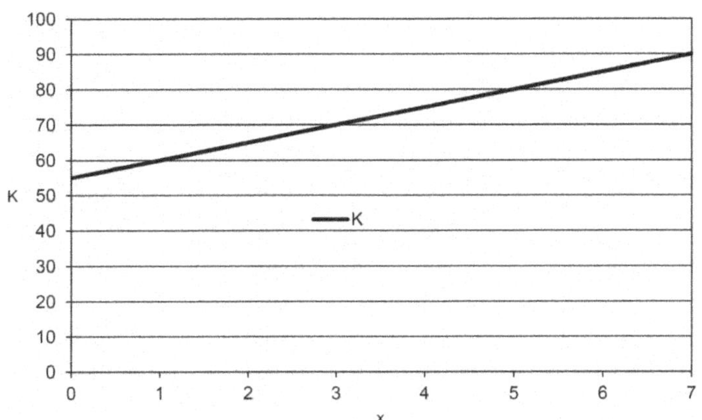

x	K
5,00	80,00
7,00	90,00

$$k_v = \frac{K_2 - K_1}{x_2 - x_1}$$

$K_1 = 80,00;\ K_2 = 90,00;\ x_1 = 5,00;\ x_2 = 7,00$

$$k_v = \frac{90,00 - 80,00}{7,00 - 5,00}$$

$$k_v = \frac{10,00}{2,00}$$

$$k_v = 5,00$$

$$K(x) = 5,00 * x + K_f$$

$$K_1(x_1) = 5,00 * x_1 + K_f$$

$$K_1(5,00) = 5,00 * 5,00 + K_f$$

$$80,00 = 25,00 + K_f$$

$$K_f = 80,00 - 25,00$$

$$K_f = 55,00$$

$$K(x) = 5,00 * x + 55,00$$

Gegenprobe mit dem zweiten Wertepaar:

$$K_2(x_2) = 5,00 * x_2 + K_f$$

$$K_2(7,00) = 5,00 * 7,00 + K_f$$

$$90,00 = 35,00 + K_f$$

$$K_f = 90,00 - 35,00$$

$$K_f = 55,00$$

$$K(x)= 5,00 * x + 55,00$$

2.2.3 Progressive Kostenverläufe

Steigen die variablen Kosten bei steigender Produktionsmenge in einem stärkeren Verhältnis an als die Produktionsmenge, liegt ein progressiver Verlauf der variablen Kosten vor. Dieser kann mithilfe einer Exponentialfunktion dargestellt werden:

$$K_v(x) = a * x^n \text{, wobei gilt: } n > 1$$

Die Funktion für die Ermittlung der Gesamtkosten ergibt sich wie folgt:

$$K(x) = K_v + K_f$$

$$K(x) = a * x^n + K_f$$

Dieser Zusammenhang soll in den nachfolgenden Diagrammen dargestellt werden. Die dem Beispiel zugrundeliegenden Werte können der sich anschließenden Tabelle entnommen werden:

$$K(x) = K_v + K_f$$

$$K_f = 300,00$$

$$a = 0,2$$

$$n = 2$$

$$K_v(x) = 0,2 * x^2$$

$$K(x) = 0,2 * x^2 + 300,00$$

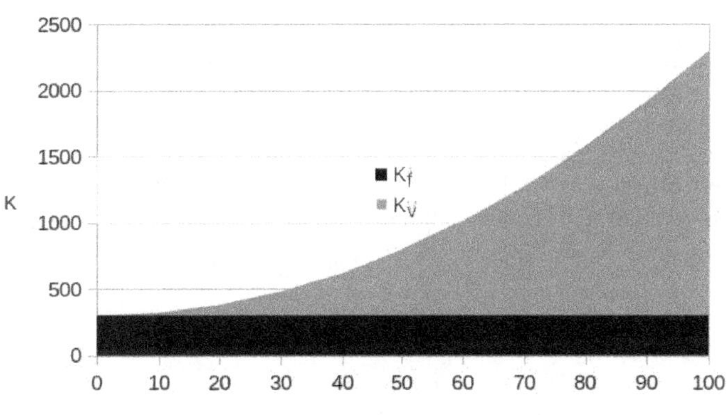

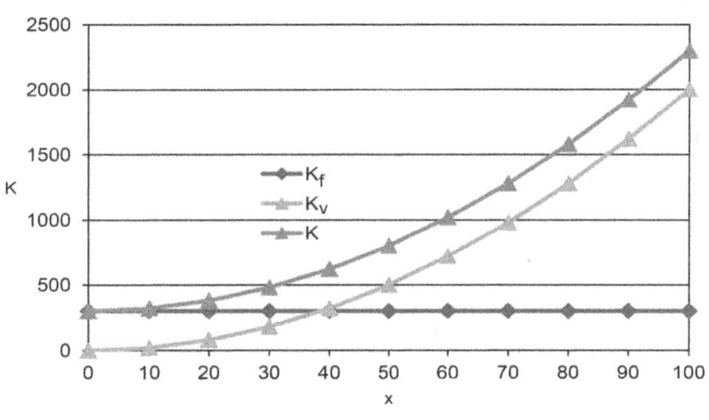

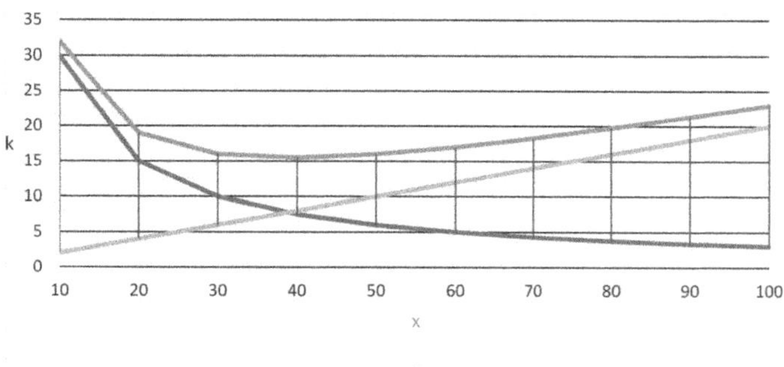

Beschäftigungsgrad	x	k_f	K_f	k_v	K_v	k	K
10 %	10	30,00	300,00	2,00	20,00	32,00	320,00
20 %	20	15,00	300,00	4,00	80,00	19,00	380,00
30 %	30	10,00	300,00	6,00	180,00	16,00	480,00
40 %	40	7,50	300,00	8,00	320,00	15,50	620,00
50 %	50	6,00	300,00	10,00	500,00	16,00	800,00
60 %	60	5,00	300,00	12,00	720,00	17,00	1.020,00
70 %	70	4,29	300,00	14,00	980,00	18,29	1.280,00
80 %	80	3,75	300,00	16,00	1.280,00	19,75	1.580,00
90 %	90	3,33	300,00	18,00	1.620,00	21,33	1.920,00
100 %	100	3,00	300,00	20,00	2.000,00	23,00	2.300,00

2.2.4 Degressive Kostenverläufe

Steigen die variablen Kosten bei steigender Produktionsmenge in einem geringeren Verhältnis an als die Produktionsmenge, liegt ein degressiver Verlauf der variablen Kosten vor. Dieser kann mithilfe einer Exponentialfunktion dargestellt werden:

$K_v(x) = a * x^n$, wobei gilt: $n < 1$

Die Funktion für die Ermittlung der Gesamtkosten ergibt sich wie folgt:

$$K(x) = K_f + K_v$$

$$K(x) = a * x^n + K_f$$

Dieser Zusammenhang soll in den nachfolgenden Diagrammen dargestellt werden. Die dem Beispiel zugrundeliegenden Werte können der sich anschließenden Tabelle entnommen werden:

$$K(x) = K_v + K_f$$

$$K_f = 300{,}00$$

$$a = 20$$

$$n = 0{,}7$$

$$K_v(x) = 20 * x^{0{,}7}$$

$$K(x) = 20 * x^{0{,}7} + 300{,}00$$

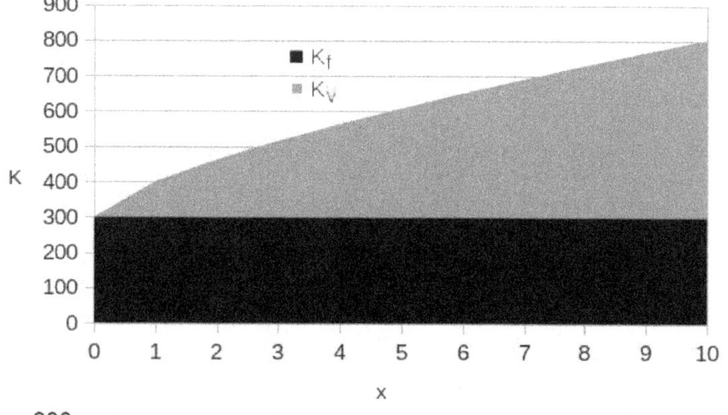

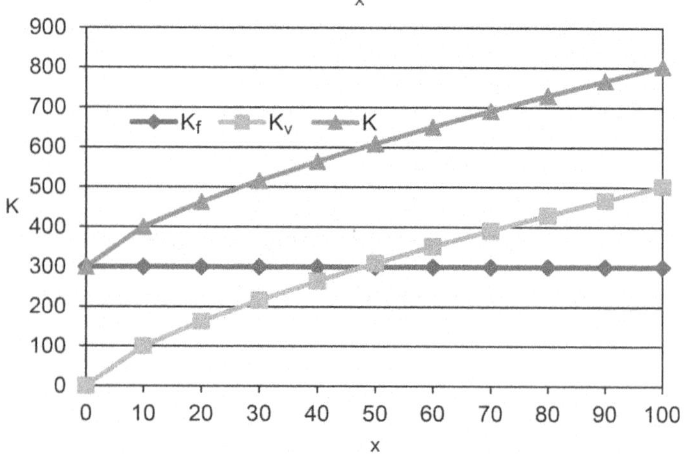

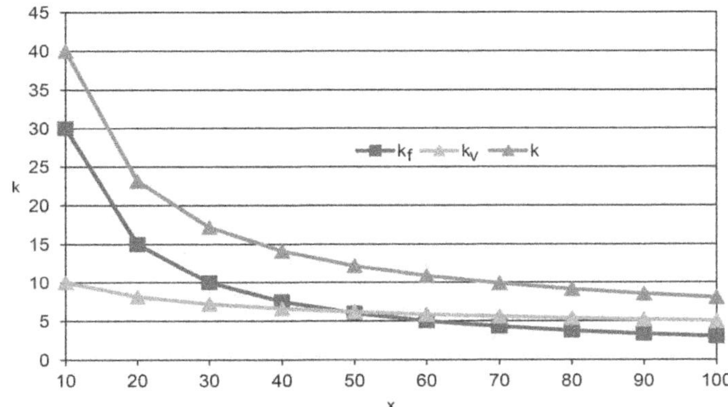

Beschäftigungsgrad	x	k_f	K_f	k_v	K_v	k	K
10 %	10	30,00	300,00	10,02	100,24	40,02	400,24
20 %	20	15,00	300,00	8,14	162,84	23,14	462,84
30 %	30	10,00	300,00	7,21	216,28	17,21	516,28
40 %	40	7,50	300,00	6,61	264,53	14,11	564,53
50 %	50	6,00	300,00	6,19	309,25	12,19	609,25
60 %	60	5,00	300,00	5,86	351,35	10,86	651,35
70 %	70	4,29	300,00	5,59	391,38	9,88	691,38
80 %	80	3,75	300,00	5,37	429,73	9,12	729,73
90 %	90	3,33	300,00	5,19	466,66	8,52	766,66
100 %	100	3,00	300,00	5,02	502,38	8,02	802,38

2.2.5 Kostenremanenz

Fixe Kosten fallen unabhängig von der Produktionsmenge und dem Beschäftigungsgrad an, da es sich um die Kosten für die Bereithaltung der Produktionskapazitäten handelt.

In langfristige Betrachtungen müssen auch Entscheidungen über den Auf- oder Abbau von Produktionskapazitäten einbezogen werden. Aus diesem Grunde werden in diesem Falle auch die fixen Kosten als veränderlich angesehen.

Ein Aufbau von Produktionskapazitäten ist i. d. R. durch eine steigende Nachfrage nach den eigenen Produkten begründet und führt zu einer Steigerung der fixen Kosten. In der Folge können die zusätzlich produzierten Kostenträgereinheiten (Produkteinheiten) unmittelbar nach dem Aufbau der zusätzlichen Produktionskapazitäten – aufgrund der bereits bestehenden Nachfrage – sofort am Markt abgesetzt werden. Der Anstieg von fixen Kosten und Erlösen erfolgt zeitgleich. Da die gestiegenen fixen Kosten kostenrechnerisch auf eine entsprechend höhere Anzahl an Kostenträgereinheiten (erzeugte Produkteinheiten) verteilt werden, kommt es zu keinen wesentlichen Veränderungen der Stückkosten sowie der fixen Stückkosten, sofern ein proportionaler Verlauf der variablen Kosten vorliegt (lineare Kostenfunktion).

Für die Entscheidung zum Aufbau weiterer Produktionskapazitäten muss die Nachfragesteigerung jedoch als dauerhaft eingeschätzt werden können. Grund ist die kurzfristige Unveränderlichkeit der fixen Kosten. Daher wird ein Aufbau von Produktionskapazitäten i. d. R. erst mit einem gewissen zeitlichen Nachlauf zur Nachfragesteigerung erfolgen. Ein Aufbau von Produktionskapazitäten lediglich aufgrund einer kurzfristigen Nachfragespitze würde mittel- und langfristig zu zusätzlichen fixen Kosten führen, welche nicht durch zusätzliche Erlöse aus dem Absatz zusätzlich produzierter Kostenträgereinheiten (Produkteinheiten) mindestens gedeckt werden könnten.

Kommt es zu einer Reduktion von Nachfrage und abgesetzter Menge, wird die Produktionsmenge reduziert, um Lagerkosten zu verringern bzw. deren Anstieg zu vermeiden. Gleichzeitig erfolgt ein Absinken von Erlösen und variablen Kosten. Die fixen Kosten für die nicht genutzten Produktionskapazitäten bleiben jedoch weiterhin bestehen. Dies führt zu einem Anstieg der fixen Stückkosten und damit auch der Stückkosten, da der unveränderte Fixkostenblock nun auf eine geringere Anzahl an Kostenträgereinheiten (Produkteinheiten) kostenrechnerisch verrechnet werden muss.

Eine Entscheidung zum Abbau von Produktionskapazitäten und die damit verbundene Reduzierung der fixen Kosten kann ebenfalls erst getroffen werden, nachdem der Nachfragerückgang als dauerhaft eingeschätzt werden kann. Durch eine Entscheidung zum Abbau von Produktionskapazitäten aufgrund eines kurzfristigen Nachfrageeinbruchs würden andernfalls möglicherweise Gewinnpotentiale aus Produktion und Absatz von Gütern und Dienstleistungen in der Zeit nach dem Nachfragerückgang vergeben. Auf eine kurzfristig eintretende Erholung der Nachfrage könnte dann nicht schnell genug reagiert werden. Grund ist der erforderliche zeitliche Vorlauf für den Wiederaufbau von Produktionskapazitäten, bspw. für den Bau und die Inbetriebnahme von Anlagen und Maschinen sowie für Personalgewinnung und -einarbeitung. So mussten bspw. nach den Corona-Lockdowns viele Gastronomiebetriebe ihre Öffnungszeiten einschränken. Grund war, dass das zuvor abgebaute Personal nun fehlte und am Arbeitsmarkt keine entsprechend qualifizierten Arbeitskräfte, wie z. B. Köche, zur Verfügung standen, der Markt „leergefegt" war.

Hinzukommt, dass gleichzeitig zusätzliche Kosten für interne und externe Leistungen (z. B. Demontage und Aufbau von Produktionsstätten) verursacht würden und Verluste aus der Veräußerung von Vermögensgegenständen entstehen können.

Dieser Zusammenhang wird als Kostenremanenz bezeichnet. Remanente Kosten stellen den Anteil des Fixkostenblockes dar, welcher auf die Aufrechterhaltung der Betriebsbereitschaft der nicht genutzten Produktionsanlagen entfällt, sich zunächst nicht proportional zur Produktionsmenge verhält und aus den o. g. Gründen erst zeitlich verzögert zur Verringerung der Produktionsmenge wegfällt.

Das nachfolgende Diagramm soll die Zusammenhänge beispielhaft verdeutlichen, wobei sich die Betrachtung auf einen langen Zeithorizont beziehen muss und die Kostenverläufe zu K_{fr} und K_r die rückläufigen fixen und rückläufigen gesamten Kosten im Falle einer rückläufigen Produktionsmenge darstellen.

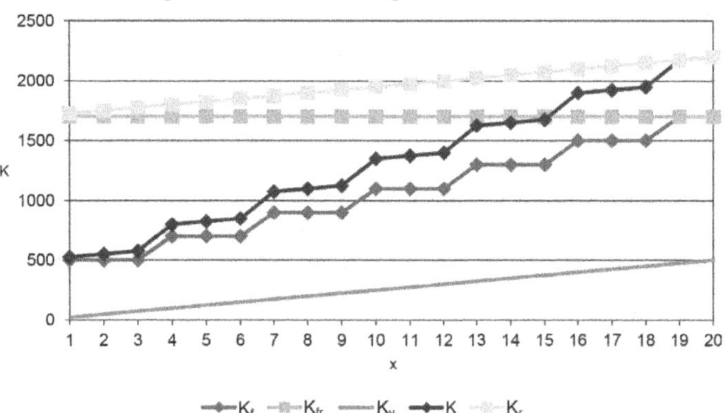

2.3 Kostenrechnungssysteme

2.3.1 Einteilung nach Sachbezug

2.3.1.1 Vollkostenrechnung

Die Vollkostenrechnung verrechnet alle entstandenen Kosten auf die Kostenträger. Sie zeigt, welche gesamten Kosten nach der Durchführung der Vollkostenrechnung auf einem Produkt lasten.

Eine Gemeinde betreibt zur Erhöhung der touristischen Aktivität eine Grillhütte. Diese kann am Wochenende angemietet werden. Die Kostenrechnung auf Basis der Vollkostenrechnung ergab, dass bei vierzig Vermietungen Gesamtkosten von 16.000 EUR entstehen. Diesen Gesamtkosten stehen 12.000 EUR Erlöse gegenüber. Im Ergebnis wird bei der Vermietung der Grillhütte ein Verlust von 4.000 EUR erzielt. Ob in dieser Situation eine Schließung der Hütte besser als eine Weitervermietung wäre, kann aufgrund des vorliegenden Datenmaterials nicht beantwortet werden. Dies ist eine der Hauptschwächen der Vollkostenrechnung.

Mit der Vollkostenrechnung kann der Stückerfolg (Nettoerfolg pro Stück) als Differenz aus Stückerlös und Stückkosten ermittelt werden:

$$\text{Stückerfolg} = \text{Stückerlös} - \text{Stückkosten}$$

$$e = p - k$$

e... Stückerfolg (Nettoerfolg pro Stück)
p... Stückerlös (Erlös pro Stück)
k... Stückkosten (Kosten pro Stück)

Für die Berechnung des Stückerfolges müssen die Stückkosten bekannt sein. Diese ergeben sich aus den Gesamtkosten des Kostenträgers dividiert durch die produzierte Menge:

$$\text{Stückkosten} = \frac{\text{Gesamtkosten}}{\text{Produktionsmenge}}$$

$$k = \frac{K}{x}$$

k... Stückkosten
K... Gesamtkosten
x... Produktionsmenge (produzierte Menge)

Der Nettoerfolg lässt sich aus den bisher gewonnen Werten wie folgt ermitteln:

$$\text{Nettoerfolg} = \text{Stückerfolg} * \text{Produktionsmenge}$$

$$E = e * x$$

E... Nettoerfolg

Ein positiver Stückerfolg bestätigt die Kostendeckung und damit die Wirtschaftlichkeit des Kostenträgers.

Die Summe der Nettoerfolge der Kostenträger ergibt das Betriebsergebnis der Kosten- und Leistungsrechnung. Dieses stellt den Betrag dar, um welchen die gesamten Erlöse der Kostenträger die Gesamtkosten übersteigen. Anhand des Betriebsergebnisses der Kosten- und Leistungsrechnung lassen sich die Kostendeckung und die Wirtschaftlichkeit der Betriebstätigkeit überprüfen.

Eine beispielhafte Konstellation:

Produkt	x	p	k	e = p - k	E = e * x
A	150	115,00	100,00	15,00	2.250,00
B	30	800,00	600,00	200,00	6.000,00
C	10.000	52,00	48,00	4,00	40.000,00
				∑E	48.250,00

Die Vollkostenrechnung ist zur Vorbereitung und Überprüfung langfristiger strategischer betrieblicher Entscheidungen geeignet. Beispiele sind Entscheidungen über das Produktportfolio, die Produktionsmengen und die Verkaufspreise. (Wobei zuschussbedürftige Kostenträger im privatwirtschaftlichen Bereich aus dem Produktportfolio ausgesondert werden müssen.) Grund ist, dass neben den variablen auch die fixen Kosten auf die Kostenträger verrechnet werden. Diese sind nur bei langfristiger Betrachtung als beeinflussbar anzusehen.

Die fixen Kosten können jedoch nicht verursachungsgerecht auf die Kostenträger verrechnet werden, da sie als Kosten der Betriebsbereitschaft zu den Gemeinkosten zählen. Gemeinkosten stehen nur in mittelbarem Zusammenhang zur Produktion konkreter Güter und Dienstleistungen. Im Rahmen der Kostenstellenrechnung erfolgt die Gemeinkostenschlüsselung durch innerbetriebliche Leistungsverrechnung. Die fixen Kosten werden dabei als Teil der Gemeinkosten zunächst auf die Kostenstellen verrechnet, welche die verursachenden Kostenträger produzieren. Anschließend erfolgt im Rahmen der Kostenträgerrechnung eine Weiterverrechnung auf die Kostenträger nach dem Durchschnittsprinzip. Man spricht von der Fixkostenproportionalisierung.

Ebenso gibt es auch variable Kosten, die nicht verursachungsgerecht auf die Kostenträger verrechnet werden können. Sie verhalten sich zwar proportional zur Produktionsmenge, stehen jedoch ebenso nur mittelbar im Zusammenhang mit der betrieblichen Leistungserstellung. So kann beispielsweise eine verstärkte Kontrolltätigkeit der Behörde im Rahmen der Verkehrsüberwachung („Blitzen") zu einer erhöhten Menge zu druckender Bußgeldbescheide führen. Das Wartungsintervall der Drucker ist an die Zahl gedruckter Seiten gebunden, sodass die Wartung durch eine Fremdfirma nun einmal statt zweimal im Jahr durchgeführt werden muss. Die dafür anfallenden Kosten sind variable Gemeinkosten, da die Leistungen der Fremdfirma nicht unmittelbar in die Erstellung der Bußgeldbescheide eingehen. Ihre Höhe steht jedoch in Abhängigkeit zur Anzahl der Kontrollen und der daraus resultierenden Anzahl an Bußgeldbescheiden.

Im Rahmen der Gemeinkostenschlüsselung stellt sich die Frage nach geeigneten Verrechnungssätzen. Wird der Gemeinkostenanteil (Gemeinkostenzuschlag) der Kostenträgerstückkosten anhand von Zuschlagssätzen ermittelt und haben sich die Grundlagen für deren Ermittlung zwischenzeitlich verändert, entspricht das Ergebnis nicht den tatsächlichen Gegebenheiten. Ursache kann eine seit Festlegung der Zuschlagssätze eingetretene Veränderung der Produktionsmenge sein: Ist die Produktionsmenge gestiegen, wird der Gemeinkostenanteil zu hoch angesetzt, da die Gemeinkosten nun auf eine größere Anzahl an Kostenträgereinheiten verteilt werden müssen, der tatsächlich zu verrechnende Gemeinkostenanteil pro Kostenträgereinheit demzufolge gesunken ist. Sofern die Produktionsmenge zwischenzeitlich gesunken ist, tritt genau der gegenteilige Fall ein. Weitere Beispiele: Verdoppeln sich die Materialeinzelkosten (z. B. die Preise für Rohstoffe) würden sich bei unveränderter Beibehaltung der Verrechnungssätze und Unterstellung einer Proportionalität auch die Gemeinkosten im Beschaffungsbereich verdoppeln.

Eine Erhöhung der Behördenöffnungszeiten führt dazu, dass auch mehr Pförtner- bzw. Eingangsbereichspersonal benötigt wird. Die dadurch entstehenden Gemeinkosten müssen den Endkostenstellen zugeordnet werden, zu deren Produkten sie einen Beitrag liefern, die Gemeinkostenzuschlagssätze angepasst werden.

<table>
<tr><th>Einzelkosten</th><th colspan="2">Gemeinkosten</th></tr>
<tr><th colspan="2">variabel</th><th>fix</th></tr>
<tr><td rowspan="3">Verrechnung nach dem Kostenverursachungsprinzip direkt auf</td><td colspan="2">Innerbetriebliche Leistungsverrechnung auf</td></tr>
<tr><td colspan="2">Kostenstelle</td></tr>
<tr><td colspan="2">Verrechnung nach dem Durchschnittsprinzip auf</td></tr>
<tr><td colspan="3">Kostenträger</td></tr>
<tr><td colspan="3">Gesamtkosten</td></tr>
</table>

2.3.1.2 *Teilkostenrechnung*

Bei der Teilkostenrechnung werden die Kosten in dem Beispiel mit der Grillhütte in fixe und variable Kosten zerlegt. Bei vierzig Vermietungen betragen die Gesamtkosten 16.000 EUR. Diese setzen sich im vorliegenden Beispiel aus 8.000 EUR fixen Kosten und 8.000 EUR variablen Kosten zusammen. Bei Schließung der Hütte fallen die variablen Kosten weg. Die fixen Kosten in Höhe von ebenfalls 8.000 EUR bleiben bestehen. Dies bedeutet, dass durch Schließung der Hütte der Verlust auf 8.000 EUR steigen würde. Im Ergebnis ist festzuhalten, dass bei der Weitervermietung ein Verlust von 4.000 EUR entsteht. Dieser ist geringer als der Verlust in Höhe von 8.000 EUR bei Schließung. Mit den Daten der Vollkostenrechnung kann diese Antwort nicht gegeben werden.

Gängige Verfahren der Teilkostenrechnung arbeiten auf Grenzkostenbasis und verrechnen die variablen Kosten auf diejenigen Kostenträger, welche sie verursacht haben. Die Fixkosten werden im Block berücksichtigt. Verfahren der Teilkostenrechnung auf Einzelkostenbasis verrechnen hingegen nur die Einzelkosten auf die Kostenträger.

Die nachfolgenden Ausführungen beziehen sich auf die Teilkostenrechnung auf Grenzkostenbasis:

<table>
<tr><th>Einzelkosten</th><th colspan="2">Gemeinkosten</th></tr>
<tr><th colspan="2">variabel</th><th><s>fix</s></th></tr>
<tr><td rowspan="3">Verrechnung nach dem Kostenverursachungsprinzip direkt auf</td><td colspan="2">Innerbetriebliche Leistungsverrechnung auf</td></tr>
<tr><td colspan="2">Kostenstelle</td></tr>
<tr><td colspan="2">Verrechnung nach dem Durchschnittsprinzip auf</td></tr>
<tr><td colspan="3">Kostenträger</td></tr>
<tr><td colspan="3">Gesamtkosten</td></tr>
</table>

Mithilfe der Teilkostenrechnung kann der Stückdeckungsbeitrag (Bruttoerfolg pro Stück) als Differenz zwischen Stückerlös und variablen Stückkosten ermittelt werden:

Stückdeckungsbeitrag = Stückerlös – variable Stückkosten

$$d = p - k_v$$

d... Stückdeckungsbeitrag (Bruttoerfolg pro Stück)
p... Stückerlös (Erlös pro Stück)
k_v... variable Stückkosten

Der Stückdeckungsbeitrag sagt aus, welcher Anteil der Stückerlöse nach Abzug der variablen Stückkosten für die Deckung der fixen Stückkosten zur Verfügung steht.

Der Gesamtdeckungsbeitrag (Bruttoerfolg) gibt an, welcher Anteil der Erlöse des Kostenträgers nach Abzug der variablen Kosten noch zur Deckung der fixen Kosten verbleibt:

Gesamtdeckungsbeitrag (Bruttoerfolg) = Gesamterlöse – variable Kosten

$$D = P - K_v$$

D... Gesamtdeckungsbeitrag (Bruttoerfolg)
P... Gesamterlöse
K_v... variable Kosten

Subtrahiert man vom Gesamtdeckungsbeitrag die fixen Kosten, so ergibt sich der Nettoerfolg:

$$E = D - K_f$$

E... Nettoerfolg
K_f... fixe Kosten

Sofern die Summe der Gesamtdeckungsbeiträge der Kostenträger größer ist als die gesamten fixen Kosten, ergibt sich ein positives Betriebsergebnis der Kosten- und Leistungsrechnung.

Eine beispielhafte Konstellation:

Produkt	**x**	**p**	**k_v**	**$d = p - k_v$**	**$D = d * x$**
A	150	115,00	30,00	85,00	12.750,00
B	30	800,00	400,00	400,00	12.000,00
C	10.000	52,00	36,00	16,00	160.000,00
				$\sum D$	184.750,00
				K_f	–136.500,00
				$\sum E$	48.250,00

Kurzfristig sind lediglich die variablen Kosten des Betriebes beeinflussbar. Die Teilkostenrechnung ist daher zur Unterstützung kurzfristiger betrieblicher Entscheidungen geeignet: Der Stück- und der Gesamtdeckungsbeitrag können als Grundlage für die kurzfristige Festsetzung der produzierten Mengen und der Verkaufspreise dienen. Anders als bei den Betrachtungen der Vollkostenrechnung müssen die Produktionskapazitäten als gegeben betrachtet werden.

Aufgrund der ausschließlichen Verrechnung variabler Kosten ermöglicht die Teilkostenrechnung keine umfassende Wirtschaftlichkeitskontrolle. Dies ist der wesentliche Nachteil gegenüber der Vollkostenrechnung.

2.3.2 Einteilung nach Zeitbezug

2.3.2.1 Istkostenrechnung

Die Istkostenrechnung erfasst und gliedert die in der betrachteten Abrechnungsperiode tatsächlich angefallenen Kosten, die Istkosten, und verrechnet sie auf die Kostenstellen und die Kostenträger. Mithilfe der gewonnenen Werte kann die Kalkulation überprüft und Vergleiche zu den Istkosten vergangener Abrechnungsperioden gezogen werden. Die Istkostenrechnung ermöglicht somit vergangenheits- und gegenwartsbezogene Betrachtungen.

Dabei muss jedoch beachtet werden, dass die Istkosten auch durch zufällig auftretende Schwankungen beeinflusst werden, insbesondere bei Einkaufspreisen, Verbrauchsmengen und abgesetzten Mengen. Ursachen können beispielsweise konjunkturelle Schwankungen sein. Dies schränkt die Aussagekraft der Istkostenrechnung ein. Eine alleinige Verwendung der Istkosten als Grundlage für längerfristige betriebliche Entscheidungen ist daher nicht zweckmäßig.

2.3.2.2 Normalkostenrechnung

Um eine Grundlage für längerfristige Betrachtungen zu erhalten, ist es sinnvoll, die Daten der Istkostenrechnung mehrerer Abrechnungsperioden zu Durchschnittswerten weiterzuentwickeln. Dies geschieht im Rahmen der Normalkostenrechnung.

Zufällige Schwankungen, z. B. der Einkaufs- und Verkaufspreise, Verbrauchsmengen und abgesetzten Mengen, werden dabei auf mehrere Abrechnungsperioden verteilt, was die Aussagekraft der Normalkostenrechnung gegenüber den Daten der Istkostenrechnung erhöht. Abweichungen zwischen den Werten der Istkostenrechnung einer bestimmten Abrechnungsperiode und den Werten der Normalkostenrechnung können erkannt und die Gründe ermittelt werden. Von einer Kostenunterdeckung wird gesprochen, wenn die Istkosten die Normalkosten übersteigen. Eine Kostenüberdeckung liegt vor, wenn die Normalkosten höher sind als die Istkosten der betrachteten Abrechnungsperiode.

Die Normalkostenrechnung mit statistischem Mittelwert benutzt die Istkosten vergangener Abrechnungsperioden. In die Normalkostenrechnung können jedoch auch aktualisierte Mittelwerte einbezogen werden. In diesem Falle werden die statistischen Mittelwerte entsprechend eingetretenen Veränderungen an der betrieblichen Kostenstruktur weiterentwickelt.

2.3.2.3 Plankostenrechnung

Die Plankostenrechnung entwickelt die Daten der Ist- und Normalkostenrechnung zu Plan- und Sollwerten weiter. Unter den

Planwerten sind dabei Prognosedaten zu verstehen, welche bei ordnungsgemäßem Betriebsablauf als realistisch eingeschätzt werden können. Grundlage ist insbesondere der erwartete Verbrauch an Produktionsfaktoren, die Faktormengen, in Verbindung mit den prognostizierten Faktorpreisen. Dabei wird eine bestimmte Produktionsmenge, die Planbeschäftigung, unterstellt. Ergebnis sind die Sollkosten für eine konkret betrachtete Abrechnungsperiode mit deren Istbeschäftigung. Die Sollkosten stellen somit die im Vorhinein für die tatsächliche Produktionsmenge ermittelte und bei ordnungsgemäßem Betriebsablauf als erreichbar zu betrachtenden Kosten dar.

Die Plankostenrechnung stellt ein zukunftsorientiertes Kostenrechnungssystem dar. Durch sie sind langfristige Voraussichten auf die Entwicklung des Betriebes möglich. Langfristige betriebliche Planungen und Entscheidungen mit Zukunftsbezug werden unterstützt. Insbesondere kann die Wirtschaftlichkeit von Investitionen im Vorfeld eingeschätzt werden und es können Mindestverkaufspreise für produzierte Güter kalkuliert werden. Im Rahmen der Wirtschaftlichkeitskontrolle können Abweichungen zwischen geplanten und tatsächlichen Kosten sowie die Gründe dafür durch Soll-Ist-Vergleiche ermittelt werden.

2.3.3 Kombination der Kostenrechnungssysteme

Die Kostenrechnungssysteme sind miteinander kombinierbar. Ist-, Normal- und Plankostenrechnungssysteme können sowohl auf Teil- wie auch auf Vollkostenbasis aufgebaut werden.

Ist der Fixkostenblock im betrachteten (Planungs-)Zeitraum als sehr starr anzusehen, beispielsweise weil der Auf- und Abbau von Produktionskapazitäten aufgrund der Gegebenheiten nicht denkbar ist, so wird man sich für ein Kostenrechnungssystem auf Teilkostenbasis entscheiden, welches die fixen Kosten nur im Block behandelt. Ist z. B. die Planung und Überprüfung der Wirtschaftlichkeit neuer Geschäftsmodelle Gegenstand der Betrachtung, für welche Produktionskapazitäten über einen längeren Zeitraum schrittweise aufgebaut werden sollen, ist Kostenrechnungssystemen der Vollkostenrechnung der Vorzug zu geben.

Eine Istkostenrechnung ist ausreichend, sofern lediglich eine Kostenkalkulation und Wirtschaftlichkeitsüberprüfung für die aktuelle Abrechnungsperiode erfolgen oder die Selbstkosten ermittelt werden sollen. Sollen weitergehende Erkenntnisse über die Entwicklung der Kosten und der Wirtschaftlichkeit des Produktionsprozesses im Rahmen von vergangenheitsbezogenen Ist-Ist-Vergleichen erlangt und äußere Faktoren sowie deren Ursachen identifiziert werden, sollte zusätzlich eine Normalkostenrechnung durchgeführt werden. Aufbauend auf dieser kann eine Plankostenrechnung zukunftsbezogene Informationen als Planungsgrundlage für zukünftige Zeiträume liefern und gegenwartsbezogene Soll-Ist-Vergleiche ermöglichen.

2.4 Kostenartenrechnung

Die Kostenartenrechnung ist der erste Teilbereich der Kostenrechnung. Bei der Kostenartenrechnung wird folgende Frage gestellt: „Welche Kosten sind bei der Produktion entstanden?“ Vereinfacht wird zwischen den Einzelkosten und den Gemeinkosten unterschieden.

Nach jeder Vermietung wird die Grillhütte durch die Reinigungs-GmbH Müller für 200 EUR gereinigt. Diese Reinigungskosten werden als Einzelkosten dem Produkt „Vermietung Grillhütte“ direkt zugeordnet. Die Gemeinde versichert alle Liegenschaften durch eine Universalversicherung. Diese Gesamtversicherung für alle Liegenschaften kann dem Produkt „Vermietung Grillhütte“ nicht direkt zugeordnet werden. Die Versicherungsprämie wird mit Hilfe von Verteilerschlüsseln auf die einzelnen Liegenschaften verteilt. Diese Kosten, die nicht direkt dem Kostenträger zugeordnet werden können, werden Gemeinkosten genannt.

2.4.1 Kostenerfassung

2.4.1.1 Allgemein

Die Kostenartenrechnung hat die Aufgabe, alle Kosten zu erfassen und in Vorbereitung der Weiterverrechnung auf Kostenstellen und Kostenträger systematisch zu gliedern.

In der Praxis kann das Zahlenmaterial der Finanzbuchführung als Grundlage für die Kostenerfassung genutzt, jedoch nicht unverändert übernommen werden. In den Ergebnissen der Finanzbuchführung sind Leistungsströme in Form von Aufwand (Werteverzehr) und Ertrag (Wertezuwachs) aufgezeichnet. Vom Grundsatz her entsprechen die Aufwände den Kosten der Kosten- und Leistungsrechnung und die Erträge den Leistungen der Kosten- und Leistungsrechnung. Im Rahmen der Kosten- und Leistungsrechnung dürfen jedoch nur die durch die Tätigkeit des Betriebes veranlassten Werteverzehre und Wertezuwächse berücksichtigt werden, die für die Verfolgung des Betriebszweckes anfallen.

Im ersten Schritt der Kosten- und Leistungsrechnung, der Abgrenzungsrechnung, erfolgt daher eine Abgrenzung der neutralen Aufwände von den Kosten und der neutralen Erträge von den Leistungen. Die neutralen Aufwände werden unterschieden in betriebsfremde, periodenfremde und außerordentliche Aufwände.

Außerdem müssen auch Werteverzehre und Wertezuwächse in die Kosten- und Leistungsrechnung einfließen, welche aufgrund der rechtlichen Rahmenbedingungen durch die Finanzbuchführung nicht oder nicht in der aus kostenrechnerischer Sicht korrekten Höhe entsprechend ihrer tatsächlichen wirtschaftlichen Auswirkungen dargestellt werden. Auf der Kostenseite handelt sich um die kalkulatorischen Kosten. Die Daten der Finanzbuchführung müssen in diesen Fällen auf die aus kostenrechnerischer Sicht korrekten Werte angepasst bzw. ergänzt werden. Auch diese Aufgabe wird durch die Abgrenzungsrechnung umgesetzt.

Ergänzend zu den Begriffsbestimmungen des § 59 SächsKomHVO werden die Bedeutungen und inhaltlichen Zusammenhänge der einzelnen Begriffe und ihre Abgrenzungen zueinander nachfolgend dargestellt:

Strom-größe	Definition	Veränderung an Bestandsgröße
Auszah-lung	Zahlungsmittelabfluss	Zahlungsmittelbestand (Bank und Kasse)
Ausgabe	Auszahlungen sowie Zuwachs an Verbindlichkeiten bzw. Verminderung von Forderungen	Geldvermögen (Zahlungsmittelbestand, Forderungen und Verbindlichkeiten)
Auf-wand	In Geld bewerteter periodengerecht zugeordneter Werteverzehr an Gütern und Dienstleistungen	Betriebsvermögen (Geldvermögen und Sachvermögen)
Kosten	In Geld bewerteter periodengerecht zugeordneter betriebsbedingter Werteverzehr an Gütern und Dienstleistungen (für die Tätigkeit des Betriebes)	Betriebsnotwendiges Vermögen
Einzah-lung	Zahlungsmittelzufluss	Zahlungsmittelbestand (Bank und Kasse)
Ein-nahme	Einzahlungen sowie Zuwachs an Forderungen bzw. Verminderung von Verbindlichkeiten	Geldvermögen (Zahlungsmittelbestand, Forderungen und Verbindlichkeiten)
Ertrag	In Geld bewerteter periodengerecht zugeordneter Wertezuwachs an Gütern und Dienstleistungen	Betriebsvermögen (Geldvermögen und Sachvermögen)
Leistung	In Geld bewerteter periodengerecht zugeordneter betriebsbedingter Wertezuwachs an Gütern und Dienstleistungen (für die Tätigkeit des Betriebes)	Betriebsnotwendiges Vermögen
Erlös	In Geld bewerteter, durch den Marktpreis erzielter Gegenwert für den Vertrieb von Gütern und Dienstleistungen, sofern diese aus der Tätigkeit des Betriebes stammen. Erlöse führen zu Leistungen und stehen im Zusammenhang mit Erträgen und Einnahmen.	Geldvermögen (Zahlungsmittelbestand, Forderungen und Verbindlichkeiten) Betriebsvermögen Betriebsnotwendiges Vermögen

Die folgende Grafik behandelt die Beziehungen zwischen Betriebsvermögen-, betriebsnotwendigem Vermögen, Geldvermögen und Zahlungsmittelbestand:

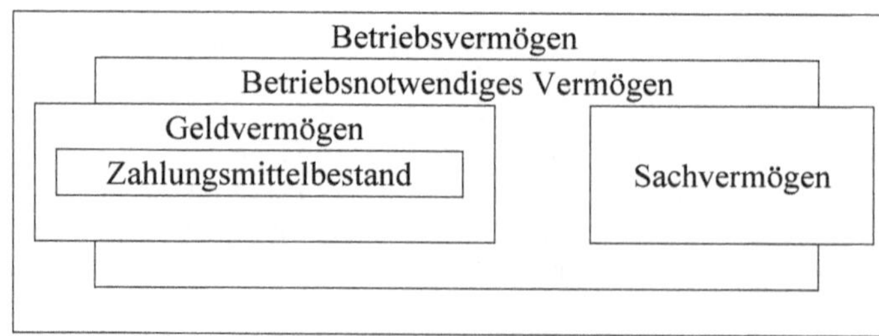

Die nachfolgenden Beispiele sollen die Bedeutung der Begriffe für die Praxis verdeutlichen:

1. Auszahlungen – Ausgaben – Aufwand – Kosten

Praxisfall	Auswirkung
Verbrauchsmaterial, z. B. Kopierpapier, wird bar gekauft und verbraucht *(wertmäßiger Kostenbegriff der Kosten- und Leistungsrechnung)*	Auszahlung – Ausgabe – Aufwand – Kosten
Verbrauchsmaterial, z. B. Kopierpapier, wird auf Rechnung gekauft und verbraucht *(wertmäßiger Kostenbegriff der Kosten- und Leistungsrechnung)*	keine Auszahlung – Ausgabe – Aufwand – Kosten
Rechnungsbetrag für Verbrauchsmaterial, z. B. Kopierpapier, wird per Banküberweisung bezahlt *(getrennte Betrachtung von Rechnungseingang)*	Auszahlung – keine Ausgabe – kein Aufwand – keine Kosten *In diesem Falle verändert sich das Geldvermögen nicht, da der Bestand an Verbindlichkeiten, also der Schulden, sich um den gleichen Betrag mindert, um den der Zahlungsmittelbestand abnimmt.*
Durchführung der und Rechnungseingang für die Unterhaltung eines Vermögensgegenstandes des Anlagevermögens, z. B. Wartungspauschale für die Wartung des Kopiergerätes durch Fremdfirma	keine Auszahlung – Ausgabe – Aufwand – Kosten
Rechnungsbetrag für die Unterhaltung eines Vermögensgegenstandes des Anlagevermögens, z. B. Wartungspauschale für die Wartung des Kopiergerätes durch Fremdfirma, wird bar bezahlt *(getrennte Betrachtung von Rechnungseingang)*	Auszahlung – keine Ausgabe – kein Aufwand – keine Kosten *In diesem Falle verändert sich das Geldvermögen nicht, da der Bestand an Verbindlichkeiten, also der Schulden, sich um den gleichen Betrag mindert, um den der Zahlungsmittelbestand abnimmt.*

Praxisfall	Auswirkung
Abnutzung eines Vermögensgegenstandes, z. B. des Kopiergerätes, dargestellt in planmäßigen Abschreibungen	keine Auszahlung – keine Ausgabe – Aufwand – Kosten
Erhaltungsaufwendungen für ein nicht betrieblich genutztes Gebäude (betriebsfremder Werteverzehr), Zahlung per Banküberweisung	Auszahlung – Ausgabe – Aufwand – keine Kosten
Kalkulatorischer Unternehmerlohn (für die Zeit, in der der Unternehmer die Geschäfte selbst führt)	keine Auszahlung – keine Ausgabe – kein Aufwand – Kosten

2. Einzahlungen – Einnahmen – Ertrag – Leistungen – Erlöse

Praxisfall	Auswirkung
Leistung wird erbracht oder Ware geliefert, Barzahlung durch Kunden	Einzahlung – Einnahme – Ertrag – Leistung – Erlös
Leistung wird erbracht oder Ware geliefert, gleichzeitige Rechnungslegung	Keine Einzahlung – Einnahme – Ertrag – Leistung – Erlös
Rechnungsbetrag für erbrachte Leistung oder gelieferte Ware geht per Überweisung auf dem Bankkonto ein *(getrennte Betrachtung von Rechnungsausgang)*	Einzahlung – keine Einnahme – kein Ertrag – keine Leistung – kein Erlös *In diesem Falle verändert sich das Geldvermögen nicht, da der Bestand an Forderungen sich um den gleichen Betrag mindert, um den der Zahlungsmittelbestand zunimmt.*
Rechnungsbetrag für erbrachte Leistung oder gelieferte Ware geht per Barzahlung ein *(getrennte Betrachtung von Rechnungsausgang)*	Einzahlung – keine Einnahme – kein Ertrag – keine Leistung – kein Erlös *In diesem Falle verändert sich das Geldvermögen nicht, da der Bestand an Forderungen sich um den gleichen Betrag mindert, um den der Zahlungsmittelbestand zunimmt.*
Realisierung von Gewinnen aus dem Verkauf von Wertpapieren (nicht Betriebszweck)	Einzahlung – Einnahme – Ertrag – keine Leistung – kein Erlös (i. S. d. Kosten- und Leistungsrechnung)
Selbstgeschaffene Vermögensgegenstände	keine Einzahlung – keine Einnahme – Ertrag – Leistung – kein Erlös

Um aus den in der Finanzbuchführung gebuchten Aufwänden die Kosten der Kosten- und Leistungsrechnung zu entwickeln, müssen folgende Fragen beantwortet werden:

1. **Welche im Gesamtaufwand enthaltenen Aufwände sind betriebsdingt und welche Aufwände sind betriebsfremd?**
   Betriebsfremde Aufwendungen zählen zu den neutralen Aufwendungen und werden nicht in Form von Kosten in die Kosten- und Leistungsrechnung einbezogen, weil sie nicht für die betriebliche Leistungserstellung angefallen sind. Ein Beispiel für betriebsfremde Aufwendungen sind Aufwendungen für die Vermögensverwaltung: Gehören Wertpapiere oder Immobilien zum Betriebsvermögen und sind der Handel mit Wertpapieren oder die Vermietung von Immobilien nicht der Betriebszweck, so sind alle damit in Zusammenhang stehenden Aufwände als betriebsfremde Aufwendungen anzusehen. Dies betrifft beispielsweise die Aufwendungen für die Herstellung und Aufrechterhaltung der Verkehrssicherheit im Falle von vermieteten Grundstücken, soweit dies nicht der Betriebszweck ist, oder Konto- oder Depotführungsgebühren im Falle von Kapitalanlagen.
   Wird beispielsweise die auf dem Gelände des Kindergartens befindliche Garage ausschließlich zur Unterstellung des Gemeindetraktors eingesetzt und muss das Garagentor für 1.500,00 EUR repariert werden, handelt es sich (aus Sicht der Kosten- und Leistungsrechnung des Kindergartens) um betriebsfremden Aufwand, da der Gemeindetraktor nicht im Kindergarten eingesetzt wird.
2. **Welche der betriebsbedingten Aufwendungen sind in der Finanzbuchführung hinsichtlich ihres Zusammenhangs mit der betrieblichen Leistungserstellung nicht der richtigen Periode zugeordnet?**
   Periodenfremde Aufwendungen zählen zu den neutralen Aufwendungen und werden nicht als Kosten in die Kosten- und Leistungsrechnung der betrachteten Periode einbezogen. Aufgrund der Bestimmungen des § 252 Abs. 1 Nr. 5 HGB sind „Aufwendungen [...] des Geschäftsjahrs [...] unabhängig von den Zeitpunkten der entsprechenden Zahlungen im Jahresabschluss zu berücksichtigen", sodass für die Finanzbuchführung eine periodengerechte Zuordnung aller Aufwendungen in Bezug auf die einzelnen Abrechnungsperioden grundsätzlich vorgeschrieben ist. Für den kommunalen Bereich gibt § 48 Abs. 2 Satz 1 der Sächsischen Kommunalhaushaltsverordnung (SächsKomHVO) eine identische Verfahrensweise vor: „In der Ergebnisrechnung sind die dem Haushaltsjahr zuzurechnenden Erträge und Aufwendungen gegenüberzustellen." Im Rahmen der Kosten- und Leistungsrechnung können jedoch auch kürzere Zeiträume betrachtet werden. Beispielsweise kann eine monatliche Betrachtung erfolgen, sodass eine zusätzliche unterjährige Periodenabgrenzung erforderlich wird.
   Ein Beispiel für periodenfremden Aufwand ist eine Gehaltsnachzahlung für September, welche aufgrund einer verspätet vorgenommen Abrechnung erst im November ausgezahlt wird. In Bezug auf die Kosten- und Leistungsrechnung des Monats November handelt es sich bei der Gehaltsnachzahlung um periodenfremden Aufwand, da die Gehaltszahlung nicht für die betriebliche Leistungserstellung im betrachteten Monat angefallen ist, sondern dem September zugeordnet werden muss.

Ein weiteres Beispiel für einen periodenfremden Aufwand wird im Folgenden beschrieben: Eine Mitarbeiterin des städtischen Kulturamtes überprüft 2021 in einer Sonderprüfung die ordnungsgemäße Verwendung der Gelder der institutionellen Förderung in einem soziokulturellen Stadtteilzentrum. Dabei wird festgestellt, dass das Kulturzentrum 2019 5.000,00 EUR in falscher Form verwendet hat. Im Rahmen des Rückforderungsverfahren müssen diese 5.000,00 EUR 2021 an die Kommune zurückgezahlt werden. Dies bedeutet für das Kulturzentrum einen Aufwand in Höhe von 5.000,00 EUR im Jahr 2021. Diese 5.000,00 EUR stellen jedoch keine Kosten in Höhe von 5.000,00 EUR dar, da sie kostenrechnerisch in das Jahr 2019 gehören. Es handelt sich um einen periodenfremden Aufwand.
Zahlt die Gemeinde an das im Kindergarten beschäftigte Personal im Jahr 2021 1.200.000,00 EUR aus und erfolgen die Zahlungen jeweils zur Monatsmitte, liegen Aufwand (Personalaufwand) und Kosten in Höhe von 1.200.000,00 EUR im betrachteten Jahr 2021 vor.
Stellen der Telekommunikationsanbieter und die Versicherungen dem Kindergarten für das Jahr 2021 20.000,00 EUR in Rechnung und wurden 2020 bereits 8.000,00 EUR in Vorkasse entrichtet, liegen sowohl Aufwand wie auch Kosten in Höhe von 20.000,00 EUR in 2021 vor. Die Auszahlung in 2021 beträgt jedoch nur 12.000,00 EUR.
Entstehen jährliche Ausgaben in Höhe von 70.000,00 EUR für die Instandhaltung gemeindlicher Gebäude, fallen im betrachteten Jahr sowohl Aufwand wie auch Kosten in Höhe von 70.000,00 EUR an.
Erstattet die Gemeinde 20.000,00 EUR zu viel erhobener Gebühren für die vergangenen Jahre zurück, so beträgt der Aufwand im laufenden Jahr 20.000,00 EUR. Jedoch fallen im laufenden Jahr keine Kosten an, da dies zu viel erhobenen Gebühren sich auf andere Perioden beziehen, periodenfremden Aufwand darstellen.

3. **Welche der betriebsbedingten periodengerecht zugeordneten Aufwendungen sind als ordentlich und welche sind als außerordentlich anzusehen?**
Außerordentliche Aufwendungen zählen zu den neutralen Aufwendungen und werden nicht als Kosten in die Kosten- und Leistungsrechnung einbezogen. Unter außerordentlichen Aufwendungen werden Aufwendungen verstanden, die nach Art oder Höhe als außergewöhnlich anzusehen sind, nicht regelmäßig und nicht für die gewöhnliche betriebliche Leistungserstellung anfallen. Diese Aufwendungen entstehen nur in Einzelfällen bzw. in einzelnen Abrechnungsperioden und werden nicht als Kosten verrechnet, um die Kosten- und Leistungsrechnung frei von zufälligen Schwankungen zu halten.
Ein Beispiel für außerordentliche Aufwendungen sind Schäden wegen Betrugs oder aufgrund nicht versicherter Schadensereignisse. Verursacht beispielsweise ein Jahrhunderthochwasser einen Schaden in Höhe von 130.000,00 EUR an gemeindlichen Liegenschaften und ist dieser Schadensfall nicht versichert, handelt es sich um einen außerordentlichen Aufwand.
Der Aufwand, der nach Beantwortung dieser Fragen noch zur Verrechnung als Kosten verbleibt, wird als **Zweckaufwand** bezeichnet und wird dem Grunde nach in die Kosten- und Leistungsrechnung einbezogen.

Folgende weitere Fragen müssen beantwortet werden:

4. **Welcher Teil des Zweckaufwandes muss in der Kosten- und Leistungsrechnung in anderer Höhe als Kosten verrechnet werden, um den aus kostenrechnerischer Sicht korrekten Werteverzehr zu berücksichtigen, da die betroffenen Aufwände der Finanzbuchführung nicht die tatsächlichen wirtschaftlichen Auswirkungen darstellen?**
Die in gleicher Höhe als Kosten verrechneten Kosten werden als **Grundkosten** bezeichnet. Werden Aufwände der Finanzbuchführung durch die Kosten- und Leistungsrechnung in anderer Höhe als Kosten verrechnet, handelt es sich um **Anderskosten**. Hierzu zählen kalkulatorische Abschreibungen, kalkulatorische Wagnisse und kalkulatorische Zinsen für Fremdkapital.

5. **Welche Werteverzehre, die durch die betriebliche Leistungserstellung in der betrachteten Abrechnungsperiode in gewöhnlicher Höhe verursacht werden, werden durch die Finanzbuchführung aufgrund der gesetzlichen Rahmenbedingungen nicht als Aufwand aufgezeichnet und sind weder dem Grunde noch der Höhe nach im Zweckaufwand enthalten?**
Diese Kosten werden durch die Kosten- und Leistungsrechnung zusätzlich erfasst, um den aus kostenrechnerischer Sicht korrekten betriebsbedingten Werteverzehr darstellen zu können. Sie werden daher als **Zusatzkosten** bezeichnet.
Zusatzkosten sind die kalkulatorische Miete, die kalkulatorische Pacht, der kalkulatorische Unternehmerlohn und die kalkulatorischen Zinsen für Eigenkapital.

Anders- und Zusatzkosten stellen gemeinsam die **kalkulatorischen Kosten** dar.

Den Zusammenhang zwischen den einzelnen Begrifflichkeiten soll die nachfolgende Übersicht verdeutlichen:

<table>
<tr><th colspan="5">Gesamter Aufwand</th><th></th></tr>
<tr><td>Betriebsfremder Aufwand</td><td>Periodenfremder Aufwand</td><td>Außerordentlicher Aufwand</td><td colspan="2" rowspan="2">Zweckaufwand</td><td></td></tr>
<tr><td colspan="3">Neutraler Aufwand</td><td></td></tr>
<tr><td colspan="3"></td><td>In gleicher Höhe als Kosten verrechnet</td><td>Nicht in gleicher Höhe als Kosten verrechnet</td><td>Zusätzlich als Kosten verrechnet</td></tr>
<tr><td colspan="3"></td><td>Grundkosten</td><td>Anderskosten</td><td>Zusatzkosten</td></tr>
<tr><td colspan="3"></td><td></td><td colspan="2">Kalkulatorische Kosten</td></tr>
<tr><td colspan="3"></td><td colspan="3">Gesamte Kosten</td></tr>
</table>

2.4.2 Materialverbrauchsermittlung

2.4.2.1 Ziele und Grundlagen

Der pagatorische Kostenbegriff der Finanzbuchführung umfasst Zweckaufwand und neutralen Aufwand. Alle pagatorischen Kosten sind mit Zahlungen verbunden. I. d. R. werden pagatorische Kosten zum Zeitpunkt der Ausgabe aufgezeichnet.

Unter dem wertmäßigen Kostenbegriff der Kosten- und Leistungsrechnung ist betriebsbedingter Verbrauch an Gütern und Dienstleistungen zu verstehen. Wertmäßige Kosten entstehen erst zum Zeitpunkt des Verbrauches der Güter und Dienstleistungen.

Die in der Kosten- und Leistungsrechnung zu verrechnenden Materialeinzelkosten entstehen demnach zum Zeitpunkt des Materialverbrauchs. Aus diesem Grunde ist eine Materialverbrauchsermittlung erforderlich. Diese bildet die Grundlage für die Verrechnung der Materialeinzelkosten auf die Kostenstellen und Kostenträger.

Die Entscheidung, mithilfe welches Verfahrens der Materialverbrauch – und die damit verbundenen Materialeinzelkosten – aufgezeichnet werden sollen, muss immer bezogen auf die konkreten betrieblichen Gegebenheiten erfolgen, in Abhängigkeit vom Detailgrad der zu ermittelnden Daten und des damit verbundenen Erfassungsaufwandes.

2.4.2.2 Befundrechnung

Im Rahmen der Befundrechnung (auch: Inventurmethode) wird der Materialverbrauch durch Abzug des Schlussbestandes von der Summe aus Anfangsbestand und Zugängen ermittelt. Der Schlussbestand muss im Rahmen einer Inventur erfasst werden:

Befundrechnung/Inventurmethode	
+ Anfangsbestand	– Schlussbestand laut Inventur
+ Zugänge	= Materialverbrauch

Vorteil ist die einfache Umsetzungsform des Verfahrens. Nachteilig wirkt sich aus, dass keine kostenstellen- und kostenträgergenaue Materialverbrauchsermittlung möglich ist. Fälle von Schwund, Diebstahl oder sonstige Fehlmengenursachen können nicht festgestellt werden. Der dadurch verursachte Materialverbrauch muss als betriebsbedingt verursacht unterstellt werden. Außerdem ist für jede Verbrauchsermittlung eine Inventur erforderlich.

2.4.2.3 Skontraktionsverfahren

Im Falle des Skontraktionsverfahrens (auch: Fortschreibungsmethode oder Materialentnahmescheinverfahren) werden neben dem Materialverbrauch zusätzliche Informationen auf Materialentnahmescheinen fortlaufend zum Zeitpunkt der Materialentnahme aufgezeichnet. Dies sind insbesondere das Datum der Materialentnahme und die Kostenstellennummer. Der Materialverbrauch kann ermittelt werden, in dem alle auf Materialentnahmescheinen verzeichneten Materialentnahmen addiert werden:

Materialverbrauch = Summe der Materialverbrauchsmengen
aller Materialentnahmescheine

Das Verfahren ermöglicht es, den Materialverbrauch jederzeit präzise und ohne erneute Inventur kostenstellengenau zu ermitteln. Durch Weiterverrechnung kann somit auch der Materialverbrauch der Kostenträger bestimmt werden. Durch Gegenüberstellung mit dem Ergebnis einer Inventur können Fälle von Schwund oder Diebstahl oder sonstige Fehlmengenursachen ermittelt werden. Demgegenüber steht der erhebliche laufende Aufwand für die Umsetzung.

2.4.2.4 Retrogrades Verfahren

Im Rahmen des retrograden Verfahrens (auch: Rückrechnungsmethode) wird der Materialverbrauch ermittelt, indem die Anzahl der produzierten Kostenträgereinheiten mit den durchschnittlichen Sollmaterialverbräuchen für die Produktion einer Kostenträgereinheit multipliziert werden. Dafür müssen im Vorfeld die durchschnittlichen Sollmaterialverbräuche zzgl. etwaiger Abfall- und Ausschussmengenzuschläge ermittelt worden sein.

Materialverbrauch = durchschnittlicher Sollmaterialverbrauch
für die Produktion einer Kostenträgereinheit
* Anzahl produzierter Kostenträgereinheiten

Der Vorteil des Verfahrens besteht darin, dass der Materialverbrauch jederzeit und ohne Inventur kostenstellen- und kostenträgergenau bestimmbar ist. Gegenüber dem Skontraktionsverfahren fällt jedoch geringerer laufender Aufwand für die Durchführung an.

Aufgrund der reinen Verwendung von Sollwerten stehen keine Istwerte zur Verfügung. Soll-Ist-Vergleiche sind somit nicht möglich und zusätzliche Bestandsminderungen, beispielsweise durch Mehrverbrauch, Diebstahl oder Schwund, können nicht erkannt werden. Die Ermittlung durchschnittlicher Sollmaterialverbräuche kann im Falle komplexer Produktionsprozesse schwierig sein.

2.4.3 Kalkulatorische Kosten

Bestimmte betriebsbedingte Werteverzehre werden durch die Finanzbuchführung aufgrund der geltenden rechtlichen Rahmenbedingungen nicht (Zusatzkosten) oder nicht entsprechend ihrer tatsächlichen wirtschaftlichen Auswirkungen (Anderskosten) als Aufwand aufgezeichnet. Die Kosten- und Leistungsrechnung korrigiert diese Angaben auf den aus kostenrechnerischer Sicht korrekten Werteverzehr, in dem die tatsächlichen Werteverzehre in Form kalkulatorischer Kosten berücksichtigt werden.

Ziel ist es, den tatsächlichen betriebsbedingten, aus kostenrechnerischer Sicht korrekten Werteverzehr in die Kosten- und Leistungsrechnung einfließen zu lassen. Kalkulatorische Kosten sind also Kosten, denen kein Aufwand oder Aufwand in anderer Höhe gegenübersteht. Die kalkulatorischen Kosten sind somit in den

o. g. Fällen erforderlich, um die tatsächlichen ökonomischen Kosten darzustellen, welche für die Erstellung eines Produkts oder einer Dienstleistung anfallen.

<table>
<tr><th colspan="5">Gesamter Aufwand</th><td></td></tr>
<tr><td>Betriebs-fremder Aufwand</td><td>Perioden-fremder Aufwand</td><td>Außeror-dentlicher Aufwand</td><td colspan="2" rowspan="2">Zweckaufwand</td><td></td></tr>
<tr><td colspan="3">Neutraler Aufwand</td><td></td></tr>
<tr><td colspan="3" rowspan="4"></td><td>in gleicher Höhe als Kosten verrechnet</td><td>nicht in gleicher Höhe als Kosten verrechnet</td><td>zusätzlich als Kosten verrechnet</td></tr>
<tr><td>Grund-kosten</td><td>Anders-kosten</td><td>Zusatz-kosten</td></tr>
<tr><td></td><td colspan="2">Kalkulatorische Kosten</td></tr>
<tr><td colspan="3">Gesamte Kosten</td></tr>
</table>

Kalkulatorische Kosten	
Anderskosten	**Zusatzkosten**
Kalkulatorische Abschreibungen	Kalkulatorische Miete
Kalkulatorische Wagnisse	Kalkulatorische Pacht
Kalkulatorische Zinsen (Fremdkapital)	Kalkulatorische Zinsen (Eigenkapital)
	Kalkulatorischer Unternehmerlohn

2.4.3.1 Kalkulatorische Abschreibungen

Die bilanziellen Abschreibungen der Finanzbuchführung haben die Funktion, den durch die Nutzung von abnutzbaren Vermögensgegenständen des Anlagevermögens verursachten Werteverzehr darzustellen. Die Anschaffungs- und Herstellungskosten werden auf diese Weise in Form jährlich wiederkehrender Aufwände auf die betriebsgewöhnliche Nutzungsdauer (privatwirtschaftlicher Bereich) bzw. die wirtschaftliche Nutzungsdauer (kommunales Haushaltsrecht) verteilt. Die zugrunde zu legenden Nutzungsdauern sind im privatwirtschaftlichen Bereich durch die vom Bundesministerium der Finanzen veröffentlichten AfA-Tabellen (§ 7 Abs. 1 Satz 2 Einkommensteuergesetz – EStG) vorgegeben. Im kommunalen Bereich ergeben sich die wirtschaftlichen Nutzungsdauern aus § 44 Abs. 3 Satz 1 der Sächsischen Kommunalhaushaltsverordnung (SächsKomHVO) i. V. m. der Anlage zur SächsKomHVO (Abschreibungstabelle). Die durch die Finanzbuchführung berücksichtigten bilanziellen Abschreibungen sind somit vergangenheitsbezogen.

Durch die kalkulatorischen Abschreibungen der Kosten- und Leistungsrechnung hingegen wird das Ziel verfolgt, bis zum Ende der tatsächlichen Nutzungsdauern abnutzbarer Vermögensgegenstände des Anlagevermögens deren Wiederbeschaffungskosten zu erwirtschaften. Die kalkulatorischen Abschreibungen sind somit zukunftsbezogen und verfolgen das Ziel der Substanzerhaltung. Die Wiederbeschaffungskosten der betriebsnotwendigen Maschinen und Anlagen müssen erwirtschaftet werden.

Im öffentlichen Bereich findet die Kosten- und Leistungsrechnung im Bereich der Gebührenkalkulation kostenrechnender Einrichtungen Anwendung. Nach § 10 Abs. 1 des Sächsischen Kommunalabgabengesetzes (SächsKAG) dürfen die Benutzungsgebühren für öffentliche Einrichtungen nur so bemessen werden, dass die Gesamtkosten gedeckt werden können (Kostendeckungsgrundsatz). Ausgenommen davon sind wirtschaftliche Unternehmen i. S. v. § 94a der Sächsischen Gemeindeordnung (SächsGemO). Im Rahmen der Anwendung der Kosten- und Leistungsrechnung für die Kalkulation von Benutzungsgebühren kostenrechnender Einrichtungen muss jedoch beachtet werden, dass § 13 Abs. 1 Satz 1 des Sächsischen Kommunalabgabengesetzes (SächsKAG) die Zugrundelegung von Wiederbeschaffungswerten für Abschreibungen ausschließt. Es dürfen lediglich die Anschaffungs- und Herstellungskosten oder die Wiederbeschaffungszeitwerte berücksichtigt werden.

Grund ist, dass die Verwendung eines Wiederbeschaffungswertes, gerade bei langlebigen Investitionen, einem Blick in die Glaskugel gleichkommen würde. So ist der Wiederbeschaffungswert einer Kläranlage, die nach zwanzig Jahren ersetzt werden muss, aus heutiger Sicht nur schwer bestimmbar. Deshalb wird die kalkulatorische Abschreibung auf der Basis von Wiederbeschaffungszeitwerten ermittelt; siehe auch die diversen landesrechtlichen Regelungen in anderen Bundesländern.

Unter den Wiederbeschaffungszeitwerten sind dabei die jeweiligen Wiederbeschaffungswerte zum Zeitpunkt der Bildung der kalkulatorischen Abschreibungen zu verstehen. Es muss sich also die Frage gestellt werden, was die Erstellung der Kläranlage zum heutigen Zeitpunkt kosten würde.

Die Vorgehensweise zur Bildung kalkulatorischer Abschreibungen wird am Beispiel einer Maschine gezeigt.

Die Anschaffungs- und Herstellungskosten der Maschine betragen 10.000,00 EUR. Die vorgegebene betriebsgewöhnliche Nutzungsdauer bzw. wirtschaftliche Nutzungsdauer für die bilanzielle Abschreibung der Finanzbuchführung ist mit zehn Jahren angegeben.

In der Kosten- und Leistungsrechnung wird von einer tatsächlichen Nutzungsdauer von acht Jahren ausgegangen. Als Wiederbeschaffungswert nach Ende der Nutzungsdauer werden 16.000,00 EUR angenommen.

Die bilanzielle Abschreibung der Finanzbuchführung und die kalkulatorische Abschreibung der Kosten- und Leistungsrechnung ergeben sich demnach wie folgt:

	Finanzbuchhaltung (bilanzielle Abschreibung)	Kosten- und Leistungsrechnung (kalkulatorische Abschreibung)
Nutzungsdauer	10 Jahre	8 Jahre
Linearer Abschreibungssatz in Prozent	10,00 %	12,50 %
Abschreibungsbasis	Anschaffungs- und Herstellungskosten: 10.000,00 EUR	Wiederbeschaffungswert: 16.000 EUR
Jährliche Abschreibung	1.000,00 EUR	2.000,00 EUR

2.4.3.2 Kalkulatorische Wagnisse

Das allgemeine Unternehmerwagnis, mit welchem die unternehmerische Tätigkeit verbunden ist, wird weder durch die Finanzbuchführung noch die Kosten- und Leistungsrechnung berücksichtigt und ist nicht versicherbar. Es besteht aus Einzelrisiken, welche den Betrieb als Ganzes treffen können, hat keinen unmittelbaren Zusammenhang zur betrieblichen Leistungserstellung und ist durch den Gewinn abgegolten. Beispiele sind Veränderungen der gesamtwirtschaftlichen Lage im Sinne konjunktureller Veränderungen oder Inflation, aber auch der technische Fortschritt und Veränderungen der Mode oder der Konkurrenz.

Spezielle Wagnisse stehen in direktem Zusammenhang mit der betrieblichen Leistungserstellung. Sie werden durch die Finanzbuchführung nur berücksichtigt, wenn sie versichert wurden. In diesem Falle fällt Aufwand für Versicherungsprämien an.

Die Kosten- und Leistungsrechnung hingegen bezieht auch unversicherte spezielle Wagnisse in Form kalkulatorischer Zusatzkosten ein. Ziel ist eine Selbstversicherung des Betriebes zur Abwendung finanzieller Risiken durch eine langfristige Bildung finanzieller Rücklagen. Realisiert sich das Risiko und tritt der Wagnisfall ein, können die finanziellen Verluste aus der gebildeten Rücklage ausgeglichen werden.

Im öffentlichen Bereich müssen kalkulatorische Wagnisse berücksichtigt werden, wenn die Kommune z. B. Infrastrukturvermögen gegen Verlust oder Beschädigung nicht versichern kann. So sind Grundwasserschäden in der Elementarversicherung nur versichert, wenn das Grundwasser durch Hochwasser oberirdisch in Gebäude, z. B. die gemeindliche Schule, eindringt. Nicht versichert sind Schäden durch langsam steigendes Grundwasser, was nicht oberirdisch in die Schule eindringt.

Unter dem Beständewagnis versteht man das Risiko von Lagerverlusten durch Diebstahl oder durch unkontrollierten Warenabgang aufgrund Verderbens, Veraltens oder Schwund. Bezugsgröße für die Wagniskosten sind die Bezugspreise für Roh-, Hilfs- und Betriebsstoffe sowie die Bestandswerte für fertige und unfertige Erzeugnisse.

Das Anlagenwagnis stellt die Risiken dar, durch welche ein Anlagegut bedroht wird. Beispiele sind die Vernichtung von Gebäuden und Maschinen durch Brand, Überspannung, eindringendes Wasser o. Ä. Bezugsgröße für die kostenrechnerische Berücksichtigung des Anlagenwagnisses sind die Wiederbeschaffungskosten des betriebsnotwendigen Anlagevermögens.

Durch das Ausschusswagnis (auch Fertigungswagnis) werden die Risiken berücksichtigt, welche durch die eigentliche betriebliche Leistungserstellung, den Produktionsprozess, verursacht werden. Bezugsgröße sind die Herstellkosten.

Die Risiken vergeblicher Kosten für Forschung und Entwicklung, welche im Nachhinein nicht amortisiert werden können, werden durch das Forschungs- und Entwicklungswagnis abgesichert. Bezugsgröße ist die Höhe der Forschungs- und Entwicklungskosten.

Das Forderungsausfallwagnis (auch Vertriebswagnis) stellt das Risiko des Ausfalls begründeter Forderungen dar, z. B. aufgrund von Insolvenz oder mangelnder Zahlungsbereitschaft des Schuldners. Als Bezugsgröße dienen die Selbstkosten des Umsatzes.

Das Gewährleistungswagnis dient zur Absicherung finanzieller Risiken aufgrund gesetzlicher oder freiwillig übernommener Gewährleistungsverpflichtungen. Bezugsgröße sind die Selbstkosten des Umsatzes.

Entsprechend der Tätigkeit des Betriebes können weitere spezielle Wagnisse berücksichtigt werden.

Die Bemessung der kalkulatorischen Wagniskosten erfolgt auf Jahresbasis durch Multiplikation eines Wagniskostensatzes mit der jeweiligen Bezugsgröße. Der Wagniskostensatz wird auf der Grundlage der durchschnittlichen Verluste aufgrund des Einzelwagnisses im Verhältnis zur Bezugsgröße über längere Zeiträume der Vergangenheit ermittelt. Durch diese Vorgehensweise soll sichergestellt werden, dass die angesetzten kalkulatorischen Wagniskosten sich mit den tatsächlich eintretenden finanziellen Verlusten aufgrund des speziellen Wagnisses langfristig ausgleichen:

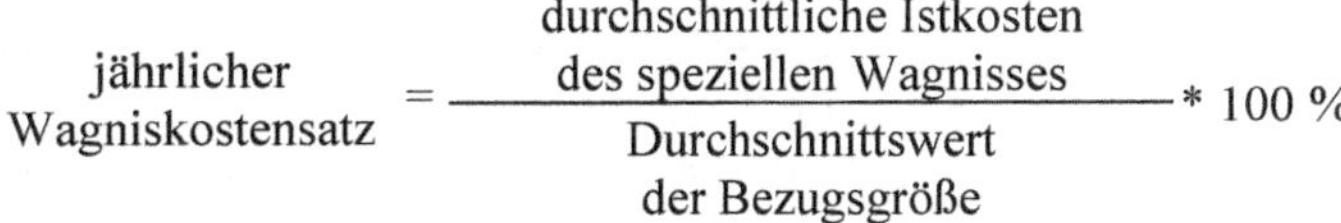

$$\text{jährlicher Wagniskostensatz} = \frac{\text{durchschnittliche Istkosten des speziellen Wagnisses}}{\text{Durchschnittswert der Bezugsgröße}} * 100\ \%$$

jährliche Wagniskosten des speziellen Wagnisses =
Bezugsgröße * jährlicher Wagniskostensatz

Beispiel für die Berechnung von Wagniskostensatz und jährlichen Wagniskosten anhand des Forderungsausfallwagnisses aufgrund der Durchschnittswerte der vergangenen zehn Abrechnungsperioden:

- *durchschnittliche Selbstkosten des Umsatzes der vergangenen zehn Abrechnungsperioden: 100.000,00 EUR*
- *durchschnittliche Forderungsausfälle der vergangenen zehn Abrechnungsperioden: 5.000,00 EUR*

$$\text{jährlicher Wagniskostensatz} = \frac{\text{durchschnittliche Forderungsausfälle der vergangenen zehn Abrechnungsperioden}}{\text{durchschnittliche Selbstkosten des Umsatzes der vergangenen zehn Abrechnungsperioden}} * 100\ \%$$

$$\text{jährlicher Wagniskostensatz} = \frac{5.000{,}00\ \text{EUR}}{100.000{,}00\ \text{EUR}} * 100\ \% = 5{,}0\ \%$$

Die Zusammenhänge sollen anhand der nachfolgenden Beispiele verdeutlicht werden:

Spezielles Wagnis	**Beständewagnis**	**Anlagenwagnis**	**Ausschusswagnis**	**Forschungs- und Entwicklungswagnis**	**Forderungsausfallwagnis**	**Gewährleistungswagnis**
Bezugsgröße	Bezugspreise für Roh-, Hilfs- und Betriebsstoffe, Bestandswerte für fertige und unfertige Erzeugnisse	Wiederbeschaffungskosten des betriebsnotwendigen Anlagevermögens	Herstellkosten	Forschungs- und Entwicklungskosten	Selbstkosten des Umsatzes	Selbstkosten des Umsatzes
	50.000,00 EUR	1.000.000,00 EUR	500.000,00 EUR	100.000,00 EUR	100.000,00 EUR	100.000,00 EUR
Wagniskostensatz	5,0 %	7,5 %	3,0 %	10,0 %	5,0 %	10,0 %
Jährliche Wagniskosten	2.500,00 EUR	75.000,00 EUR	15.000,00 EUR	10.000,00 EUR	5.000,00 EUR	10.000,00 EUR
Summe der jährlichen Wagniskosten	117.500,00 EUR					

2.4.3.3 Kalkulatorische Zinsen

Zinsen stellen die Entgelte für die Nutzung von Geldvermögen dar. Erfolgt die Finanzierung des Betriebes aus Fremdkapital, fallen für die Kredite und Darlehen Sollzinsen an. Diese werden von der Finanzbuchführung als Aufwand aufgezeichnet.

Die finanziellen Mittel des Fremd- wie auch des Eigenkapitals könnten jedoch auch anderweitig mit vergleichbarem Risiko investiert oder angelegt werden, sodass dem Unternehmer die dort erzielbaren Habenzinsen bzw. die Rendite dieser Anlageformen entgehen. Diesen Werteverzehr in Form nicht zahlungswirksamer Kosten aus entgangenem Gewinn stellt die Kosten- und Leistungsrechnung durch kalkulatorische Zinsen dar.

Grundsätzlich muss sich die Bestimmung des kalkulatorischen Zinssatzes am marktüblichen Zinssatz orientieren. Geht die Investition in den eigenen Betrieb mit einem erhöhten Risiko gegenüber risikofreien Kapitalanlagen wie Giro- oder Tagesgeldkonto einher, muss ein angemessener Risikoaufschlag einbezogen werden. Ziel ist es, den kalkulatorischen Zinssatz in der gleichen Höhe anzusetzen, wie den marktüblichen Zinssatz für Kapitalanlagen mit vergleichbarem Risiko. Im öffentlichen Bereich werden meist feste Größen für den kalkulatorischen Zinssatz vorgegeben. D. h., dass die Höhe des anzusetzenden Zinssatzes in den Bundesländern meist durch Verordnungen geregelt wird.

In den nachfolgenden Beispielen wird von einem Habenzinssatz in risikofreien Anlagen i. H. v. 3,00 Prozent ausgegangen, welcher durch einen kalkulatorischen Risikoaufschlag i. H. v. 2,00 Prozent ergänzt wird.

Grundlage für die Berechnung ist das betriebsnotwendige Kapital. Dieses setzt sich wie folgt zusammen:

Position	Berechnungsweise
+ betriebsnotwendiges Anlagevermögen	gesamtes Anlagevermögen zu kalkulatorischen Restwerten der Kosten- und Leistungsrechnung
	abzüglich nicht betriebsnotwendiges Anlagevermögen zu kalkulatorischen Restwerten der Kosten- und Leistungsrechnung (z. B. Wertpapiere, stillgelegte Betriebsgebäude etc.)
	= betriebsnotwendiges Anlagevermögen
+ betriebsnotwendiges Umlaufvermögen	gesamtes Umlaufvermögen zu kalkulatorischen Durchschnittswerten $= \frac{\text{Anfangsbestand der Abrechnungsperiode + Endbestand der Abrechnungsperiode}}{2}$
	abzüglich nicht betriebsnotwendiges Umlaufvermögen zu kalkulatorischen Durchschnittswerten
	= betriebsnotwendiges Umlaufvermögen
– Abzugskapital (zinsfrei bereitgestelltes Fremdkapital)	abzüglich zinsfrei bereitgestelltes Fremdkapital (Lieferantenkredite, Kundenanzahlungen, ...)
= betriebsnotwendiges Kapital	

Für den nicht abnutzbaren Teil des betriebsnotwendigen Anlagevermögens entsprechen die kalkulatorischen Restwerte den Anschaffungs- und Herstellungskosten. Für die Ermittlung der kalkulatorischen Restwerte der abnutzbaren Anlagegüter kann die Restwertmethode genutzt werden. Diese ermittelt die kalkulatorischen Restwerte durch Abzug kalkulatorischer Abschreibungen von den Anschaffungs- und Herstellungskosten.

Ergo: Kalkulatorische Zinsen werden auf das betriebsnotwendige Kapital berechnet. Vereinfachend wird als betriebsnotwendiges Kapital der Restbuchwert der in der Anlagenbuchhaltung erfassten Vermögensgegenstände unterstellt, welche betriebsbedingt sind, d. h. dem Betriebszweck dienen.

Beispiel für die Berechnung der kalkulatorischen Zinsen des o. g. Anlagegutes mit der Restwertmethode:

- *Maschine mit Anschaffungskosten von 100.000,00 EUR und einer gewöhnlichen Nutzungsdauer von zehn Jahren.*
- *Kalkulatorischer Zinssatz von 5,00 Prozent.*

Nutzungsjahr	Kalkulatorische Abschreibung	Summe kalkulatorische Abschreibungen	Kalkulatorischer Restwert	Kalkulatorische Zinsen
1	10.000,00 EUR	10.000,00 EUR	90.000,00 EUR	4.500,00 EUR
2	10.000,00 EUR	20.000,00 EUR	80.000,00 EUR	4.000,00 EUR
3	10.000,00 EUR	30.000,00 EUR	70.000,00 EUR	3.500,00 EUR
4	10.000,00 EUR	40.000,00 EUR	60.000,00 EUR	3.000,00 EUR
5	10.000,00 EUR	50.000,00 EUR	50.000,00 EUR	2.500,00 EUR
6	10.000,00 EUR	60.000,00 EUR	40.000,00 EUR	2.000,00 EUR
7	10.000,00 EUR	70.000,00 EUR	30.000,00 EUR	1.500,00 EUR
8	10.000,00 EUR	80.000,00 EUR	20.000,00 EUR	1.000,00 EUR
9	10.000,00 EUR	90.000,00 EUR	10.000,00 EUR	500,00 EUR
10	10.000,00 EUR	100.000,00 EUR	0,00 EUR	0,00 EUR

Eine Erweiterung der Restwertmethode ist die gemittelte Restwertmethode, bei welcher nicht der am Ende, sondern der in der Mitte der betrachteten Abrechnungsperiode bestehende kalkulatorische Restwert zur Grundlage für die Berechnung der kalkulatorischen Zinsen genommen wird. Der gemittelte Restwert entspricht dem durchschnittlich im Verlauf der Abrechnungsperiode im Anlagegut gebundenen Geldvermögen.

Beispiel für die Berechnung der kalkulatorischen Zinsen des o. g. Anlagegutes mit der gemittelten Restwertmethode:

Nutzungsdauer	Kalkulatorischer Restwert am Anfang der Abrechnungs-periode	Kalkulatorischer Restwert am Ende der Abrechnungs-periode	Gemittelter kalkulatorischer Restwert	Kalkulatorische Zinsen
1	100.000,00 EUR	90.000,00 EUR	95.000,00 EUR	4.750,00 EUR
2	90.000,00 EUR	80.000,00 EUR	85.000,00 EUR	4.250,00 EUR
3	80.000,00 EUR	70.000,00 EUR	75.000,00 EUR	3.750,00 EUR
4	70.000,00 EUR	60.000,00 EUR	65.000,00 EUR	3.250,00 EUR
5	60.000,00 EUR	50.000,00 EUR	55.000,00 EUR	2.750,00 EUR
6	50.000,00 EUR	40.000,00 EUR	45.000,00 EUR	2.250,00 EUR
7	40.000,00 EUR	30.000,00 EUR	35.000,00 EUR	1.750,00 EUR
8	30.000,00 EUR	20.000,00 EUR	25.000,00 EUR	1.250,00 EUR
9	20.000,00 EUR	10.000,00 EUR	15.000,00 EUR	750,00 EUR
10	10.000,00 EUR	0,00 EUR	5.000,00 EUR	250,00 EUR

Die Durchschnittswertmethode ermittelt den kalkulatorischen Durchschnittswert als durchschnittlich über die gesamte Laufzeit im Anlagegut gebundenen Teil des Geldvermögens:

$$\text{kalkulatorischer Durchschnittswert} = \frac{\text{Anschaffungs- und Herstellungskosten} + \text{Restwert}}{2}$$

Für alle betroffenen Abrechnungsperioden ergeben sich die kalkulatorischen Zinsen wie folgt:

$$\text{kalkulatorischer Zinsen} = \frac{\text{Anschaffungs- und Herstellungskosten} + \text{Restwert}}{2} * \text{kalkulatorischer Zinssatz}$$

Vorteil der Durchschnittswertmethode ist ihre einfache Umsetzungsform und ein gleichbleibender kalkulatorischer Zinssatz als konstante Kalkulationsgrundlage. Aus kostenrechnerischer Sicht nachteilig ist, dass nur eine gemittelte kalkulatorische Zinsbelastung dargestellt wird, die nicht der tatsächlichen kalkulatorischen Zinsbelastung der betrachteten Abrechnungsperiode entspricht. Die tatsächlichen ökonomischen Auswirkungen der Bindung von Geldvermögen in den betriebsnotwendigen Anlagegütern werden also nicht korrekt dargestellt.

Beispiel für die Berechnung der kalkulatorischen Zinsen eines Anlagegutes mit der Durchschnittswertmethode:

Anschaffungskosten der Maschine	100.000,00 EUR
Kalkulatorischer Durchschnittswert	$\frac{100.000,00 \text{ EUR}}{2}$ = 50.000,00 EUR
Kalkulatorischer Zinssatz	5,00 %
Kalkulatorische Zinsen	2.500,00 EUR

Die Wertansätze des betriebsnotwendigen Umlaufvermögens basieren auf kalkulatorischen Durchschnittswerten der betrachteten Abrechnungsperiode. Es handelt sich um das durchschnittlich in der betrachteten Abrechnungsperiode im betriebsnotwendigen Umlaufvermögen gebundene Geldvermögen:

$$\begin{array}{l}\text{betriebsnotwendiges Umlaufvermögen zu} \\ \text{kalkulatorischen Durchschnittswerten}\end{array} = \frac{\begin{array}{c}\text{Jahresanfangsbestand betriebsnotwendiges Umlaufvermögen} \\ - \text{Jahresendbestand betriebsnotwendiges Umlaufvermögen}\end{array}}{2}$$

Beispiel für die Berechnung des betriebsnotwendigen Kapitals:

	Position	Werte	
Betriebsnotwendiges Anlagevermögen	gesamtes Anlagevermögen zu kalkulatorischen Restwerten	500.000,00 EUR	
	– nicht betriebsnotwendiges Anlagevermögen zu kalkulatorischen Restwerten	–75.000,00 EUR	
			425.000,00 EUR
Betriebsnotwendiges Umlaufvermögen	gesamtes Umlaufvermögen zu kalkulatorischen Durchschnittswerten	50.000,00 EUR	
	– nicht betriebsnotwendiges Umlaufvermögen zu kalkulatorischen Durchschnittswerten	-3.000,00 EUR	
			47.000,00 EUR
– Abzugskapital	– Anzahlungen von Kunden	–3.000,00 EUR	
	– Lieferantenkredite	–500,00 EUR	
			–3.500,00 EUR
Betriebsnotwendiges Kapital			468.500,00 EUR

Berechnung der kalkulatorischen Zinsen:

Betriebsnotwendiges Kapital	Kalkulatorischer Zinssatz		Kalkulatorische Zinsen p. a.
	Marktüblicher Habenzinssatz p. a. in risikofreien Anlagen	Kalkulatorischer Risikozuschlag p. a.	
468.500,00 EUR	3,00 %	2,00 %	23.425,00 EUR
		5,00 %	

2.4.3.4 Kalkulatorischer Unternehmerlohn

Sofern der Unternehmer den Betrieb im Rahmen eines Einzelunternehmens führt oder als geschäftsführender Gesellschafter einer Personengesellschaft fungiert, erhält er selbst kein Gehalt, da er kein Angestellter ist. Ihm stehen jedoch Gewinnentnahmen zu.

Die Inanspruchnahme der Arbeitsleistung des Unternehmers stellt aus kostenrechnerischer Sicht einen Werteverzehr dar, welcher durch die Kosten- und Leistungsrechnung berücksichtigt werden muss. Es erfolgt eine Gleichsetzung mit einem Fremdbezug der Arbeitsleistung.

Der Unternehmer könnte seine Arbeitskraft ebenso einem anderen Unternehmen zur Verfügung stellen. Die anzusetzenden kalkulatorischen Kosten bestehen aus dem Verzicht auf das aus einer vergleichbaren Tätigkeit erzielbare Arbeitsentgelt.

Als Grundlage für die Festsetzung des kalkulatorischen Unternehmerlohns kann dabei das übliche Gehalt eines Beschäftigten in gleichwertiger Position herangezogen werden. Arbeitgeberanteile zur Sozialversicherung oder übliche Zuschüsse zu vergleichbaren privaten Versicherungen sind entsprechend zu berücksichtigen.

Beispiel für die Berechnung des kalkulatorischen Unternehmerlohns:

Übliches Bruttogehalt eines Beschäftigten in vergleichbarer Position	Arbeitgeberanteile zur Sozialversicherung oder Zuschüsse zu vergleichbaren privaten Versicherungen	Kalkulatorischer Unternehmerlohn
70.000,00 EUR	14.000,00 EUR	84.000,00 EUR

2.4.3.5 Kalkulatorische Miete und kalkulatorische Pacht

Stellt ein Unternehmer, insbesondere ein Einzelunternehmer oder Gesellschafter einer Personengesellschaft, dem Betrieb eigene Immobilien (Grundstücke, Räume oder Gebäude), die nicht zum Betriebsvermögen gehören, unentgeltlich zur Verfügung und wird dafür keine Miete oder Pacht gezahlt, wird der Vorgang durch die Finanzbuchführung nicht berücksichtigt. Aus kostenrechnerischer Sicht handelt es sich um einen Werteverzehr, der durch die Kosten- und Leistungsrechnung in Form kalkulatorischer Kosten dargestellt wird. Es erfolgt eine Gleichsetzung mit einem Fremdbezug.

Der Unternehmer könnte seine Immobilien ebenso Dritten gegen Entgelt zur Verfügung stellen. Die anzusetzenden kalkulatorischen Kosten bestehen aus dem Verzicht auf das daraus erzielbare

Entgelt. Würden die Immobilien von Dritten gemietet oder gepachtet, so würde eine Miet- oder Pachtzahlung anfallen.

Als Praxisbeispiel für die Anwendung der kalkulatorischen Miete im öffentlichen Bereich kann der Leistungsvergleich zwischen den Finanzämtern angegeben werden: Wenn Finanzämter landeseigene Liegenschaften nutzen, kommen kalkulatorische Mieten zum Ansatz. Dadurch wird ein Vergleich zwischen Ämtern in Landesliegenschaften und in eingemieteten Liegenschaften möglich.

Als Bemessungsgrundlage können die ortsübliche Miete oder Pacht für vergleichbare Immobilien herangezogen werden:

Beispiel für die Berechnung der kalkulatorischen Miete:

Größe Gewerbe-raum	Ortsüblicher Mietpreis Gewerberaum pro Quadratmeter und Monat	Kalkulatorische Miete pro Monat
60 qm	9,30 EUR	558,00 EUR

Beispiel für die Berechnung der kalkulatorischen Pacht:

Größe betrieblich genutzte Fläche	Ortsüblicher Pachtpreis pro Quadratmeter und Jahr	Kalkulatorische Pacht pro Jahr
1400 qm	0,12 EUR	168,00 EUR

2.5 Kostengliederung

2.5.1 Allgemein

In Vorbereitung auf die Verrechnung der Kosten auf Kostenstellen und Kostenträger müssen die Kosten im Rahmen der Kostenartenrechnung gegliedert werden. Dabei sind folgende Grundsätze zu beachten:

Grundsatz der Einheitlichkeit

Die Kosten müssen auf die Kostenträger und Kostenträgereinheiten nach den gleichen Kriterien gegliedert werden, um eine Vergleichbarkeit gewährleisten zu können. Dies wird durch die Erstellung eines Kostenartenplanes gewährleistet. Der Kostenartenplan sollte über möglichst lange Zeiträume unverändert bleiben, um eine Vergleichbarkeit der Ergebnisse der Kosten- und Leistungsrechnungen verschiedener Abrechnungsperioden gewährleisten zu können.

Grundsatz der Eindeutigkeit

Für jede Kostenart muss eindeutig definiert werden, welche Kosten ihr zugeordnet werden. Dies geschieht ebenfalls über den Kostenartenplan.

Grundsatz der Disjunktheit

Dem Grundsatz der Eindeutigkeit folgend, darf es innerhalb der Kostenartenrechnung des Betriebes nicht zu Überschneidungen bei der Zuordnung von Kosten zu Kostenarten kommen. Es muss jederzeit möglich sein, aus der Kostenartenrechnung zu ermitteln, für welchen Produktionsfaktor die Kosten erfasst worden sind.

Grundsatz der Vollständigkeit

Die Kostenartenrechnung muss alle Kosten des Betriebes erfassen und gliedern.

Grundsatz der Wirtschaftlichkeit

Der Aufwand für die exakte Kostengliederung muss in einem angemessenen Verhältnis zu dem dadurch erzielten Erkenntnisgewinn stehen. Dies betrifft insbesondere die Gliederungsbreite (Umfang der Kostenarten) und Gliederungstiefe (Detaillierungsgrad einzelner Kostenarten) des Kostenartenplanes.

2.5.2 Kostengliederung nach der Verbrauchsart

Die Kosten können nach den verbrauchten Produktionsfaktoren gegliedert werden. Personalkosten fallen für die Arbeitsleistung eigenen Personals an:

Personalkosten	Löhne
	Gehälter
	AG-Anteil zur Sozialversicherung
	Freiwillige Soziale Aufwendungen
	Umlagen zur Sozialversicherung

Fremdleistungskosten sind Kosten für von extern bezogene Dienstleistungen:

Fremdleistungskosten	Rechtsberatungskosten
	Steuerberatungskosten
	Transportkosten
	Versicherungskosten
	Werbekosten
	Kommunikationskosten

Sachkosten entstehen durch den Gebrauch von Betriebsmitteln und den Verbrauch von Material:

Sach-kosten	Material-kosten	Waren
		Rohstoffe
		Hilfsstoffe
		Bezogene Fertigteile
		Betriebsstoffe
	Betriebsmit-telkosten	Abschreibungen für Betriebsgebäude, Maschinen sowie Betriebs- und Geschäftsausstattung
		Miete und Pacht für Betriebsgebäude, Grundstücke, Maschinen sowie Betriebs- und Geschäftsausstattung

Werden gesondert die Kapitalkosten unterschieden, so werden diesen die kalkulatorischen Zinsen für das betriebsnotwendige Kapital und die kalkulatorischen Abschreibungen als durch Nutzung bedingter Werteverzehr an in abnutzbaren Betriebsmitteln gebundenem Geldvermögen zugeordnet:

Kapitalkosten	Kalkulatorische Abschreibungen
	Kalkulatorische Zinsen

Steuern, Gebühren und Beiträge führen für den Betrieb zu Kosten aus öffentlichen Abgaben. Steuern stehen dabei keine konkreten Gegenleistungen des Staates gegenüber. Sie werden aufgrund des Zutreffens bestimmter Voraussetzungen zur Finanzierung allgemein zugänglicher staatlicher Leistungen erhoben. Gebühren und Beiträge fallen für Gegenleistungen des Staates an:

Kosten aus öffentlichen Abgaben	Körperschaftsteuer
	Gewerbesteuer
	Grundsteuer
	Kraftfahrzeugsteuer
	Straßenausbaubeitrag
	Abwassergebühr

2.5.3 Kostengliederung nach der Art der betrieblichen Kostenerfassung

Die Kosten können nach der Art der betrieblichen Kostenerfassung unterschieden werden.

Grundkosten entsprechen den Aufwänden der Finanzbuchführung. Man spricht von aufwandsgleichen Kosten.

Anderskosten werden kostenrechnerisch in anderer Höhe erfasst als die entsprechenden Aufwände der Finanzbuchführung. Es handelt sich um aufwandsungleiche Kosten.

Zusatzkosten werden durch die Finanzbuchführung nicht als Aufwand aufgezeichnet, durch die Kosten- und Leistungsrechnung jedoch als Kosten erfasst, um den aus kostenrechnerischer Sicht korrekten betriebsbedingten Werteverzehr darzustellen. Man spricht von aufwandslosen Kosten.

<table>
<tr><td colspan="5">Gesamter Aufwand</td><td></td></tr>
<tr><td>Betriebsfremder Aufwand</td><td>Periodenfremder Aufwand</td><td>Außerordentlicher Aufwand</td><td colspan="2" rowspan="2">Zweckaufwand</td><td></td></tr>
<tr><td colspan="3">Neutraler Aufwand</td><td></td></tr>
<tr><td colspan="3"></td><td>in gleicher Höhe als Kosten verrechnet</td><td>nicht in gleicher Höhe als Kosten verrechnet</td><td>zusätzlich als Kosten verrechnet</td></tr>
<tr><td colspan="3"></td><td rowspan="2">Grundkosten</td><td>Anderskosten</td><td>Zusatzkosten</td></tr>
<tr><td colspan="3"></td><td colspan="2">Kalkulatorische Kosten</td></tr>
<tr><td colspan="3"></td><td colspan="3">Gesamte Kosten</td></tr>
</table>

2.5.4 Kostengliederung nach der Abhängigkeit vom Beschäftigungsgrad

Die fixen Kosten sind die Kosten der Betriebsbereitschaft, welche unabhängig vom Beschäftigungsgrad bzw. der Produktionsmenge bestehen. Fixe Kosten fallen auch dann an, wenn gar keine betriebliche Leistungserstellung stattfindet:

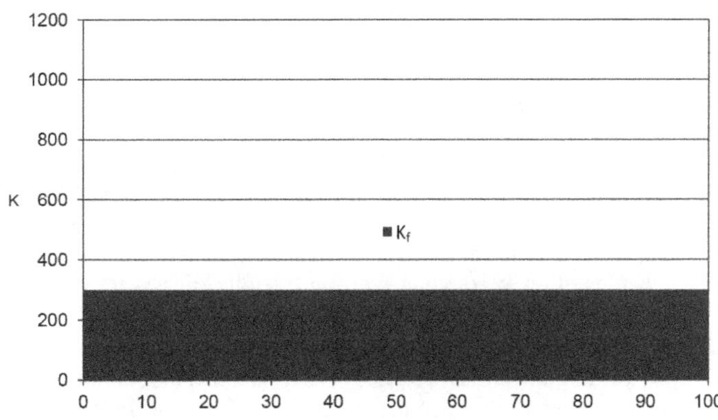

Beispiel für fixe Kosten sind die Abschreibungen für das abnutzbare Anlagevermögen (Verwaltungsgebäude, Sporthalle oder Pkw).

Variable Kosten steigen im Falle eines linearen Kostenverlaufs proportional mit steigendem Beschäftigungsgrad und fallen proportional mit fallendem Beschäftigungsgrad (proportionaler Verlauf der variablen Kosten). In diesem Falle verhalten sich die variablen Kosten wie folgt:

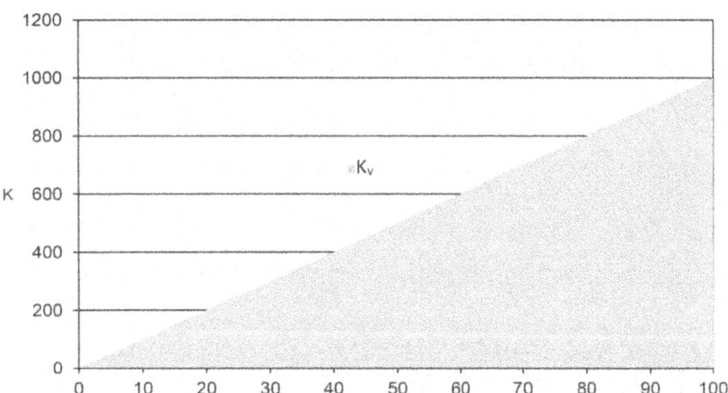

Beispiele für variable Kosten sind Kosten für Roh- und Hilfsstoffe.

2.5.5 Kostengliederung nach der Art der betrieblichen Kostenverrechnung

Die Kostenverrechnung auf die Kostenträger kennt zwei Prinzipien:

Kostenverursachungsprinzip

Die Kosten werden letztendlich den Kostenträgern zugerechnet (Kostenträgerrechnung). Dies ist auf direktem Wege nur für die Einzelkosten möglich, die einem Kostenträger eindeutig zugeordnet werden können. Beispiele sind insbesondere Kosten für Rohstoffe, die in die Produkte eingehen.

Wird z. B. durch das Gewerbeamt eine Gewerbeerlaubnis (Kostenträger) erteilt, stellen die Personalkosten für den Sachbearbeiter Einzelkosten dar. Bei dem Honorar für den freiberuflichen Dozenten, der sie unterrichtet, handelt es sich für den Bildungsträger um Einzelkosten, denn sie können dem von Ihnen belegten Kurs direkt zugerechnet werden. Dieser ist der Kostenträger.

Durchschnittsprinzip

Für Gemeinkosten ist eine unmittelbare verursachungsgerechte Verrechnung nicht möglich, da sie keinem Kostenträger direkt zuordenbar sind. Sie müssen zunächst im Rahmen der Kostenstellenrechnung durch innerbetriebliche Leistungsverrechnung auf die Kostenstellen verrechnet werden, welche die kostenverursachenden Kostenträger erstellen. Von diesen Kostenstellen aus kann eine Weiterverrechnung der Gemeinkosten nach dem Durchschnittsprinzip auf die Kostenträger erfolgen. Zu den Gemeinkosten gehören beispielsweise die Kosten für die Unterhaltung von Produktionsanlagen.

Die Kosten müssen daher in Einzel- und Gemeinkosten gegliedert werden.

Unter Sondereinzelkosten der Fertigung sind Kosten zu verstehen, welche nicht in den Fertigungseinzelkosten enthalten sind, jedoch für die Herstellung bestimmter Produkte erforderlich sind. Sie können aus diesem Grunde direkt auf die Kostenträger verrechnet werden, sind jedoch nicht stückvariabel. Beispiele sind Kosten für Spezialwerkzeuge oder Lizenzgebühren, welche nur für die Herstellung eines bestimmten Produkts verwendet werden. Auch Kosten für auftragsspezifische Forschungs- und Entwicklungsleistungen zählen dazu.

Die Sondereinzelkosten des Vertriebs beinhalten alle Kosten, die im Vertrieb anfallen und nur einem bestimmten Produkt zuzurechnen sind. Darunter fallen z. B. Kosten für Werbung, Spezialverpackungen, Zölle, Frachtkosten, Transportversicherungen sowie Verkaufs- und Vertreterprovisionen, soweit diese für ein spezielles Produkt anfallen.

Unechte Gemeinkosten stellen grundsätzlich Einzelkosten dar. Sie werden aber dennoch wie Gemeinkosten behandelt und nach dem Durchschnittsprinzip auf die Kostenträger verrechnet. Grund ist, dass der erforderliche Aufwand für die Anwendung des Kostenverursachungsprinzips unverhältnismäßig hoch wäre. Dies kann etwa im Falle bestimmter Materialeinzelkosten der Fall sein, beispielsweise bei der Verrechnung der Kosten für ungezählte Schrauben, die direkt in die Produkte eingehen.

<table>
<tr><th>Einzelkosten</th><th colspan="2">Gemeinkosten</th></tr>
<tr><th colspan="2">variabel</th><th>fix</th></tr>
<tr><td rowspan="3">Verrechnung nach dem Kostenverursachungsprinzip direkt auf</td><td colspan="2">Innerbetriebliche Leistungsverrechnung auf</td></tr>
<tr><td colspan="2">Kostenstellen</td></tr>
<tr><td colspan="2">Verrechnung nach dem Durchschnittsprinzip auf</td></tr>
<tr><td colspan="3">Kostenträger</td></tr>
<tr><td colspan="3">Gesamtkosten</td></tr>
</table>

<table>
<tr><td rowspan="10">Gesamtkosten</td><td rowspan="2">Materialkosten</td><td>Materialeinzelkosten</td></tr>
<tr><td>Materialgemeinkosten</td></tr>
<tr><td rowspan="3">Fertigungskosten</td><td>Fertigungseinzelkosten</td></tr>
<tr><td>Fertigungsgemeinkosten</td></tr>
<tr><td>Sondereinzelkosten der Fertigung</td></tr>
<tr><td rowspan="2">Vertriebskosten</td><td>Vertriebsgemeinkosten</td></tr>
<tr><td>Sondereinzelkosten des Vertriebs</td></tr>
<tr><td>Verwaltungskosten</td><td>Verwaltungsgemeinkosten</td></tr>
</table>

2.5.6 Kostengliederung nach den betrieblichen Funktionsbereichen

Die Kosten können betrieblichen Funktionsbereichen zugeordnet werden, um eine Weiterverrechnung auf die Kostenstellen vorzubereiten:

Materialkosten fallen für die Beschaffung und den Verbrauch von Material an, sind somit dem betrieblichen Funktionsbereich der Beschaffung zuzuordnen. Fertigungskosten entstehen für die unmittelbare Erstellung von Gütern und Dienstleistungen, sodass sie dem betrieblichen Funktionsbereich der Produktion zugehörig sind. Die Vertriebskosten stehen im Zusammenhang mit dem Vertrieb der Produkte und dem betrieblichen Funktionsbereich Absatz. Verwaltungskosten fallen für Verwaltungsaufgaben des Betriebes an.

2.5.7 Kostengliederung nach der Liquiditätswirksamkeit

Die kalkulatorischen Zusatzkosten der Kosten- und Leistungsrechnung haben keine Auswirkung auf die Liquidität. Den kalkulatorischen Anderskosten liegen z. T. liquiditätswirksame Aufwände der Finanzbuchführung zugrunde, jedoch in anderer Höhe.

2.5.8 Zusammenfassung

Die Zusammenhänge zwischen den verschiedenen Gliederungsformen für die Kosten verdeutlicht folgende Übersicht:

<table>
<tr><td rowspan="8">Gesamtkosten</td><td rowspan="4">Einzelkosten</td><td>Materialeinzelkosten</td></tr>
<tr><td>Fertigungseinzelkosten</td></tr>
<tr><td>Sondereinzelkosten der Fertigung</td></tr>
<tr><td>Sondereinzelkosten des Vertriebs</td></tr>
<tr><td rowspan="4">Gemeinkosten</td><td>Materialgemeinkosten</td></tr>
<tr><td>Fertigungsgemeinkosten</td></tr>
<tr><td>Verwaltungsgemeinkosten</td></tr>
<tr><td>Vertriebsgemeinkosten</td></tr>
</table>

Folgende Übersicht gibt Beispiele für die Gliederung der Kosten nach betrieblichen Funktionsbereichen, Art der Verrechnung und der Abhängigkeit vom Beschäftigungsgrad:

<table>
<tr><td rowspan="3">Materialkosten</td><td rowspan="2">Materialgemeinkosten</td><td>Miete für durch Einkauf und Lager genutzte Gebäude und Grundstücke</td><td>Fixe Kosten</td></tr>
<tr><td>Betriebsstoffe</td><td rowspan="2">Variable Kosten</td></tr>
<tr><td>Materialeinzelkosten</td><td>Rohstoffe</td></tr>
<tr><td rowspan="3">Fertigungskosten</td><td>Fertigungsgemeinkosten</td><td>Kalkulatorische Abschreibungen für die durch die Fertigung genutzten Gebäude und Grundstücke</td><td>Fixe Kosten</td></tr>
<tr><td>Fertigungseinzelkosten</td><td>Bruttozeitlöhne der Beschäftigten in der Fertigung</td><td rowspan="2">Variable Kosten</td></tr>
<tr><td>Sondereinzelkosten der Fertigung</td><td>Spezielle Werkzeuge, die nur für die Fertigung eines bestimmten Produkts verwendet werden (diese Sondereinzelkosten sind nicht stückvariabel)</td></tr>
<tr><td rowspan="3">Vertriebskosten</td><td rowspan="2">Vertriebsgemeinkosten</td><td>Miete für durch den Vertrieb genutzte Gebäude und Räume</td><td>Fixe Kosten</td></tr>
<tr><td>Porto</td><td rowspan="2">Variable Kosten</td></tr>
<tr><td>Sondereinzelkosten des Vertriebs</td><td>Vertriebsmaßnahmen für die Vermarktung eines bestimmten Produkts</td></tr>
<tr><td rowspan="3">Verwaltungskosten</td><td rowspan="3">Verwaltungsgemeinkosten</td><td>Versicherungskosten für Verwaltungsgebäude und Betriebs- und Geschäftsausstattung in der Verwaltung</td><td rowspan="2">Fixe Kosten</td></tr>
<tr><td>Kalkulatorische Zinsen für das in Verwaltungsgebäuden, -grundstücken und durch die Verwaltung genutzter Betriebs- und Geschäftsausstattung gebundene Geldvermögen</td></tr>
<tr><td>Bürobedarf</td><td>Variable Kosten</td></tr>
</table>

2.6 Leistungserfassung

Die Leistungen der Kosten- und Leistungsrechnung stellen in Geld bewertete periodengerecht zugeordnete betriebsbedingte Wertezuwächse an Gütern und Dienstleistungen als Ergebnis des betrieblichen Leistungserstellungsprozesses dar. Es werden Absatzleistungen, Lagerleistungen und Eigenleistungen unterschieden.

Absatzleistungen führen zu Erlösen. Sie entstehen bei der Veräußerung von Gütern und Dienstleistungen am Markt zur Deckung von Fremdbedarf. **Lagerleistungen** stellen Wertezuwächse an fertigen und unfertigen Erzeugnissen dar, welche durch den Betrieb geschaffen, jedoch noch nicht am Markt abgesetzt wurden. Die **Eigenleistungen** umfassen diejenigen betrieblich geschaffenen Güter und Dienstleistungen, welche zur Deckung des Eigenbedarfs des Betriebes produziert wurden. Dazu zählen insbesondere selbst erstellte Vermögensgegenstände des Anlagevermögens oder selbst durchgeführte Reparaturen.

In der Praxis kann das Zahlenmaterial der Finanzbuchführung als Grundlage für die Leistungserfassung genutzt, jedoch nicht unverändert übernommen werden. In den Ergebnissen der Finanzbuchführung sind Leistungsströme in Form von Aufwand (Werteverzehr) und Ertrag (Wertezuwachs) aufgezeichnet. Vom Grundsatz her entsprechen die Aufwände den Kosten der Kosten- und Leistungsrechnung und die Erträge den Leistungen der Kosten- und Leistungsrechnung. Im Rahmen der Kosten- und Leistungsrechnung dürfen jedoch nur die durch die Tätigkeit des Betriebes veranlassten Werteverzehre und Wertezuwächse berücksichtigt werden, die für die Verfolgung des Betriebszweckes anfallen.

Im ersten Schritt der Kosten- und Leistungsrechnung, der Abgrenzungsrechnung, erfolgt daher eine Abgrenzung der neutralen Aufwendungen von den Kosten und der neutralen Erträge von den Leistungen. Die neutralen Erträge werden unterschieden in betriebsfremde, periodenfremde und außerordentliche Erträge.

Außerdem müssen auch Werteverzehre und Wertezuwächse in die Kosten- und Leistungsrechnung einfließen, welche aufgrund der rechtlichen Rahmenbedingungen durch die Finanzbuchführung nicht oder nicht in der aus kostenrechnerischer Sicht korrekten Höhe dargestellt werden. Auf der Leistungsseite handelt sich um die kalkulatorischen Leistungen. Die Daten der Finanzbuchführung müssen in diesen Fällen auf die aus kostenrechnerischer Sicht korrekten Werte angepasst bzw. ergänzt werden. Auch diese Aufgabe wird durch die Abgrenzungsrechnung umgesetzt.

Um aus den in der Finanzbuchführung gebuchten Erträgen die Leistungen der Kosten- und Leistungsrechnung zu entwickeln, müssen folgende Fragen beantwortet werden:

1. **Welche im Gesamtertrag enthaltenen Erträge sind betriebsbedingt und welche Erträge sind betriebsfremd?**

Betriebsfremde Erträge zählen zu den neutralen Erträgen und werden nicht in Form von Leistungen in die Kosten- und Leistungsrechnung einbezogen, weil sie nicht für die betriebliche Leistungserstellung angefallen sind.

Ein Beispiel für neutrale Erträge sind Erträge der Vermögensverwaltung. Gehören beispielsweise Wertpapiere oder Immobilien zum Betriebsvermögen und ist der Handel mit Wertpapieren bzw. die Vermietung von Immobilien nicht der Betriebszweck, so sind alle daraus herrührenden Erträge als neutrale Erträge anzusehen.

Wird beispielsweise die auf dem Gelände des Kindergartens befindliche Garage an Privatpersonen vermietet, so stellt die Miete einen betriebsfremden Ertrag dar.

2. **Welche der betriebsbedingten Erträge sind in der Finanzbuchführung hinsichtlich ihres Zusammenhanges mit der betrieblichen Leistungserstellung nicht der richtigen Periode zugeordnet?**

Periodenfremde Erträge zählen zu den neutralen Erträgen und werden nicht als Leistungen in die Kosten- und Leistungsrechnung der betrachteten Abrechnungsperiode einbezogen. Aufgrund der Bestimmungen des § 252 Abs. 1 Nr. 5 HGB sind „Erträge des Geschäftsjahrs [...] unabhängig von den Zeitpunkten der entsprechenden Zahlungen im Jahresabschluss zu berücksichtigen“, sodass für die Finanzbuchführung eine periodengerechte Zuordnung aller Erträge in Bezug auf die einzelnen Abrechnungsperioden grundsätzlich vorgeschrieben ist. Für den kommunalen Bereich gibt § 48 Abs. 2 Satz 1 der Sächsischen Kommunalhaushaltsverordnung (SächsKomHVO) eine identische Verfahrensweise vor: „In der Ergebnisrechnung sind die dem Haushaltsjahr zuzurechnenden Erträge und Aufwendungen gegenüberzustellen.“

Im Rahmen der Kosten- und Leistungsrechnung können jedoch auch kürzere Zeiträume betrachtet werden. Beispielsweise kann eine monatliche Betrachtung erfolgen, sodass eine zusätzliche unterjährige Periodenabgrenzung erforderlich wird.

Ein Beispiel für periodenfremden Ertrag ist eine verspätete Rechnungslegung im November für ein im Monat September geliefertes Produkt. In Bezug auf die Kosten- und Leistungsrechnung des Monats November handelt es sich bei den im Monat November gebuchten Erträgen um periodenfremde Erträge, da diese nicht aus der betrieblichen Leistungserstellung im betrachteten Monat herrühren, sondern dem Monat September zuzuordnen sind.

Erhält die Gemeinde in den Vorjahren zu viel gezahlte Verwaltungsgebühren für vom Land in Anspruch genommene Verwaltungsleistungen zurückerstattet, so handelt es sich um Ertrag im laufenden Jahr. Die Leistungen fallen jedoch in die Vorperiode, sodass es sich um periodenfremde Leistungen handelt. Begleicht der Bürger die Verwaltungsgebühr für eine Verwaltungsleistung direkt im Anschluss, so liegen Ertrag und Leistung in der gleichen Abrechnungsperiode.

3. **Welche der betriebsbedingten periodengerecht zugeordneten Erträge sind als ordentlich und welche sind als außerordentlich anzusehen?**

Außerordentliche Erträge zählen zu den neutralen Erträgen und werden nicht als Leistungen in die Kosten- und Leistungsrechnung einbezogen.

Unter außerordentlichen Erträgen werden Erträge verstanden, die nach Art oder Höhe als außergewöhnlich anzusehen sind, nicht regelmäßig und nicht aus der gewöhnlichen betrieblichen Leistungserstellung anfallen. Diese Erträge entstehen nur in Einzelfällen bzw. in einzelnen Abrechnungsperioden und werden nicht als Leistungen verrechnet, um die Kosten- und Leistungsrechnung möglichst frei von zufälligen Schwankungen zu halten. Ein Beispiel für außerordentliche Erträge sind Erträge aus der Veräußerung von Maschinen, Betriebs- und Geschäftsausstattung oder Grundstücken, welche nicht mehr benötigt werden.

Der Ertrag, der nach Beantwortung dieser Fragen noch zur Verrechnung als Leistungen verbleibt, wird als **Zweckertrag** bezeichnet und wird dem Grunde nach in die Kosten- und Leistungsrechnung einbezogen.

Folgende weitere Fragen müssen beantwortet werden:

4. **Welcher Teil des Zweckertrages muss in der Kosten- und Leistungsrechnung in anderer Höhe als Leistungen verrechnet werden, um den aus kostenrechnerischer Sicht korrekten Wertezuwachs zu berücksichtigen, da die betroffenen Erträge der Finanzbuchführung nicht die tatsächlichen wirtschaftlichen Auswirkungen darstellen?**

Die in gleicher Höhe als Leistungen berücksichtigten Erträge werden als **Grundleistungen** bezeichnet. Werden Erträge der Finanzbuchführung durch die Kosten- und Leistungsrechnung in anderer Höhe als Leistungen verrechnet, handelt es sich um **Andersleistungen**. Andersleistungen können z. B. im Zusammenhang mit der Bewertung fertiger und unfertiger Erzeugnisse sowie aktivierter Eigenleistungen auftreten. In der Finanzbuchführung werden diese mit den Herstellungskosten bewertet. Die Kosten- und Leistungsrechnung setzt die möglichen Absatzpreise oder die Selbstkosten an, welche i. d. R. in anderer Höhe vorliegen, sodass diese Leistungen in anderer Höhe berücksichtigt werden.

5. **Welche Wertezuwächse, die durch die betriebliche Leistungserstellung in der betrachteten Abrechnungsperiode in gewöhnlicher Höhe verursacht werden, werden durch die Finanzbuchführung aufgrund der gesetzlichen Rahmenbedingungen nicht als Ertrag aufgezeichnet und sind weder dem Grunde noch der Höhe nach im Zweckertrag enthalten?**

Diese Leistungen werden durch die Kosten- und Leistungsrechnung zusätzlich erfasst, um den aus kostenrechnerischer Sicht korrekten betriebsbedingten Wertezuwachs darstellen zu können. Sie werden daher als **Zusatzleistungen** bezeichnet.

Ein Beispiel sind selbst erstellte immaterielle Vermögensgegenstände, beispielsweise selbst erstellte Software, welche nach den Regeln der Finanzbuchführung gemäß § 5 Abs. 2 des Einkommenssteuergesetzes (EStG) bzw. § 36 Abs. 5 der Sächsischen Kommunalhaushaltsverordnung (SächsKomHVO) nicht aktiviert werden dürfen, jedoch aus kostenrechnerischer Sicht einen betriebsbedingten Wertezuwachs darstellen.

Anders- und Zusatzleistungen stellen gemeinsam die **kalkulatorischen Leistungen** dar.

Den Zusammenhang zwischen den einzelnen Begrifflichkeiten verdeutlicht die nachfolgende Übersicht:

<table>
<tr><td colspan="5">Gesamter Ertrag</td><td></td></tr>
<tr><td>Betriebsfremder Ertrag</td><td>Periodenfremder Ertrag</td><td>Außerordentlicher Ertrag</td><td colspan="2" rowspan="2">Zweckertrag</td><td></td></tr>
<tr><td colspan="3">Neutraler Ertrag</td><td></td></tr>
<tr><td colspan="3" rowspan="4"></td><td>in gleicher Höhe als Leistungen verrechnet</td><td>nicht in gleicher Höhe als Leistungen verrechnet</td><td>zusätzlich als Leistungen verrechnet</td></tr>
<tr><td rowspan="2">Grundleistungen</td><td>Andersleistungen</td><td>Zusatzleistungen</td></tr>
<tr><td colspan="2">Kalkulatorische Leistungen</td></tr>
<tr><td colspan="3">Gesamte Leistungen</td></tr>
</table>

2.6.1 Kontrollfragen

1. Erklären Sie die Unterschiede zwischen den Begriffen „Ertrag" und „Leistung" sowie „Aufwand" und „Kosten". Gehen Sie dabei auch auf die Bedeutung der Begriffe des neutralen und des Zweckertrages sowie des neutralen und des Zweckaufwandes ein.
2. Was ist der Unterschied zwischen dem Betriebsvermögen und dem betriebsnotwendigen Vermögen? Erklären Sie!
3. Worin liegt der Unterschied zwischen den Grundkosten und den kalkulatorischen Kosten?
   Welche Formen kalkulatorischer Kosten kennen Sie?
4. Erklären Sie die Verfahren der Materialverbrauchsermittlung und nennen Sie die wesentlichen Vorteile und Nachteile der Verfahren.
5. Nach welchen Kriterien können die Kosten im Rahmen der Kostenartenrechnung gegliedert werden? Erklären Sie!

Lösung

Zu 1: Erträge sind eine Stromgröße der Finanzbuchführung und geben den in Geld bewerteten periodengerecht zugeordneten Wertezuwachs an Gütern und Dienstleistungen wieder. Leistungen sind eine Stromgröße der Kosten- und Leistungsrechnung, welche den in Geld bewerteten periodengerecht zugeordneten betriebsbedingten Wertezuwachs an Gütern und Dienstleistungen darstellen. Wesentlicher Unterschied ist, dass Erträge den gesamten entstandenen Wertezuwachs darstellen, welcher jedoch nicht zwingend aus der Verfolgung des Betriebszweckes herrühren muss. Leistungen werden durch die betriebliche Leistungserstellung verursacht. Ertrag, der nicht als Leistung verrechnet wird, wird als neutraler Ertrag bezeichnet. Als Leistung berücksichtigter Ertrag stellt Zweckertrag dar.

Ein Beispiel für neutralen Ertrag sind die Erlöse aus der Vermietung einer aktuell nicht für die betriebliche Leistungserstellung genutzten Produktionsstätte eines Radiowerkes. Diese Erträge rühren nicht aus der betrieblichen Leistungserstellung her, da sie nicht im Rahmen der Verfolgung des Betriebszweckes entstanden sind. Dieser besteht in der Produktion von Radios, nicht in der Verwertung von Immobilien. Es handelt sich aus diesem Grunde um betriebsfremden, somit neutralen Ertrag, welcher nicht als Leistung in die Kosten- und Leistungsrechnung eingeht.

Anderer Fall: Im Falle einer Immobilienverwertungsgesellschaft würde es sich aufgrund des von dieser verfolgten Betriebszweckes um Zweckertrag und somit um betriebliche Leistungen handeln.

Aufwendungen sind eine Stromgröße der Finanzbuchführung und geben den in Geld bewerteten periodengerecht zugeordneten Werteverzehr an Gütern und Dienstleistungen wieder. Kosten sind eine Stromgröße der Kosten- und Leistungsrechnung, welche den in Geld bewerteten periodengerecht zugeordneten betriebsbedingten Werteverzehr an Gütern und Dienstleistungen darstellen. Wesentlicher Unterschied ist, dass Aufwendungen den gesamten entstandenen Werteverzehr darstellen, welcher jedoch nicht zwingend aus der Verfolgung des Betriebszweckes herrühren muss. Kosten werden durch die betriebliche Leistungserstellung verursacht. Aufwand, der nicht als Kosten verrechnet wird, wird als neutraler Aufwand bezeichnet. Als Kosten berücksichtigter Aufwand stellt Zweckaufwand dar.

Ein Beispiel für neutralen Aufwand sind die Aufwendungen für die Aufrechterhaltung der Verkehrssicherheit einer durch ein Radiowerk vermieteten, durch dieses aktuell nicht genutzte Produktionsstätte. Diese Aufwendungen rühren nicht aus der betrieblichen Leistungserstellung her, da sie nicht im Rahmen der Verfolgung des Betriebszweckes entstanden sind. Dieser besteht in der Produktion von Radios, nicht in der Verwertung von Immobilien. Es handelt sich aus diesem Grunde um betriebsfremden Aufwand, somit neutralen Aufwand, welcher nicht als Kosten in die Kosten- und Leistungsrechnung eingeht.

Anderer Fall: Im Falle einer Immobilienverwertungsgesellschaft würde es sich aufgrund des von dieser verfolgten Betriebszweckes um Zweckaufwand und somit um betriebliche Kosten handeln.

Zu 2: Das Betriebsvermögen stellt das gesamte Vermögen des Betriebes abzüglich der Verbindlichkeiten, d. h. der Schulden, dar und entspricht der Nettoposition bzw. dem Eigenkapital oder der Kapitalposition. Zu ihm zählen alle positiven und negativen Vermögensgegenstände, unabhängig davon, ob und für welche Zwecke sie verwendet werden. Das betriebsnotwendige Vermögen ist der Anteil am Betriebsvermögen, welcher der betrieblichen Leistungserstellung im Sinne der Verfolgung des Betriebszweckes dient. Eine aktuell nicht genutzte und daher vermietete Produktionsstätte eines Radiowerkes gehört nicht zum betriebsnotwendigen Vermögen, da sie nicht der betrieblichen Leistungserstellung im Sinne der Verfolgung des Betriebszweckes dient. Der Betriebszweck besteht in der Produktion von Radios, nicht in der Verwertung von Immobilien.

Anderer Fall: Im Falle einer Immobilienverwertungsgesellschaft würde es sich bei der nicht mehr genutzten Produktionsstätte um betriebsnotwendiges Vermögen handeln.

Zu 3: Grundkosten sind die Kosten der Kosten- und Leistungsrechnung, welche der Höhe nach den in der Finanzbuchführung aufgezeichneten Erträgen entsprechen (aufwandsgleiche Kosten).

Verschiedene Aufwendungen der Finanzbuchführung werden durch die Kosten- und Leistungsrechnung hinsichtlich ihrer Höhe auf den aus kostenrechnerischer Sicht korrekten Werteverzehr korrigiert entsprechend ihrer tatsächlichen ökonomischen Auswirkungen (aufwandsungleiche Kosten). Es handelt sich um Anderskosten, zu welchen kalkulatorische Abschreibungen, kalkulatorische Wagnisse und kalkulatorische Zinsen für Fremdkapital zählen.

Die Zusatzkosten werden aufgrund der rechtlichen Rahmenbedingungen der Finanzbuchführung nicht als Aufwand berücksichtigt und müssen zur Erfassung des aus kostenrechnerischer Sicht korrekten Werteverzehrs durch die Kosten- und Leistungsrechnung zusätzlich erfasst werden. Zu den Zusatzkosten zählen die kalkulatorische Miete, die kalkulatorische Pacht, der kalkulatorische Unternehmerlohn und die kalkulatorischen Zinsen für Eigenkapital. Zusatz- und Anderskosten stellen gemeinsam die kalkulatorischen Kosten dar.

Zu 4: Im Falle der Befundrechnung wird der Materialendbestand durch Abzug des laut Inventur ermittelten Schlussbestandes von der Summe aus Anfangsbestand und Zugängen ermittelt. Vorteil ist die einfache Umsetzungsform. Nachteile bestehen darin, dass für jede Materialverbrauchsermittlung eine Inventur erforderlich ist und keine kostenstellen- und kostenträgergenaue Verbrauchsermittlung möglich ist. Zudem können Fehlmengenursachen, z. B. Schwund oder Diebstahl, nicht ermittelt werden. Der daraus rührende Verbrauch muss aus diesem Grunde als betriebsbedingt verursacht unterstellt werden.

Das Skontraktionsverfahren verwendet Materialentnahmescheine, auf welchen die entnommenen Materialmengen sowie weitere Informationen, insbesondere das Datum der Materialentnahme und die Kostenstellennummer, fortlaufend zum Zeitpunkt der Materialentnahme aufgezeichnet werden. Auf diese Weise können die verbrauchsverursachenden Kostenstellen erfasst und die Materialkosten auf die Kostenträger verrechnet werden. Der Materialverbrauch ergibt sich dabei aus der Summe der Materialverbrauchsmengen aller Materialentnahmescheine. Aus den Daten des Skontraktionsverfahrens kann der Materialverbrauch jederzeit ohne erneute Inventur präzise bestimmt werden. Fälle von Schwund oder Diebstahl können durch Gegenüberstellung mit den Ergebnissen einer Inventur ermittelt werden. Im Vergleich zur Befundrechnung entsteht jedoch laufend erheblicher Mehraufwand für die Durchführung.

Das retrograde Verfahren verwendet durchschnittliche Sollmaterialverbräuche für die Erstellung einer Einheit eines Kostenträgers. Multipliziert mit der Anzahl der erstellten Kostenträgereinheiten ergibt sich der Materialverbrauch. Vorteil des Verfahrens ist die einfache Umsetzung. Außerdem kann der Materialverbrauch jederzeit ohne Inventur ermittelt werden. Da keine Istwerte verwendet werden, können keine Soll-Ist-Vergleiche gezogen werden. Zusätzliche Bestandsminderungen durch Schwund, Diebstahl etc. können nicht ermittelt werden und die Ermittlung durchschnittlicher Sollmaterialverbräuche kann im Falle komplexer Produktionsprozesse schwierig sein.

Zu 5: Die Gliederung der Kosten kann nach der Art der betrieblichen Kostenerfassung erfolgen: Die Grundkosten entsprechen den im Zweckaufwand der Finanzbuchführung erfassten Aufwendungen dem Grunde und der Höhe nach (aufwandsgleiche Kosten). Anderskosten entsprechen den im Zweckaufwand enthaltenen Aufwendungen dem Grunde, jedoch nicht der Höhe nach, da sie auf die aus kostenrechnerischer Sicht korrekte Höhe entsprechend ihrer tatsächlichen ökonomischen Auswirkungen korrigiert werden (aufwandsungleiche Kosten). Zusatzkosten sind im Zahlenwerk der Finanzbuchführung weder dem Grunde noch der Höhe nach als Aufwand erfasst und werden durch die Kosten- und Leistungsrechnung zusätzlich als Kosten erfasst und verrechnet (aufwandslose Kosten), weil sie aus kostenrechnerischer Sicht betriebsbedingten Werteverzehr darstellen. Anders- und Zusatzkosten stellen kalkulatorische Kosten dar. Das Gliederungskriterium muss berücksichtigt werden, um den gesamten **betriebsbedingten** Werteverzehr in der Kosten- und Leistungsrechnung als Kosten erfassen zu können.

Im Falle der Gliederung nach der Abhängigkeit vom Beschäftigungsgrad werden fixe und variable Kosten unterschieden. Fixe Kosten sind die Kosten der Betriebsbereitschaft, welche unabhängig vom Beschäftigungsgrad bestehen, auch in dem Fall, in welchem gar nicht produziert wird. Variable Kosten entstehen in Abhängigkeit vom Beschäftigungsgrad.

Die Gliederung der Kosten in fixe und variable Bestandteile ist erforderlich, um einen Überblick über die betriebliche Kostenstruktur und den Kostenverlauf erlangen und im Rahmen der Voll- und der Teilkostenrechnung für die Ermittlung verschiedener Ergebnisse kostenseitig die korrekten Eingangsgrößen verwenden zu können.

Weiteres Kostengliederungskriterium ist die Art der betrieblichen Kostenverrechnung: Einzelkosten können bezüglich ihrer Verursachung unmittelbar einzelnen Kostenträgern zugeordnet und daher nach dem Kostenverursachungsprinzip direkt auf Kostenträger verrechnet werden. Für Gemeinkosten ist dies nicht möglich. Sie fallen nur mittelbar für die Erstellung bestimmter Kostenträger an und werden im Rahmen der Kostenstellenrechnung über die innerbetriebliche Leistungsverrechnung auf die die Kostenträger erstellenden Kostenstellen verrechnet. Von dort erfolgt im Rahmen der Kostenträgerrechnung die Weiterverrechnung auf die Kostenträger.

Die Gliederung in Einzel- und Gemeinkosten ist für die weitere Verfahrensweise der Kostenverrechnung in der Kostenstellen- und Kostenträgerrechnung von Bedeutung.

Die Kostengliederung nach den betrieblichen Funktionsbereichen gliedert die Kosten in Materialkosten, Fertigungskosten sowie Verwaltungs- und Vertriebskosten und kann für die Vorbereitung der Weiterverrechnung der Gemeinkosten im Rahmen der Kostenstellenrechnung von Bedeutung sein.

Die Kostengliederung nach der Verbrauchsart richtet sich nach den verbrauchten Produktionsfaktoren und unterscheidet Personalkosten, Fremdleistungskosten, Sachkosten (Materialkosten und Betriebsmittelkosten), Kapitalkosten sowie Kosten aus öffentlichen Abgaben. Sie ist erforderlich für die Einhaltung der Grundsätze der Eindeutigkeit und Disjunktheit, nach welchen es bei Zuordnung von Kosten zu kostenverursachenden Produktionsfaktoren nicht zu Überschneidungen kommen darf. Es muss jederzeit möglich sein, aus der Kostenartenrechnung die kostenverursachenden Produktionsfaktoren ermitteln zu können.

Weiteres Gliederungskriterium ist die Liquiditätswirksamkeit: Die kalkulatorischen Zusatzkosten der Kosten- und Leistungsrechnung haben keine Auswirkung auf die Liquidität, während den kalkulatorischen Anderskosten z. T. liquiditätswirksame Aufwände der Finanzbuchführung zugrunde liegen, jedoch in anderer Höhe.

2.7 Kostenrechnung und Betriebsabrechnungsbogen

2.7.1 Aufgabe der Kostenstellenrechnung

Die Kostenstellenrechnung ist der zweite Teilbereich der Kostenrechnung. Bei der Kostenstellenrechnung wird folgende Frage gestellt: „Wo sind die Kosten entstanden?“

In der Kostenstellenrechnung wird sich den Gemeinkosten gewidmet.

Einzelkosten können unmittelbar einzelnen Kostenträgern zugeordnet und daher nach dem Kostenverursachungsprinzip direkt auf diese verrechnet werden. Eine Zwischenverrechnung auf Kostenstellen ist nicht erforderlich.

Die Gemeinkosten hingegen können den Kostenträgern nicht unmittelbar zugeordnet werden. Sie müssen daher im Rahmen der Kostenstellenrechnung durch innerbetriebliche Leistungsverrechnung auf die kostenverursachenden Kostenstellen und von diesen weiter auf die Kostenträger verrechnet werden. Die konkrete Zuordnung kann dabei mithilfe von Verteilungsschlüsseln erfolgen. Dieses Verfahren wird an folgendem Beispiel erläutert:

Die Stadtwerke liefern in einem Monat für 7.500 EUR Fernwärme an ein Forschungsinstitut. Mit dieser Fernwärme werden vier große Forschungshallen (Kostenstellen 1–4) geheizt.

Forschungshalle 1 = Kostenstelle 1 (umbauter Raum 5.000 m^3)

Forschungshalle 2 = Kostenstelle 2 (umbauter Raum 7.000 m^3)

Forschungshalle 3 = Kostenstelle 3 (umbauter Raum 8.000 m^3)

Forschungshalle 4 = Kostenstelle 4 (umbauter Raum 10.000 m^3)

Es stellt sich die Frage, welcher Anteil der Heizkosten (7.500 EUR), auf welche der Forschungshallen entfällt, d. h., mit welchen Kostenanteilen die Kostenstellen belastet werden müssen. Im ersten Schritt ist der entsprechende Verteilerschlüssel zu bestimmen. Die Bezugsgröße für die Ermittlung des Verteilerschlüssels ist der umbaute Raum, da die Kostenhöhe vom umbauten Raum abhängig ist.

Im ersten Schritt wird die Gesamtheit des umbauten Raums bestimmt.

5.000 m^3 + 7.000 m^3 + 8.000 m^3 + 10.000 m^3 = 30.000 m^3

Damit beträgt der umbaute Raum 30.000 m^3.

Im zweiten Schritt werden die Heizkosten pro Kubikmeter berechnet.

$$\frac{7.500,00\ EUR}{30.000,00\ m^3} = \frac{0,25\ EUR}{m^3}$$

Die Heizkosten pro m^3 umbauten Raum betragen damit 0,25 EUR.

Im dritten Schritt werden die Heizkosten auf die einzelnen Forschungshallen bzw. Kostenstellen verteilt.

Halle 1: 5.000 $\cancel{m^3}$ * 0,25 EUR/$\cancel{m^3}$ = 1.250,00 EUR
Halle 2: 7.000 $\cancel{m^3}$ * 0,25 EUR/$\cancel{m^3}$ = 1.750,00 EUR
Halle 3: 8.000 $\cancel{m^3}$ * 0,25 EUR/$\cancel{m^3}$ = 2.000,00 EUR
Halle 4: 10.000 $\cancel{m^3}$ * 0,25 EUR/$\cancel{m^3}$ = 2.500,00 EUR

Damit lautet der Verteilerschlüssel 5 : 7 : 8 : 10. Dieser Verteilerschlüssel wird dann in der Zukunft bei der Verteilung der Heizkosten auf die vier Forschungshallen verwendet.

2.7.2 Bildung von Kostenstellen

Eine Kostenstelle ist als ein kostenrechnerisch selbstständig behandelbarer Teilabrechnungsbereich zu verstehen, in welchem durch die Erstellung von Kostenträgern (Produkten) Kosten verursacht werden.

Die Bildung von Kostenstellen kann nach örtlichen Kriterien erfolgen. Auch eine Orientierung an organisatorischen Kriterien anhand der Aufbauorganisation ist möglich, genauso wie die Bildung von Kostenstellen anhand funktionaler Kriterien. Die Kostenstellen werden in diesem Falle unter Orientierung an den betrieblichen Funktionsbereichen Beschaffung, Fertigung, Vertrieb und Verwaltung gebildet. Die genannten Vorgehensweisen lassen sich miteinander kombinieren. Zur Durchführung der innerbetrieblichen Leistungsverrechnung ist eine Unterteilung der Kostenstellen nach leistungstechnischen Gesichtspunkten erforderlich: Die von Hauptkostenstellen erbrachten Leistungen sind unmittelbar für die Herstellung und den Absatz der Kostenträger erforderlich. Im Falle einer funktionsorientierten Kostenstellenbildung stellen die Kostenstellen Beschaffung, Fertigung, Vertrieb und Verwaltung die Hauptkostenstellen dar.

Nebenkostenstellen dienen ebenso der Fertigung und dem Absatz von Kostenträgern, welche jedoch lediglich als Nebenprodukte anzusehen sind und im Rahmen des betrieblichen Leistungserstellungsprozesses zur Erstellung der Hauptprodukte anfallen. Dies kann insbesondere Kuppelprodukte und Abfallgüter betreffen. Beispiel ist die Erzeugung und Veräußerung von Metallplatten, die im Rahmen der Produktion von Lastkraftwagen als Materialreste anfallen und für die Produktion der Lastwagen nicht verwendet werden können.

Die Leistungen von Hilfskostenstellen stellen Vorleistungen für die Erzeugung der Kostenträger durch die Haupt- und Nebenkostenstellen dar. Ihre Gemeinkosten werden daher im Rahmen der innerbetrieblichen Leistungsverrechnung auf Haupt- und Nebenkostenstellen verrechnet.

Allgemeine Hilfskostenstellen erbringen Leistungen gegenüber sämtlichen Haupt- und Nebenkostenstellen des Betriebes. Beispiele sind die Personalabteilung, die Betriebskantine, die Werkstatt oder das Immobilienmanagement. Spezielle Hilfskostenstellen erbringen ihre Leistungen nur gegenüber bestimmten Haupt- und Nebenkostenstellen. Ein Beispiel kann die Reparaturwerkstatt sein, sofern deren Leistungen nur gegenüber bestimmten Betriebsbereichen erbracht werden.

Eine Unterteilung nach abrechnungstechnischen Gesichtspunkten geht in ähnlicher Weise vor: Die Vorkostenstellen entsprechen den Hilfskostenstellen. Die in ihnen anfallenden Gemeinkosten werden im Rahmen der innerbetrieblichen Leistungsverrechnung auf die Endkostenstellen verrechnet. Unter den Endkostenstellen sind die Haupt- und Nebenkostenstellen zu verstehen. Die Bezeichnung als Endkostenstelle leitet sich daraus ab, dass auf diese Kostenstellen im Rahmen der innerbetrieblichen Leistungserstellung die gesamten Gemeinkosten verrechnet werden.

2.7.3 Durchführung der Kostenstellenrechnung

Zunächst werden die Gemeinkosten auf die Vor- und Endkostenstellen entsprechend ihrer Entstehung verrechnet. Auf diese Weise erhält man die primären Gemeinkosten der Vor- und Endkostenstellen. Dieser Vorgang wird als primäre Kostenverrechnung bezeichnet.

Im Rahmen der innerbetrieblichen Leistungsverrechnung werden im Folgenden die primären Gemeinkosten der Vorkostenstellen entsprechend der Leistungsbeziehungen zwischen den Kostenstellen auf die Endkostenstellen verrechnet. Dieser Vorgang wird als sekundäre Kostenverrechnung bezeichnet. Ergebnis sind die sekundären Gemeinkosten der Endkostenstellen, welche gemeinsam mit den primären Gemeinkosten der Endkostenstellen die Grundlage für die Weiterverrechnung der Gemeinkosten auf die Kostenträger bilden.

Im Rahmen der innerbetrieblichen Leistungsverrechnung ist insbesondere die Frage nach den Verteilungsschlüsseln zur Darstellung der Leistungsbeziehungen zwischen den Kostenstellen zu beantworten. Instrument der betrieblichen Leistungsverrechnung ist der Betriebsabrechnungsbogen.

2.7.3.1 Anbauverfahren oder auch Blockumlageverfahren

Das Anbauverfahren ist das „einfachste" Verfahren, da die Leistungsbeziehungen zwischen den vorgelagerten oder auch Vorkostenstellen nicht berücksichtigt werden.

Beim Anbauverfahren (auch Blockumlageverfahren) werden die primären Gemeinkosten der Vorkostenstellen innerhalb des Betriebsabrechnungsbogens direkt auf die Endkostenstellen umgelegt.

Der Verrechnungssatz ergibt sich durch Division der primären Gemeinkosten der jeweiligen Vorkostenstelle durch die Anzahl der durch diese an die Endkostenstellen insgesamt abgegebenen Leistungseinheiten:

$$q = \frac{\text{Primäre Gemeinkosten der Vorkostenstelle}}{\text{Anzahl der insgesamt durch die Vorkostenstelle an die Endkostenstellen abgegebenen Leistungseinheiten}}$$

$$q = \frac{\text{Primäre Gemeinkosten der Vorkostenstelle}}{\text{Gesamtleistungsabgabe der Vorkostenstelle an die Endkostenstellen}}$$

q... Verrechnungssatz

Beispiel:

Die Vorkostenstelle Personalverwaltung stellt gegenüber den Vor- und Endkostenstellen insgesamt 16 VZÄ (Vollzeitäquivalente) zur Verfügung, wobei die Endkostenstelle Fachbereich A acht VZÄ erhält und die Endkostenstelle Fachbereich S vier VZÄ. Da Leistungsbeziehungen zwischen Vorkostenstellen nicht berücksichtigt werden können, ist es nicht möglich, die vier an die Vorkostenstelle Hausmeisterbereich abgegebenen VZÄ in die innerbetriebliche Leistungsverrechnung einzubeziehen. An die Endkostenstellen werden insgesamt zwölf VZÄ abgegeben. Die primären Gemeinkosten der Vorkostenstelle Personalverwaltung betragen 600.000,00 EUR.

Die Vorkostenstelle Hausmeisterbereich hat im betrachteten Zeitraum 4.000 Werkstattstunden gegenüber der Endkostenstelle Fachbereich A und 2.000 Werkstattstunden gegenüber der Endkostenstelle Fachbereich S erbracht. Die primären Gemeinkosten der Vorkostenstelle Hausmeisterbereich betragen 300.000,00 EUR.

Die primären Gemeinkosten des Fachbereiches A betragen 1.200.000 EUR und die des Fachbereiches S 600.000 EUR.

In der folgenden Grafik werden die Leistungsbeziehungen dargestellt.

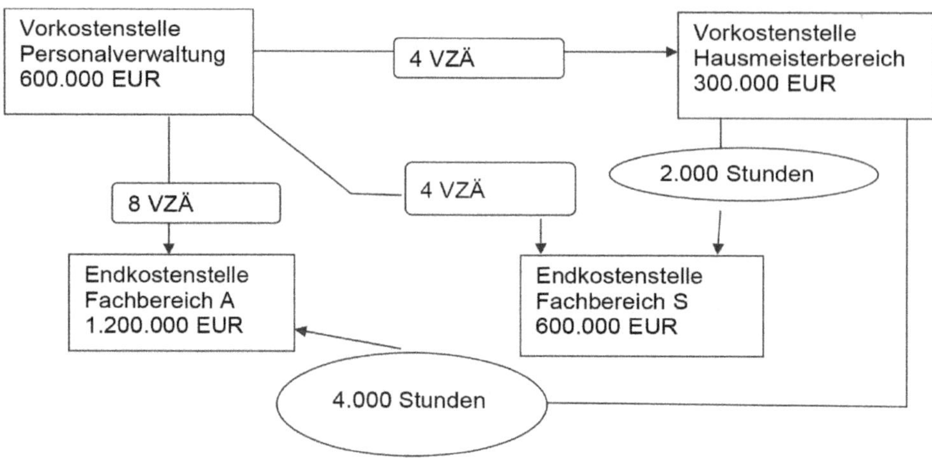

Die Verrechnungssätze werden wie folgt gebildet:

$$q_{Personalverwaltung} = \frac{600.000{,}00\ EUR}{12\ VzÄ} = 50.000{,}00\ EUR/VZÄ$$

$$q_{Hausmeisterbereich} = \frac{300.000{,}00\ EUR}{6.000\ Stunden} = 50{,}00\ EUR/Stunde$$

Durch Multiplikation der an die jeweiligen Endkostenstelle abgegebenen Anzahl an Leistungseinheiten mit dem Verrechnungssatz der Vorkostenstelle erhält man die an die Endkostenstellen im Betriebsabrechnungsbogen zu verrechnende Umlage:

Umlage der Vorkostenstelle Personalverwaltung an die Endkostenstelle Fachbereich A
= 8 VZÄ * 50.000,00 EUR/VZÄ = 400.000,00 EUR

Umlage der Vorkostenstelle Personalverwaltung an die Endkostenstelle Fachbereich S
= 4 VZÄ * 50.000,00 EUR/VZÄ = 200.000,00 EUR

Umlage der Vorkostenstelle Hausmeisterbereich an die Endkostenstelle Fachbereich A
= 4.000 Stunden * 50,00 EUR/Stunde = 200.000,00 EUR

Umlage der Vorkostenstelle Hausmeisterbereich an die Endkostenstelle Fachbereich S
= 2.000 Stunden * 50,00 EUR/Stunde = 100.000,00 EUR

Betriebsabrechnungsbogen

Kostenstellen	**Vorkostenstellen**		**Endkostenstellen**	
Kostenarten	Personalverwaltung	Hausmeisterbereich	Fachbereich A	Fachbereich S
Primäre Gemeinkosten	600.000,00 EUR	300.000,00 EUR	1.200.000,00 EUR	600.000,00 EUR
Umlage Personalverwaltung	–600.000,00 EUR		400.000,00 EUR	200.000,00 EUR
Umlage Hausmeisterbereich		–300.000,00 EUR	200.000,00 EUR	100.000,00 EUR
∑ Sekundäre Gemeinkosten			600.000,00 EUR	300.000,00 EUR
∑ Primäre + Sekundäre Gemeinkosten			1.800.000,00 EUR	900.000,00 EUR

2.7.3.2 *Stufenleiterverfahren oder auch Treppenverfahren*

Das Stufenleiterverfahren (auch: Treppenverfahren) ermöglicht es, Leistungsbeziehungen zwischen den Vorkostenstellen einseitig entsprechend ihrer Anordnung im Betriebsabrechnungsbogen darzustellen. Dies stellt den Vorteil des Verfahrens gegenüber dem Anbauverfahren dar. Zur Erzielung eines möglichst exakten Ergebnisses müssen die Vorkostenstellen mit der größten innerbetrieblichen Leistungsabgabe gegenüber anderen Vorkostenstellen dabei möglichst weit links im Betriebsabrechnungsbogen angeordnet werden.

Der Verrechnungssatz ergibt sich aus dem Quotienten aus der Summe der primären Gemeinkosten der Vorkostenstelle und den von vorgelagerten Vorkostenstellen auf die Vorkostenstelle verrechneten sekundären Gemeinkosten einerseits sowie der Anzahl der an die Endkostenstellen und an nachgelagerte Vorkostenstellen insgesamt abgegebenen Leistungseinheiten andererseits:

$$q = \frac{\text{Primäre Gemeinkosten der Vorkostenstelle + von vorgelagerten Vorkostenstellen auf die Vorkostenstellen verrechnete sekundäre Gemeinkosten}}{\text{Anzahl der insgesamt an die Endkostenstellen abgegebenen Leistungseinheiten + an nachgelagerte Vorkostenstellen abgegebene Leistungseinheiten}}$$

$$q = \frac{\text{Primäre Gemeinkosten der Vorkostenstelle + von vorgelagerten Vorkostenstellen auf die Vorkostenstelle verrechnete sekundäre Gemeinkosten}}{\text{Gesamtleistungsabgabe der Vorkostenstelle an die Endkostenstellen + an nachgelagerte Vorkostenstellen}}$$

q... Verrechnungssatz

Im Rahmen des Stufenleiterverfahrens kann am vorgestellten Beispiel nun auch die Leistungsabgabe der Vorkostenstelle Personalverwaltung von vier VZÄ an den Hausmeisterbereich berücksichtigt werden. Es werden von der Vorkostenstelle Personalverwaltung insgesamt 16 VZÄ an die Endkostenstellen sowie die vorgelagerte Vorkostenstelle abgegeben.

Die Verrechnungssätze werden wie folgt gebildet:

$$q_{\text{Personalverwaltung}} = \frac{600.000{,}00 \text{ EUR}}{16 \text{ VzÄ}} = 37.500{,}00 \text{ EUR/VZÄ}$$

Umlage der Vorkostenstelle Personalverwaltung an die Vorkostenstelle Hausmeisterbereich
= 4 ~~VZÄ~~ * 37.500,00 EUR/~~VZÄ~~ = 150.000,00 EUR

Umlage der Vorkostenstelle Personalverwaltung an die Endkostenstelle Fachbereich A
= 8 ~~VZÄ~~ * 37.500,00 EUR/~~VZÄ~~ = 300.000,00 EUR

Umlage der Vorkostenstelle Personalverwaltung an die Endkostenstelle Fachbereich S
= 4 ~~VZÄ~~ * 37.500,00 EUR/~~VZÄ~~ = 150.000,00 EUR

Aufgrund der durch die Vorkostenstelle Personalverwaltung erhaltenen Umlage müssen aus der Vorkostenstelle Hausmeisterbereich insgesamt 450.000,00 EUR (300.000 EUR primäre Gemeinkosten zuzüglich der Belastung durch die Vorkostenstelle Personalverwaltung in Höhe von 150.000 EUR) auf die Endkostenstellen Fachbereich A und Fachbereich S umgelegt werden (siehe Betriebsabrechnungsbogen).

$$q_{\text{Hausmeisterbereich}} = \frac{450.000{,}00 \text{ EUR}}{6.000 \text{ Stunden}} = 75{,}00 \text{ EUR/Stunde}$$

Umlage der Vorkostenstelle Hausmeisterbereich an die Endkostenstelle Fachbereich A
= 4.000 ~~Stunden~~ * 75,00 EUR/~~Stunde~~ = 300.000,00 EUR

Umlage der Vorkostenstelle Hausmeisterbereich an die Endkostenstelle Fachbereich S
= 2.000 ~~Stunden~~ * 75,00 EUR/~~Stunde~~ = 150.000,00 EUR

Betriebsabrechnungsbogen

Kostenstellen	**Vorkostenstellen**		**Endkostenstellen**	
Kostenarten	Personalverwaltung EUR	Hausmeisterbereich EUR	Fachbereich A EUR	Fachbereich S EUR
Primäre Gemeinkosten	600.000,00	300.000,00	1.200.000,00	600.000,00
Umlage Personalverwaltung	– 600.000,00	150.000,00	300.000,00	150.000,00
Umlage Hausmeisterbereich		– 450.000,00	300.000,00	150.000,00
∑ Sekundäre Gemeinkosten			600.000,00	300.000,00
∑ Primäre + Sekundäre Gemeinkosten			1.800.000,00	900.000,00

2.7.3.3 *Mathematisches Verfahren*

Das mathematische Verfahren (auch Gleichungsverfahren) bietet die Möglichkeit, auch alle wechselseitigen Leistungsbeziehungen zwischen den Vorkostenstellen zu erfassen, sodass eine verursachungsgerechte Verrechnung der gegenseitigen Leistungsbeziehungen möglich ist.

Grundlage ist die Annahme, dass der Wert der insgesamt abgegebenen Leistungen einer Vorkostenstelle mathematisch der Summe aus den primären Gemeinkosten der Vorkostenstelle und den von anderen Vorkostenstellen durch die betrachtete Vorkostenstelle empfangenen Leistungen entspricht. Der Wert der insgesamt abgegebenen Leistungen ergibt sich dabei aus deren Anzahl multipliziert mit dem Verrechnungspreis der Vorkostenstelle. Der Wert, der von anderen Vorkostenstellen empfangenen Leistungen lässt sich durch die Multiplikation von deren Verrechnungspreisen mit der Anzahl der durch diese Vorkostenstellen an die betrachtete Vorkostenstelle abgegebenen Leistungseinheiten ermitteln. Auf dieser Grundlage ergibt sich ein System linearer Gleichungen, welches im Falle zweier Vorkostenstellen folgende Grundstruktur hat:

$$X_j * q_j = PK_j + X_{ij} * q_i$$

$$X_{ij} = \frac{X_j * q_j - PK_j}{q_i}$$

X_j... Gesamtleistung der Vorkostenstelle j
q_j... Verrechnungspreis der Vorkostenstelle j
Pk_j... Primäre Gemeinkosten der Vorkostenstelle j
X_{ij}... Leistungsabgabe der Vorkostenstelle i an j
q_i... Verrechnungspreis der Vorkostenstelle i

Die Zusammenhänge sollen anhand des bisherigen Beispiels verdeutlicht werden. Hier können nun auch 300 Werkstattstunden, die durch den Hausmeisterbereich für die Personalverwaltung erbracht worden sind, verrechnet werden, sodass sich die betrachtete Gesamtleistungsabgabe der Werkstatt auf 6.300 Stunden erhöht:

Leistungsabgabe des Hausmeisterbereiches an die Personalverwaltung:

$$X_{Personalverwaltung} * q_{Personalverwaltung} = PK_{Personalverwaltung} + X_{HausmeisterbereichPersonalverwaltung} * q_{Hausmeisterbereich}$$

Leistungsabgabe der Personalverwaltung an den Hausmeisterbereich:

$$X_{Hausmeisterbereich} * q_{Hausmeisterbereich} = PK_{Hausmeisterbereich} + X_{PersonalverwaltungHausmeisterbereich} * q_{Personalverwaltung}$$

Umstellen nach $q_{Personalverwaltung}$:

$$X_{Personalverwaltung} * q_{Personalverwaltung} = PK_{Personalverwaltung} + X_{HausmeisterbereichPersonalverwaltung} * q_{Hausmeisterbereich}$$

$$16 \text{ VZÄ} * q_{Personalverwaltung} = 600.000{,}00 \text{ EUR} + 300 \text{ Stunden} * q_{Hausmeisterbereich}$$

$$q_{Personalverwaltung} = \frac{600.000{,}00 \text{ EUR} + 300 \text{ Stunden} * q_{Hausmeisterbereich}}{16 \text{ VZÄ}}$$

Einsetzen von $q_{Personalverwaltung}$ in die Gleichung für die Leistungsabgabe der Personalverwaltung an den Hausmeisterbereich zur Ermittlung von $q_{Hausmeisterbereich}$:

$$X_{Hausmeisterbereich} * q_{Hausmeisterbereich} = PK_{Hausmeisterbereich} + X_{PersonalverwaltungHausmeisterbereich} * q_{Personalverwaltung}$$

$$6.300 \text{ Stunden} * q_{Hausmeisterbereich} = 300.000{,}00 \text{ EUR} + 4 \text{ VZÄ} * q_{Personalverwaltung}$$

$$6.300 \text{ Stunden} * q_{Hausmeisterbereich} = 300.000{,}00 \text{ EUR} + 4 \sout{\text{VZÄ}} * \frac{600.000{,}00 \text{ EUR} + 300 \text{ Stunden} * q_{Hausmeisterbereich}}{16 \sout{\text{VZÄ}}}$$

$$6.300 \text{ Stunden} * q_{Hausmeisterbereich} = 300.000{,}00 \text{ EUR} + 0{,}25 * (600.000{,}00 \text{ EUR} + 300 \text{ Stunden} * q_{Hausmeisterbereich})$$

$$6.300 \text{ Stunden} * q_{Hausmeisterbereich} = 300.000{,}00 \text{ EUR} + 150.000{,}00 \text{ EUR} + 75 \text{ Stunden} * q_{Hausmeisterbereich}$$

$$6.300 \text{ Stunden} * q_{Hausmeisterbereich} = 450.000{,}00 \text{ EUR} + 75 \text{ Stunden} * q_{Hausmeisterbereich}$$

$$6.225 \text{ Stunden} * q_{Hausmeisterbereich} = 450.000{,}00 \text{ EUR}$$

$$q_{Hausmeisterbereich} = \frac{450.000{,}00 \text{ EUR}}{6.225 \text{ Stunden}}$$

$$q_{Hausmeisterbereich} = 72{,}289156627 \text{ EUR/Stunde}$$

Ermittlung von $q_{Personalverwaltung}$:

$$16 \text{ VZÄ} * q_{Personalverwaltung} = 600.000{,}00 \text{ EUR} + 300 \text{ Stunden} * q_{Hausmeisterbereich}$$

$$16 \text{ VZÄ} * q_{Personalverwaltung} = 600.000{,}00 \text{ EUR} + 300 \sout{\text{Stunden}} * 72{,}289156627 \text{ EUR/}\sout{\text{Stunde}}$$

$$16 \text{ VZÄ} * q_{Personalverwaltung} = 600.000{,}00 \text{ EUR} + 21.686{,}7469881 \text{ EUR}$$

$$16 \text{ VZÄ} * q_{Personalverwaltung} = 621.686{,}7469881 \text{ EUR}$$

$$q_{Personalverwaltung} = \frac{621.686{,}7469881 \text{ EUR}}{16 \text{ VZA}}$$

$$q_{Personalverwaltung} = 38.855{,}421686756 \text{ EUR/VZÄ}$$

Berechnung der Umlagen zwischen den Vorkostenstellen:
Umlage der Vorkostenstelle Personalverwaltung an die Vorkostenstelle Hausmeisterbereich
= 4 ~~VZÄ~~ * 38.855,421686756 EUR/~~VZÄ~~ = 155.421,686747024 EUR ~ 155.421,69 EUR

Umlage der Vorkostenstelle Hausmeisterbereich an die Vorkostenstelle Personalverwaltung
= 300 ~~Stunden~~ * 72,289156627 EUR/~~Stunde~~ = 21.686,7469881 EUR ~ 21.686,75 EUR

Eine weitere Lösungsmöglichkeit:

Leistungsabgabe des Hausmeisterbereiches an die Personalverwaltung:

$$X_{Personalverwaltung} * q_{Personalverwaltung} = PK_{Personalverwaltung} + X_{HausmeisterbereichPersonalverwaltung} * q_{Hausmeisterbereich}$$

Leistungsabgabe der Personalverwaltung an den Hausmeisterbereich:

$$X_{Hausmeisterbereich} * q_{Hausmeisterbereich} = PK_{Hausmeisterbereich} + X_{PersonalverwaltungHausmeisterbereich} * q_{Personalverwaltung}$$

Umstellen nach $q_{Hausmeisterbereich}$:

$$X_{Hausmeisterbereich} * q_{Hausmeisterbereich} = PK_{Hausmeisterbereich} + X_{PersonalverwaltungHausmeisterbereich} * q_{Personalverwaltung}$$

$$6.300 \text{ Stunden} * q_{Hausmeisterbereich} = 300.000{,}00 \text{ EUR} + 4 \text{ VZÄ} * q_{Personalverwaltung}$$

$$q_{Hausmeisterbereich} = \frac{300.000{,}00 \text{ EUR} + 4 \text{ VZÄ} * q_{Personalverwaltung}}{6.300 \text{ Stunden}}$$

Einsetzen von $q_{Hausmeisterbereich}$ in die Gleichung für die Leistungsabgabe des Hausmeisterbereiches an die Personalverwaltung zur Ermittlung von $q_{Personalverwaltung}$:

$$X_{Personalverwaltung} * q_{Personalverwaltung} = PK_{Personalverwaltung} + X_{HausmeisterbereichPersonalverwaltung} * q_{Hausmeisterbereich}$$

$$16 \text{ VZÄ} * q_{Personalverwaltung} = 600.000{,}00 \text{ EUR} + 300 \text{ Stunden} * q_{Hausmeisterbereich}$$

$$16 \text{ VZÄ} * q_{Personalverwaltung} = 600.000{,}00 \text{ EUR} + 300 \sout{\text{Stunden}} * \frac{300.000{,}00 \text{ EUR} + 4 \text{ VZÄ} * q_{Personalverwaltung}}{6.300 \sout{\text{Stunden}}}$$

$$16 \text{ VZÄ} * q_{Personalverwaltung} = 600.000{,}00 \text{ EUR} + \frac{90.000.000{,}00 \text{ EUR} + 1.200 \text{ VZÄ} * q_{Personalverwaltung}}{6.300}$$

$$16 \text{ VZÄ} * q_{Personalverwaltung} = 600.000{,}00 \text{ EUR} + 14.285{,}714285714 \text{ EUR} + 0{,}19047619 \text{ VZÄ} * q_{Personalverwaltung}$$

$$15{,}80952381 \text{ VZÄ} * q_{Personalverwaltung} = 600.000{,}00 \text{ EUR} + 14.285{,}714285714 \text{ EUR}$$

$$15{,}80952381 \text{ VZÄ} * q_{Personalverwaltung} = 614.285{,}714285714 \text{ EUR}$$

$$q_{Personalverwaltung} = \frac{614.285{,}714285714 \text{ EUR}}{15{,}80952381 \text{ VZÄ}}$$

$$= 38.855{,}421685577 \text{ EUR/VZÄ}$$

Ermittlung von $q_{Hausmeisterbereich}$:

$$X_{Hausmeisterbereich} * q_{Hausmeisterbereich} = PK_{Hausmeisterbereich} + X_{PersonalverwaltungHausmeisterbereich} * q_{Personalverwaltung}$$

$$6.300 \text{ Stunden} * q_{Hausmeisterbereich} = 300.000{,}00 \text{ EUR} + 4 \text{ VZÄ} * q_{Personalverwaltung}$$

$$6.300 \text{ Stunden} * q_{Hausmeisterbereich} = 300.000{,}00 \text{ EUR} + 4 \sout{\text{VZÄ}} * 38.855{,}421685577 \text{ EUR/}\sout{\text{VZÄ}}$$

$$6.300 \text{ Stunden} * q_{Hausmeisterbereich} = 300.000{,}00 \text{ EUR} + 155.421{,}686742307 \text{ EUR}$$

$$6.300 \text{ Stunden} * q_{Hausmeisterbereicht} = 455.421{,}686742307 \text{ EUR}$$

$$q_{Hausmeisterbereich} = \frac{455.421{,}686742307 \text{ EUR}}{6.300 \text{ Stunden}}$$

$$q_{Hausmeisterbereich} = 72{,}289156626 \text{ EUR/Stunde}$$

Berechnung der Umlagen zwischen den Vorkostenstellen:
Umlage der Vorkostenstelle Personalverwaltung an die Vorkostenstelle Hausmeisterbereich

= 4 ~~VZÄ~~ * 38.855,421685577 EUR/~~VZÄ~~
= 155.421,686742308 EUR ~ 155.421,69 EUR

Umlage der Vorkostenstelle Hausmeisterbereich an die Vorkostenstelle Personalverwaltung

= 300 ~~Stunden~~ * 72,289156626 EUR/~~Stunde~~
= 21.686,7469878 EUR ~ 21.686,75 EUR

Berechnung der Umlagen an die Endkostenstellen:
Es ergibt sich somit laut Betriebsabrechnungsbogen ein von der Vorkostenstelle Personalverwaltung an die Endkostenstellen umzulegender Betrag i. H. v. 466.265,06 EUR.

Durch die Vorkostenstelle Hausmeisterbereich sind 433.734,94 EUR an die Endkostenstellen umzulegen. Die Umlagen können anhand der Verrechnungspreise berechnet werden:

Umlage der Vorkostenstelle Personalverwaltung an die Endkostenstelle Fachbereich A:
= 8 ~~VZÄ~~ * 38.855,421685577 EUR/~~VZÄ~~
= 310.843,373484616 EUR ~ 310.843,37 EUR

Umlage der Vorkostenstelle Personalverwaltung an die Endkostenstelle Fachbereich S
= 4 ~~VZÄ~~ * 38.855,421685577 EUR/~~VZÄ~~
= 155.421,686742308 EUR ~ 155.421,69 EUR

Umlage der Vorkostenstelle Hausmeisterbereich an die Endkostenstelle Fachbereich A
= 4.000 ~~Stunden~~ * 72,289156626 EUR/~~Stunde~~
= 289.156,626504 EUR ~ 289.156,63 EUR

Umlage der Vorkostenstelle Hausmeisterbereich an die Endkostenstelle Fachbereich S
= 2.000 ~~Stunden~~ * 72,289156626 EUR/~~Stunde~~
= 144.578,313252 EUR ~ 144.578,31 EUR

Betriebsabrechnungsbogen

Kostenstellen	**Vorkostenstellen**		**Endkostenstellen**	
Kostenarten	Personalverwaltung	Hausmeisterbereich	Fachbereich A	Fachbereich S
Primäre Gemeinkosten	600.000,00 EUR	300.000,00 EUR	1.200.000,00 EUR	600.000,00 EUR
Verrechnung zwischen den Vorkostenstellen	–155.421,69 EUR	155.421,69 EUR		
	21.686,75 EUR	–21.686,75 EUR		
Umlage Personal-Verwaltung	–466.265,06 EUR		310.843,37 EUR	155.421,69 EUR
Umlage Hausmeisterbereich		–433.734,94 EUR	289.156,63 EUR	144.578,31 EUR
∑ Sekundäre Gemeinkosten			600.000,00 EUR	300.000,00 EUR
∑ Primäre + Sekundäre Gemeinkosten			1.800.000,00 EUR	900.000,00 EUR

Es wird ein weiteres Beispiel zur internen Leistungsverrechnung vorgestellt.

Eine Kommune betreibt viele Aufgaben noch in Eigenregie. Für die beiden Kostenstellen Schule und Kindergarten sollen die monatlichen innerbetrieblichen Verrechnungssätze oder Verrechnungspreise ermittelt werden. Folgende Angaben stehen zur Verfügung:

Kostenstellen	**Instandhaltung**	**Grundstücksverwaltung**	**Schule**	**Kindergarten**
Primäre Gemeinkosten (EUR/Monat)	60.000	50.000		
Erbrachte Stunden der Kostenstelle Instandhaltung pro Monat (h/Monat)		100	300	200
Bewirtschaftete Grundfläche (qm/Monat)	500		4.000	6.000

Die innerbetrieblichen Verrechnungssätze sollen nach dem Anbauverfahren (Blockumlageverfahren), Stufenleiterverfahren (Treppenverfahren) und dem mathematischen Verfahren ermittelt werden.

Im ersten Schritt wird ein entsprechendes Schaubild gefertigt. Die Leistungsbeziehungen werden entsprechend eingetragen.

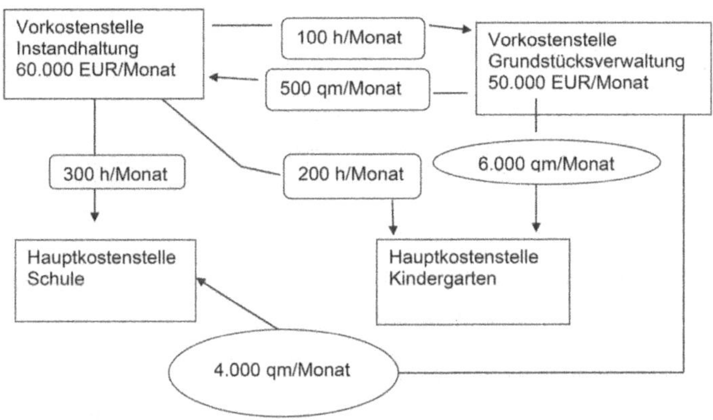

Im zweiten Schritt wird das Anbauverfahren oder Blockumlageverfahren durchgeführt. Danach erfolgt die Umlage der auf den Vorkostenstellen angefallenen Gemeinkosten im Block auf die Kostenstellen Schule und Kindergarten. Der Leistungsaustausch zwischen den Vorkostenstellen Instandhaltung und Grundstücksverwaltung wird ignoriert, d. h. nicht berücksichtigt.

Die Vorkostenstelle Instandhaltung gibt monatlich an die Schule 300 h und an den Kindergarten 200 h ab. Die Abgabe an die Vorkostenstelle Grundstücksverwaltung wird bei diesem Verfahren ignoriert. Die primären Gemeinkosten, d. h. die Kosten, die die Instandhaltung von außen bezogen hat, betragen 60.000 EUR im Monat.

Der Verrechnungssatz beträgt damit:

(60.000 EUR/Monat) : (300 h/Monat + 200 h/Monat) = 120 EUR/h

Die Kostenstellen Schule und Kindergarten werden durch die Instandhaltung wie folgt belastet:

Schule:	300 Stunden/Monat	*	120 EUR/Stunde	=	36.000 EUR/Monat
Kindergarten:	200 Stunden/Monat	*	120 EUR/Stunde	=	24.000 EUR/Monat

Die Vorkostenstelle Grundstücksverwaltung verwaltet die 4.000 qm Schulfläche und die Kindergartenflächen in einer Größe von 6.000 qm. Die Dienstleistung der Grundstücksverwaltung an die Vorkostenstelle Instandhaltung wird ignoriert.

Der Verrechnungssatz beträgt damit:

(50.000 EUR/Monat) : (4.000 qm/Monat + 6.000 qm/Monat)
= 5 EUR/qm

Die Kostenstellen Schule und Kindergarten werden durch die Grundstücksverwaltung wie folgt belastet:

Schule:	4.000 qm/Monat	*	5 EUR/qm	=	20.000 EUR/Monat
Kindergarten:	6.000 qm/Monat	*	5 EUR/qm	=	30.000 EUR/Monat

Im dritten Schritt wird das Treppenverfahren oder Stufenleiterverfahren durchgeführt. Bei diesem Verfahren wird der Leistungsaustausch zwischen den Vorkostenstellen in eine Richtung berücksichtigt. Der Rückfluss wird ignoriert. Die Vorkostenstellen sind so anzuordnen, dass der Leistungsfluss von nachfolgend angeordneten Vorkostenstellen wertmäßig möglichst gering ist.

Bestimmung des Leistungsflusses:

Der Leistungsfluss von der Vorkostenstelle Instandhaltung zu der Vorkostenstelle Grundstücksverwaltung bestimmt sich wie folgt:

(60.000 EUR/Monat *100 Stunden/Monat) : 600 Stunden/Monat
= 10.000 EUR/Monat

Der Leistungsfluss von der Vorkostenstelle Grundstücksverwaltung zu der Vorkostenstelle Instandhaltung berechnet sich wie folgt:

(50.000 EUR/Monat * 500 qm/Monat) : 10.500 qm/Monat
= 2.380,95 EUR/Monat

Der Leistungsfluss von der Instandhaltung zur Grundstücksverwaltung ist damit wertmäßig größer. Damit wird der geringere wertmäßige Leistungsfluss von der Grundstücksverwaltung zur Instandhaltung nicht berücksichtigt. Im folgenden Schaubild werden die zu berücksichtigenden Leistungsflüsse dargestellt:

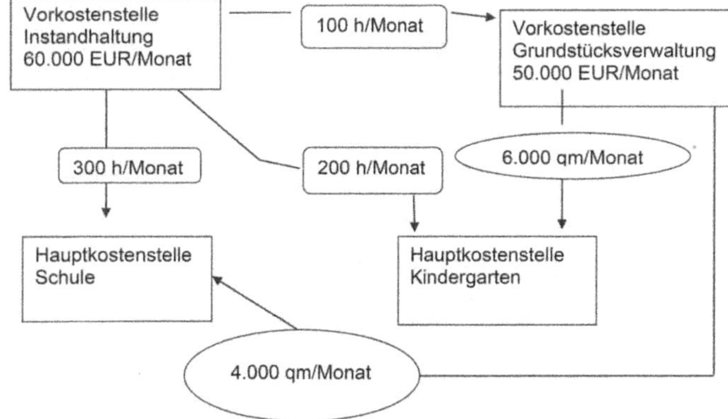

Die Vorkostenstelle Instandhaltung gibt monatlich 300 h an die Schule, 200 h an den Kindergarten und 100 h an die Vorkostenstelle Grundstücksverwaltung ab. Die primären Gemeinkosten, d. h. die Kosten, die die Instandhaltung von außen bezogen hat, betragen 60.000 EUR im Monat.

Der Verrechnungssatz beträgt damit: (60.000 EUR/Monat) : (300 h/Monat + 200 h/Monat + 100 h/Monat) = 100 EUR/h

Die Kostenstellen Schule, Kindergarten und Grundstücksverwaltung werden durch die Instandhaltung wie folgt belastet:

Schule:	300 Stunden/Monat	*	100 EUR/Stunde	=	30.000 EUR/Monat
Kindergarten:	200 Stunden/Monat	*	100 EUR/Stunde	=	20.000 EUR/Monat
Grundstücksverwaltung	100 Stunden/Monat	*	100 EUR/Stunde	=	10.000 EUR/Monat

Auf der Vorkostenstelle Grundstücksverwaltung lasten nun 60.000 EUR monatlicher Gemeinkosten. Diese setzen sich zusammen aus den 50.000 EUR primären Gemeinkosten und der anteiligen Zuordnung der Gemeinkosten durch die Vorkostenstelle Instandhaltung.

Die Vorkostenstelle Grundstücksverwaltung verwaltet die 4.000 qm Schulfläche und die Kindergartenflächen in einer Größe von 6.000 qm.
Der Verrechnungssatz beträgt damit:

(60.000 EUR/pro Monat) : (4.000 qm/Monat + 6.000 qm/Monat) = 6 EUR/qm

Die Kostenstellen Schule und Kindergarten werden durch die Grundstücksverwaltung wie folgt belastet:

Schule:	4.000 qm/Monat	*	6 EUR/qm	=	24.000 EUR/Monat
Kindergarten:	6.000 qm/Monat	*	6 EUR/qm	=	36.000 EUR/Monat

Mathematisches Verfahren:

Abbildung des innerbetrieblichen Leistungsaustausches durch Gleichungssysteme

Vorkostenstelle Instandhaltung

(300 h + 200 h + 100h) * p [h Instandhaltung]
= 60.000 EUR + (500 qm * p [qm Grundstücksverwaltung])

Vorkostenstelle Grundstücksverwaltung

(500 qm + 4.000 qm + 6.000 qm) * p [qm Grundstücksverwaltung]
= 50.000 EUR + (100 h * p [h Instandhaltung])

Damit beträgt der Verrechnungssatz für eine Stunde Instandhaltung 104,80 EUR/Stunde und für die Bewirtschaftung eines Quadratmeters 5,76 EUR/qm.

Bei der Prüfungsvorbereitung stellen Sie bei der Recherche im Internet fest, dass es zu dem Thema Betriebsabrechnungsbogen viele für sie offensichtlich sehr verschiedenartige Darstellungen von Betriebsabrechnungsbögen (BAB) gibt. Am folgenden Beispiel werden die Gemeinsamkeiten aller Betriebsabrechnungsbögen vorgestellt.

Im Rahmen der Personalentwicklung arbeiten Sie zwei Jahre im Bereich Finanzwesen. In der Vergangenheit vergab der Bauhof der Kommune fast alle Aufträge an Dritte. Die Erfahrung zeigte jedoch, dass der Einsatz des eigenen Bauhofes bei kleineren Aufträgen günstiger ist. Im Gemeinderat sitzen viele Unternehmer, die die Zurückverlagerung der Aufgaben in den Bauhof sehr kritisch sehen. Um diesen „den Wind aus den Segeln zu nehmen" werden für die anstehenden Aufgabenverlagerungen Vergleichsrechnungen zwischen dem Bauhof und privaten Anbietern gemacht. Sie haben die Aufgabe, einen Betriebsabrechnungsbogen ohne Bestandsveränderungen zu erstellen. Ihnen werden folgende Daten gemeldet:

Materialeinzelkosten der Fertigung oder auch Fertigungsmaterial 200.000 EUR

Fertigungslöhne oder auch Fertigungseinzelkosten 100.000 EUR

	Materialbereich	Fertigungsbereich	Verwaltungs- und Vertriebsbereich
Hilfs- und Betriebsstoffe	4	8	2
Hilfslöhne	2	4	2

			Kostenstellen bzw. Kostenbereiche		
Gemeinkostenarten	Zahlen der Buchhaltung	Verteilungs-grundlagen	Material	Fertigung	Verwaltung/ Vertrieb
Hilfs- und Betriebsstoffe	140.000 EUR	Verteilerschlüssel			
Hilfslöhne	40.000 EUR	Verteilerschlüssel			
Restliche Gemeinkosten	480.000 EUR		50.000 EUR	100.000 EUR	330.000 EUR
Summe					
Zuschlagsgrundlage (Bezugsbasis)			Materialeinzel-kosten	Fertigungslöhne	Herstellkosten
Gemeinkostenzuschlagssatz in %					

Bestimmen Sie die jeweiligen Gemeinkostenzuschlagssätze.

Bei der Betrachtung aller Betriebsabrechnungsbögen wird festgestellt, dass in der ersten Spalte die Gemeinkosten übertragen werden. Diese Gemeinkosten werden den Kostenstellen mittels geeigneter Verteilerschlüssel zugeordnet. Die Summe der den Kostenstellen zugeordneten Gemeinkosten in einer Spalte entspricht den zu verteilenden Gemeinkosten. Im vorliegenden Beispiel werden z. B. die Gemeinkosten Hilfslöhne entsprechend dem festgelegten Verteilerschlüssel 2:4:2 den Kostenstellen zugeordnet.

Im ersten Schritt werden die 140.000 EUR Gemeinkosten für Hilfs- und Betriebsstoffe dem Ort der Entstehung zugeordnet. Dies sind die Kostenstellen Material, Fertigung und Verwaltung/Vertrieb. Der zu anzuwendende Schlüssel lautet 4:8:2.

140.000 EUR/(4+8+2) = 10.000 EUR

Damit übernehmen die Kostenstellen folgende Werte:

Kostenstelle Material:	4 * 10.000 EUR = 40.000 EUR
Kostenstelle Fertigung:	8 * 10.000 EUR = 80.000 EUR
Kostenstelle Verwaltung/Vertrieb:	2 * 10.000 EUR = 20.000 EUR

Im zweiten Schritt werden die Gemeinkosten Hilfslöhne entsprechend dem Verteilerschlüssel 2:4:2 verteilt.

40.000 EUR/(2+4+2) = 5.000 EUR

Damit übernehmen die Kostenstellen folgende Werte:

Kostenstelle Material:	2 * 5.000 EUR = 10.000 EUR
Kostenstelle Fertigung:	4 * 5.000 EUR = 20.000 EUR
Kostenstelle Verwaltung/Vertrieb:	2 * 5.000 EUR = 10.000 EUR

Im dritten Schritt werden die Gemeinkosten der Kostenstellen Material, Fertigung und Verwaltung und Vertrieb addiert. Im Ergebnis lasten folgende Gemeinkosten auf den Kostenstellen:

Kostenstelle Material:	40.000 EUR	+	10.000 EUR	+	50.000 EUR	=	100.000 EUR
Kostenstelle Fertigung	80.000 EUR	+	20.000 EUR	+	100.000 EUR	=	200.000 EUR
Kostenstelle Verwaltung/Vertrieb:	20.000 EUR	+	10.000 EUR	+	330.000 EUR	=	360.000 EUR

Im vierten Schritt werden die Zuschlagssätze ermittelt.

Materialgemeinkostenkostenzuschlagssatz:
(Materialgemeinkosten * 100 %)/Materialeinzelkosten = (100.000 EUR * 100 %)/200.000 EUR = 50 %

Fertigungsgemeinkostenzuschlagssatz:
(Fertigungsgemeinkosten * 100 %)/Fertigungseinzelkosten = (200.000 EUR * 100 %)/100.000 EUR = 200 %

Bei der Bestimmung des Verwaltungsgemeinkostenzuschlagssatzes und des Vertriebsgemeinkostenzuschlagssatzes gestaltet sich die Suche der Bezugsgröße etwas schwieriger. Der Grund ist, dass wir in diesen Bereichen nicht die Einzelkosten verwenden können, da in diesen Bereichen keine Einzelkosten anfallen. Die Sondereinzelkosten des Vertriebs einmal ausgenommen. Deshalb verwendet man als Bezugsgröße die Herstellkosten. Sehr vereinfacht heißt dies, dass die bisher angefallenen Kosten addiert und als Bezugsgröße verwendet werden. Die Herstellkosten ergeben sich durch Addition der Materialkosten und Fertigungskosten. Im vorliegenden Beispiel sind dies:

	Materialeinzelkosten	200.000 EUR
+	Gemeinkosten des Materialbereiches (auch Materialgemeinkosten)	100.000 EUR
=	Materialkosten	300.000 EUR
	Fertigungseinzelkosten (auch Einzelkosten der Fertigung oder Fertigungslöhne)	100.000 EUR
+	Gemeinkosten des Fertigungsbereiches (auch Fertigungsgemeinkosten)	200.000 EUR
+	Sondereinzelkosten der Fertigung	-----------------
=	Fertigungskosten	300.000 EUR

	Materialkosten	300.000 EUR
+	Fertigungskosten	300.000 EUR
=	Herstellkosten	600.000 EUR

Die Verwendung verschiedener Begriffe soll sicherstellen, dass Sie auch andere Lehrbücher verwenden können.

Verwaltungs-/Vertriebsgemeinkostenzuschlagssatz:

(Verwaltungs- und Vertriebsgemeinkosten * 100 %)/Herstellkosten
= (360.000 EUR * 100 %)/600.000 EUR = 60 %

			Kostenstellen bzw. Kostenbereiche		
Gemeinkostenarten	Zahlen der Buchhaltung	Verteilungsgrundlagen	Material	Fertigung	Verwaltung/Vertrieb
Hilfs- und Betriebsstoffe	140.000 EUR	Verteilerschlüssel	40.000 EUR	80.000 EUR	20.000 EUR
Hilfslöhne	40.000 EUR	Verteilerschlüssel	10.000 EUR	20.000 EUR	10.000 EUR
Restliche Gemeinkosten	480.000 EUR		50.000 EUR	100.000 EUR	330.000 EUR
Summe			100.000 EUR	200.000 EUR	360.000 EUR
Zuschlagsgrundlage (Bezugsbasis)			Materialeinzelkosten	Fertigungslöhne	Herstellkosten
Gemeinkostenzuschlagssatz			50 %	200 %	60 %

2.7.4 Kontrollfragen

1. Erklären Sie die Aufgabe der Kostenstellenrechnung!
2. Erklären Sie die Unterschiede zwischen Haupt-, Neben- und Hilfskostenstellen sowie Vor- und Endkostenstellen!
3. Worin unterscheiden sich das Anbau- und das Stufenleiterverfahren?
4. Erklären Sie das Grundprinzip des mathematischen Verfahrens! Welche Vorteile bietet es gegenüber anderen Verfahren der Kostenstellenrechnung?

Lösung

Zu 1: Während die Einzelkosten direkt den Kostenträgern zugeordnet und nach dem Kostenverursachungsprinzip auf diese verrechnet werden können, müssen die Gemeinkosten nach dem Durchschnittsprinzip auf die Kostenträger verrechnet werden. Voraussetzung dafür ist die innerbetriebliche Leistungsverrechnung zwischen Vor- und Endkostenstellen im Rahmen der Kostenstellenrechnung.

Zu 2: Nach leistungstechnischen Gesichtspunkten können Haupt-, Neben- und Hilfskostenstellen unterschieden werden. In den Hauptkostenstellen entstehen die Produkte des Betriebes, in den Nebenkostenstellen Nebenprodukte, bspw. zu verwertender Abfall oder Kuppelprodukte, während Hilfskostenstellen Vorleistungen für die Haupt- und Nebenkostenstellen bereitstellen.

Unter abrechnungstechnischen Gesichtspunkten werden Vor- und Endkostenstellen unterschieden. Endkostenstellen entsprechen den Haupt- und Nebenkostenstellen. Ihre primären Gemeinkosten können im Rahmen der Kostenträgerrechnung direkt auf die Kostenträger verrechnet werden. Vorkostenstellen entsprechen den Hilfskostenstellen. Ihre primären Gemeinkosten werden im Rahmen der innerbetrieblichen Leistungsverrechnung auf die Endkostenstellen, an welche Leistungen zur Erstellung der Kostenträger abgegeben werden, verrechnet und müssen von dort in Form der sekundären Gemeinkosten der Endkostenstellen im Rahmen der Kostenträgerrechnung gemeinsam mit den primären Gemeinkosten der Endkostenstellen auf die Kostenträger weiter verrechnet werden.

Zu 3: Das Anbau- und das Stufenleiterverfahren sind Verfahren der Kostenstellenrechnung unter Benutzung des Betriebsabrechnungsbogens (BAB).
Das Anbauverfahren verrechnet die primären Gemeinkosten der Vorkostenstellen auf die Endkostenstellen, ermöglicht jedoch keine innerbetriebliche Leistungsverrechnung zwischen den Vorkostenstellen. Im Falle des Stufenleiterverfahrens ist eine einseitige Leistungsverrechnung von vorgelagerten an nachgelagerte Vorkostenstellen möglich.

Zu 4: Dem mathematischen Verfahren liegt das Grundprinzip zugrunde, dass die Leistungsabgabe einer Kostenstelle ihren primären Gemeinkosten sowie den von anderen Kostenstellen empfangenen Leistungen entsprechen muss. Dies wird in Form eines mathematischen Gleichungssystems ausgedrückt. Durch Auflösen des mathematischen Gleichungssystems können die Verrechnungspreise für die Leistungsabgaben der Vorkostenstellen ermittelt werden. Vorteil des Verfahrens ist es, dass auch wechselseitige Leistungsbeziehungen zwischen den Vorkostenstellen bei der Verrechnung der primären Gemeinkosten der Vorkostenstellen im Rahmen der Kostenstellenrechnung berücksichtigt werden können.

2.8 Kostenträgerrechnung

Die Kostenträgerrechnung ist der dritte Teilbereich der Kostenrechnung. Bei der Kostenträgerrechnung wird folgende Frage gestellt: „Wofür sind die Kosten entstanden?"

In der Kostenträgerrechnung werden die verschiedenen Kalkulationsverfahren behandelt.

2.8.1 Aufgaben der Kostenträgerrechnung

Aufgabe der Kostenträgerrechnung ist es, die im Rahmen der Kostenartenrechnung erfassten und gegliederten Einzelkosten sowie die innerhalb der Kostenstellenrechnung auf die Endkostenstellen weiterverrechneten Gemeinkosten auf die Kostenträger zu verrechnen. Für die Einzelkosten erfolgt dies nach dem Kostenverursachungsprinzip und für die Gemeinkosten nach dem Durchschnittsprinzip.

Beispiele für Kostenträger in der Verwaltung sind die Erteilung von Gewerbeerlaubnissen, Bescheiden zur Gewährung von Sachleistungen oder Steuerbescheiden. Die einzelnen konkreten Bescheide stellen in diesem Falle die Kostenträgereinheiten dar.

Auf dieser Grundlage ermittelt die Kostenträgerstückrechnung auf Vollkostenbasis die Stückkosten, d. h. die Selbstkosten einer Einheit des Kostenträgers in der betrachteten Abrechnungsperiode. Sie liefert somit die Grundlage für die Kalkulation von langfristigen Verkaufspreisen sowie für die Bewertung der Lagerbestände der fertigen und unfertigen Erzeugnisse. Kurzfristige Preisuntergrenzen hingegen können anhand der variablen Stückkosten bestimmt werden, welche durch die Kostenträgerstückrechnung auf Teilkostenbasis ermittelt werden.

Die Kostenträgerzeitrechnung auf Vollkostenbasis hat die Aufgabe, die Nettoerfolge der Kostenträger und das Betriebsergebnis der Kosten- und Leistungsrechnung zu ermitteln, die Einhaltung des Kostendeckungsgrundsatzes zu überprüfen und die laufende Entwicklung der aktuellen Abrechnungsperiode darzustellen. Die Kostenträgerzeitrechnung auf Teilkostenbasis ermöglicht die Ermittlung der Bruttoerfolge oder Deckungsbeiträge der Kostenträger, sodass überprüft werden kann, ob die Kostenträger die variablen Kosten decken und einen Beitrag zur Deckung der fixen Kosten erbringen.

2.8.2 Verfahren der Kostenträgerstückrechnung

2.8.2.1 Divisionskalkulation

2.8.2.1.1 Einstufige Divisionskalkulation einfacher Art

Im Falle der einstufigen Divisionskalkulation einfacher Art werden die Stückkosten einer Einheit eines Kostenträgers ermittelt, in dem die Gesamtkosten der betrachteten Abrechnungsperiode durch die Anzahl der produzierten Kostenträgereinheiten dividiert werden.

$$k = \frac{K}{x}$$

k... Stückkosten
K... Gesamtkosten
x... produzierte Menge

Diese Vorgehensweise ist jedoch nur dann möglich, wenn nur ein Kostenträger (Produkt) produziert wird, die erstellten Produkteinheiten also völlig gleichartig sind, und in der betrachteten Abrechnungsperiode die produzierte Menge und die Absatzmenge identisch sind. Eine Kostenstellenrechnung ist in diesem Falle nicht erforderlich.

Ein Beispiel für einen Betrieb, für welchen die einstufige Divisionskalkulation einfacher Art zur Anwendung kommen kann, ist ein städtisches Trinkwasserversorgungsunternehmen. Das produzierte Trinkwasser wird sofort abgenommen, sodass die produzierte der abgesetzten Menge entspricht. Hat das Trinkwasserversorgungsunternehmen in der betrachteten Abrechnungsperiode 24.000.000 Kubikmeter Trinkwasser abgegeben und sind dafür Gesamtkosten i. H. v. 36.000.000,00 EUR angefallen, so lassen sich die Stückkosten eines Kubikmeters Trinkwasser wie folgt ermitteln:

K = 36.000.000,00 EUR
x = 24.000.000 Kubikmeter Trinkwasser

$$k = \frac{K}{x}$$

$$k = \frac{36.000.000{,}00 \text{ EUR}}{24.000.000{,}00 \text{ Kubikmeter Trinkwasser}}$$

k = 1,50 EUR/Kubikmeter Trinkwasser

Die Stückkosten eines Kubikmeters Trinkwassers betragen 1,50 EUR.

2.8.2.1.2 Einstufige Divisionskalkulation mehrfacher Art

Die einstufige Divisionskalkulation mehrfacher Art kann in Betrieben mit mehreren Kostenträgern zur Anwendung kommen. Die gesamten Kosten des Kostenträgers werden durch die Anzahl der produzierten Kostenträgereinheiten dividiert, um zu den Stückkosten des Kostenträgers zu gelangen. Auch dieses Verfahren sieht keine Lager vor.

Als Beispiel kann ein städtisches Ver- und Entsorgungsunternehmen dienen, welches Trinkwasser, Gas und Strom liefert und für die Müllabfuhr verantwortlich ist:

Kostenträger	Trinkwasser	Gas	Strom	Restmüllentsorgung	Biomüllentsorgung
Kosten in EUR	36 Mio.	1 Mio.	2 Mio.	1 Mio.	200.000.
Kostenträger-einheit	Kubikmeter Trinkwasser	Kubikmeter Gas	Kilowattstunde Strom	Entsorgte Tonnen	Entsorgte Biotonnen
x	24 Mio.	10 Mio.	10 Mio.	100.000	100.000
k in EUR	1,50	0,1	0,2	10	2

Die Berechnung der jeweiligen Stückkosten der einzelnen Kostenträger erfolgt entsprechend der Vorgehensweise der einstufigen Divisionskalkulation einfacher Art. Die Stückkosten eines Kubikmeters Wasser können daher in der im entsprechenden Abschnitt dargestellten Form ermittelt werden. Für die übrigen Kostenträger Gas, Strom, Restmüllentsorgung und Biomüllentsorgung ist die Vorgehensweise entsprechend anzuwenden:

$$k_n = \frac{K_n}{x_n}$$

k... Stückkosten
K.. Gesamtkosten
x... produzierte Menge

2.8.2.1.3 Zweistufige Divisionskalkulation

Durch die zweistufige Divisionskalkulation können Bestandsveränderungen an fertigen Erzeugnissen berücksichtigt werden. Müssen mehr als ein Kostenträger betrachtet werden, ist das Verfahren nicht anwendbar.

Für die Ermittlung der Kosten für die Herstellung einer Kostenträgereinheit werden alle Kosten einbezogen, die für die Produktion des Kostenträgers angefallen sind, also die Herstellkosten, wobei auf die produzierte Menge Bezug genommen wird. Zusätzlich werden noch die Verwaltungs- und Vertriebskosten bzgl. der abgesetzten Menge des Kostenträgers berücksichtigt. Die Ermittlung der Stückkosten einer Einheit eines Kostenträgers erfolgt nach folgender Vorgehensweise:

$$\text{Stückkosten} = \frac{\text{Herstellkosten}}{\text{produzierte Menge}} = \frac{\text{Verwaltungs- und Vertriebskosten}}{\text{abgesetzte Menge}}$$

$$k = \frac{K_{Herstell}}{x_p} + \frac{K_{Vw} + K_{Vt}}{x_a}$$

k...Stückkosten
$K_{Herstell}$...Herstellkosten
x_p...produzierte Menge
K_{Vw}...Verwaltungskosten
K_{Vt}...Vertriebskosten
x_a...abgesetzte Menge

Herstellkosten	Materialeinzelkosten
	Materialgemeinkosten
	Fertigungseinzelkosten
	Sondereinzelkosten der Fertigung
	Fertigungsgemeinkosten
Verwaltungskosten	Verwaltungsgemeinkosten
Vertriebskosten	Vertriebsgemeinkosten
	Sondereinzelkosten des Vertriebs

Beispiel:

Um die Versorgungssicherheit zu erhöhen, betreibt der Staat einige wenige Kohlegruben. Diese fördern im Jahr 3.000.000 Tonnen Kohle. Abgesetzt werden 1.000.000 Tonnen Kohle. Die Kosten für die Förderung der Kohle betragen 240 Mio. EUR. Die Verwaltungs- und Vertriebskosten haben eine Höhe von 20 Mio. EUR.

Wie hoch sind die Kosten pro geförderter Tonne Kohle?

Die Kosten pro geförderter Tonne Kohle betragen:

$$\text{Kosten der Förderung pro Tonne:} = \frac{240 \text{ Mio. EUR}}{3 \text{ Mio. t}} = 80 \text{ EUR/Tonne}$$

Wie hoch sind die Selbstkosten pro Tonne abgesetzter Kohle?

Die Höhe der Selbstkosten pro Tonne Kohle ergibt sich wie folgt:

$$\text{Stückkosten} = \frac{240 \text{ Mio. EUR}}{3 \text{ Mio. t}} + \frac{20 \text{ Mio. EUR}}{1 \text{ Mio. t}} = 100 \text{ EUR/Tonne}$$

$$k = \frac{K_{Herstell}}{x_p} + \frac{K_{Vw} + K_{Vt}}{x_a}$$

2.8.2.1.4 Mehrstufige Divisionskalkulation

Die mehrstufige Divisionskalkulation ist ebenfalls nur dann anwendbar, wenn nur ein Kostenträger vorliegt und völlig gleichartige Produkteinheiten erstellt werden. Dieses Verfahren ermöglicht es, Bestandsveränderungen an Fertigerzeugnissen und unfertigen Erzeugnissen auch über mehrere Produktionsstufen hinweg zu berücksichtigen. Die für diese Produktionsstufen anfallenden Herstellkosten des Kostenträgers müssen bekannt sein.

Die Stückkosten lassen sich auf folgende Weise ermitteln:

$$\text{Stückkosten} = \frac{\text{Herstellkosten Produktionsstufe 1}}{\text{produzierte Menge Produktionsstufe 1}} + \frac{\text{Herstellkosten Produktionsstufe 2}}{\text{produzierte Menge Produktionsstufe 2}} + \frac{\text{Herstellkosten Produktionsstufe n}}{\text{produzierte Menge Produktionsstufe n}} + \frac{\text{Verwaltungs- und Vertriebskosten}}{\text{abgesetzte Menge}}$$

$$k = \frac{K_{Herstell\ 1}}{x_{p1}} + \frac{K_{Herstell\ 2}}{x_{p2}} + \frac{K_{Herstell\ n}}{x_{pn}} + \frac{K_{Vw} + K_{Vt}}{x_a}$$

k...Stückkosten
$K_{Herstell}$...Herstellkosten
x_p...produzierte Menge
x_a...abgesetzte Menge
K_{Vw}...Verwaltungskosten
K_{Vt}...Vertriebskosten

Beispiel für die Anwendung der mehrstufigen Divisionskalkulation:

Im Rahmen der beruflichen Weiterentwicklung arbeiten Sie im Beteiligungsmanagement des Bundeslandes S. Das Bundesland ist alleiniger Gesellschafter einer Kurgesellschaft. Die Kurgesellschaft betreibt ein Heilbad mit angeschlossenem Spa. Zum Heilbad gehört auch noch ein kleiner Brunnenbetrieb. Eine Privatisierung des Brunnenbetriebes scheidet aus, da das Heilbad und der Brunnenbetrieb die gleiche Quelle nutzen.

2021 förderte der Brunnenbetrieb 5.000.000 Liter Heilwasser. Die Förderung des Heilwassers verursachte Kosten in Höhe von 100.000,00 EUR. Im nächsten Schritt erfolgte die Reinigung des Heilwassers von Schwebstoffen und es wurde dem Heilwasser eigene Kohlensäure hinzugefügt. Die Kosten für diese Produktionsstufe betrugen 400.000,00 EUR und es wurden insgesamt 4.000.000 Liter verarbeitet. In der letzten Produktionsstufe wurde das Heilwasser abgefüllt. Insgesamt wurden 7,5 Millionen Flaschen à 0,5 Liter abgefüllt. Bei der Abfüllung entstanden pro Flasche Kosten von 0,04 EUR. Veräußert wurden 600.000 Kästen mit je 12 Flaschen. Hierfür fielen 720.000,00 EUR Verwaltungs- und Vertriebskosten an.

Sie haben die Aufgabe, über alle Produktionsschritte hinweg nachvollziehbar zu berechnen, wie hoch die Selbstkosten pro veräußerten Kasten sind:

Stufe Förderung	Stufe Reinigung und Hinzufügung von Kohlensäure	Stufe Abfüllung	Stufe Absatz	Selbstkosten pro Liter
$\frac{100.000,00 \text{ EUR}}{5.000.000 \text{ Liter}}$ +	$\frac{400.000,00 \text{ EUR}}{4.000.000 \text{ Liter}}$ +	$\frac{300.000,00 \text{ EUR}}{3.750.000 \text{ Liter}}$ +	$\frac{720.000,00 \text{ EUR}}{3.600.000 \text{ Liter}}$ +	
0,02 EUR/Liter +	0,10 EUR/Liter +	0,08 EUR/Liter +	0,20 EUR/Liter =	0,40 EUR/Liter

Ein Kasten hat 12 Flaschen à 0,5 Liter. Damit sind im Kasten 6 Liter Heilwasser. Die Selbstkosten pro Kasten betragen somit 2,40 EUR.

2.8.2.2 Äquivalenzziffernkalkulation

Die Äquivalenzziffernrechnung (auch: Kostenverhältnisziffernrechnung) kann angewendet werden, wenn Kostenträger erstellt werden, welche nicht völlig identisch, aber dennoch ähnlich sind, sodass deren Kosten in einem bestimmten Verhältnis zueinanderstehen.

In diesem Falle werden die Kosten eines bestimmten Kostenträgers als Bezugsbasis gewählt, sodass diesem die Äquivalenzziffer 1,0 zugeordnet wird. Die Kosten aller anderen Kostenträger werden dazu ins Verhältnis gesetzt. Verursacht ein Kostenträger beispielsweise um 30 Prozent höhere Kosten, so erhält dieser Kostenträger die Äquivalenzziffer 1,3. Die Äquivalenzziffer gibt demnach die durch die Erstellung des jeweiligen Produkts verursachte Kostenbelastung in Abhängigkeit von der Bezugsbasis wieder.

Verdeutlicht werden kann die Vorgehensweise anhand des Beispiels eines städtischen Ver- und Entsorgungsunternehmens in einer Großstadt, welches die Selbstkosten für die Beseitigung von Rohrverstopfungen ermitteln möchte. Die Gesamtkosten für die Beseitigung der Störungen insgesamt liegen im betrachteten Zeitraum bei 179.062,50 EUR. Bekannt ist außerdem, dass mittelschwere Rohrverstopfungen gegenüber normalen Rohrverstopfungen eine um 30 Prozent erhöhte Kostenbelastung verursachen und die Kosten der Beseitigung sehr schwerer Rohrverstopfungen 65 Prozent höher sind als für die Beseitigung normaler Rohrverstopfungen. Im betrachteten Zeitraum wurden durch den Havariedienst 100 normale, 75 mittelschwere und 25 sehr schwere Rohrverstopfungen beseitigt.

Die Kosten für normale Rohrverstopfungen können als Bezugsbasis gewählt werden. Sie erhalten daher die Äquivalenzziffer 1,00. Die Kosten mittelschwerer und sehr schwerer Rohrverstopfungen erhalten die Äquivalenzziffern 1,30 und 1,65. Durch Multiplikation der Anzahl der Kostenträgereinheiten mit der Äquivalenzziffer erhält man nun die Anzahl der Rechnungseinheiten pro Kostenträger, sodass sich eine Gesamtanzahl an Rechnungseinheiten von 238,75 ergibt. Die Kosten einer Rechnungseinheit können durch Division der Gesamtkosten aller Kostenträger durch die Gesamtanzahl der Rechnungseinheiten aller Kostenträger bestimmt werden. Die Kosten des einzelnen Kostenträgers ergeben sich aus der Multiplikation der Kosten einer Rechnungseinheit mit der Anzahl der gesamten auf den Kostenträger anfallenden Rechnungseinheiten bzw. der Multiplikation der Anzahl der Kostenträgereinheiten mit den Selbstkosten pro Kostenträgereinheit, also den Stückkosten. Diese können durch Multiplikation der Äquivalenzziffer des Kostenträgers mit den Kosten pro Rechnungseinheit ermittelt werden:

	Rohr-verstopfungen	Äquivalenz-ziffer	Rechnungs-einheiten	Kosten pro Rechnungs-einheit in EUR	Kosten pro Rohrverstop-fung in EUR	Gesamtkosten in EUR
normal	100	1,00	100,00	750,00	750,00	75.000,00
mittelschwer	75	1,30	97,50	750,00	975,00	73.125,00
sehr schwer	25	1,65	41,25	750,00	1.237,50	30.937,50
					Gesamtkosten	179.062,50

Ein weiteres Beispiel für die Äquivalenzziffernrechnung:

Eine Marktumfrage ergab, dass die Kunden des Brunnenbetriebes gerne auch isotonische Getränke nachfragen. Aus diesem Grunde erweitert der Brunnenbetrieb sein Angebot.

Man bezieht die Gebinde (Flaschengrößen) in den Größen 0,5 l-PET-Mehrwegflasche, 0,75 l-PET-Mehrwegflasche und 1,5 l-PET-Mehrwegflasche.

Die Gebinde werden in folgender Anzahl befüllt: 600.000 0,5 l-PET-Mehrwegflaschen, 400.000 0,75 l-PET-Mehrwegflaschen, 100.000 1,5 l-PET-Mehrwegflaschen. Die Gesamtkosten belaufen sich auf 572.000,00 EUR.

Aus der Vergangenheit weiß man, dass die Befüllung der 1,5 l-PET-Mehrwegflache das 2,7-fache und der 0,75 l-PET-Mehrwegflasche das 1,4-fache der Kosten für die Befüllung der 0,5 l-PET-Mehrwegflasche betragen. Die Gesamtkosten und die Stückkosten für die Befüllung der einzelnen Gebinde (Flaschengrößen) können mithilfe der Äquivalenzziffernrechnung ermittelt werden:
Im ersten Schritt werden die tatsächlich produzierten Mengen in eine rechnerische Einheitssorte umgerechnet. Es wird die Gesamtanzahl an Rechnungseinheiten berechnet.

Die Befüllung der 0,5 l-PET-Mehrwegflaschen erhält dabei die Äquivalenzziffer 1,0, die Befüllung der 0,75 l-PET-Mehrwegflaschen die Äquivalenzziffer 1,4 und die Befüllung der 1,5 l-PET-Mehrwegflasche die Äquivalenzziffer 2,7.

Es ergibt sich folgende Rechnung:

$$600.000 * 1{,}0 + 400.000 * 1{,}4 + 100.000 * 2{,}7$$
$$= 1.430.000 \text{ Mengeneinheiten (ME) des Einheitsgebindes}$$

Im zweiten Schritt werden die Kosten pro Mengeneinheit des Einheitsgebindes ermittelt.

$$\text{Kosten pro Einheitsgebinde} = \frac{\text{Gesamtkosten}}{\text{Gesamtanzahl ME des Einheitsgebindes}} = \frac{572.000{,}00 \text{ EUR}}{1.430.000 \text{ ME}} = 0{,}40 \text{ EUR/ME des Einheitsgebinde}$$

Eine Mengeneinheit der Einheitssorte verursacht Kosten in Höhe von 0,40 EUR.

Im dritten Schritt werden die Stückkosten der verschiedenen Sorten ermittelt:

Sorte	Ermittlung der Stückkosten	Stückkosten
0,5 l-PET-Mehrwegflasche	0,40 EUR/ME * 1	= 0,40 EUR/ME
0,75 l-PET-Mehrwegflasche	0,40 EUR/ME * 1,4	= 0,56 EUR/ME
1,5 l-PET-Mehrwegflasche	0,40 EUR/ME * 2,7	= 1,08 EUR/ME

Im vierten Schritt können die Gesamtkosten der einzelnen Sorten ermittelt werden:

Sorte	Ermittlung der Gesamtkosten	Gesamtkosten
0,5-l PET-Mehrwegflasche	600.000 ME * 0,40 EUR/ME	= 240.000,00 EUR
0,75-l-PET-Mehrwegflasche	400.000 ME * 0,56 EUR/ME	= 224.000,00 EUR
1,5-l-PET-Mehrwegflasche	100.000 ME * 1,08 EUR/ME	= 108.000,00 EUR
		= 572.000,00 EUR

2.8.2.3 Zuschlagskalkulation

2.8.2.3.1 Summarische Zuschlagskalkulation

Die Zuschlagskalkulation schlägt dem Einzelkostenanteil an den Selbstkosten für die Erstellung einer Einheit eines Produkts einen Gemeinkostenanteil aufgrund von Zuschlagssätzen zu (Gemeinkostenzuschlag), um die gesamten Selbstkosten der Produkteinheit ermitteln zu können. Sie kann daher auch dann für die Ermittlung der Selbstkosten angewendet werden, wenn die erstellten Produkte und Produkteinheiten vollkommen verschiedenartig sind. Voraussetzung für eine verursachungsgerechte Verrechnung des Gemeinkostenzuschlages ist die Wahl geeigneter Zuschlagsbasen, wofür die Höhe der gesamten Einzelkosten und ggf. auch der verschiedenen Einzelkostenarten bekannt sein muss. Da diese Angaben der Kostenartenrechnung entnommen werden können, ist für die Zuschlagskalkulation keine Kostenstellenrechnung erforderlich. Im Falle der summarischen Zuschlagskalkulation wird der Gemeinkostenanteil an den Selbstkosten in einem Block mithilfe eines einzigen Zuschlagssatzes dem Einzelkostenanteil zugeschlagen. Dafür werden die gesamten Einzelkosten der Abrechnungsperiode im Rahmen der kumulativen Zuschlagskalkulation als einheitliche Zuschlagsbasis genutzt. Der Zuschlagssatz wird anhand des Verhältnisses der gesamten Gemein- zu den gesamten Einzelkosten der Abrechnungsperiode ermittelt:

Einfaches Beispiel für eine summarische Zuschlagskalkulation:

Ein Solo-Selbstständiger (Handwerker) hat monatliche Einzelkosten von 20.000 EUR für Material und seinen „angesetzten" Lohn für seine Tätigkeit. Die Gemeinkosten betragen 6.000 EUR.

Daraus ergibt sich folgender Zuschlagsatz:

$$\text{Gemeinkostenzuschlagssatz} = \frac{\text{Gemeinkosten}}{\text{Einzelkosten}} * 100\ \%$$

Damit beträgt der Gemeinkostenzuschlagssatz 30%.

2.8.2.3.2 Differenzierte Zuschlagskalkulation

Die differenzierte Zuschlagskalkulation verwendet individuelle Gemeinkostenzuschlagssätze für jede Gemeinkostenart:

<table>
<tr><th>Gemeinkostenart</th><th colspan="3">Zuschlagsbasis</th></tr>
<tr><td>Materialgemeinkosten</td><td colspan="3">Materialeinzelkosten</td></tr>
<tr><td>Fertigungsgemeinkosten</td><td colspan="3">Fertigungseinzelkosten</td></tr>
<tr><td rowspan="2">Verwaltungsgemeinkosten</td><td rowspan="5">Herstellkosten</td><td rowspan="2">Materialkosten</td><td>Materialeinzelkosten</td></tr>
<tr><td>Materialgemeinkosten</td></tr>
<tr><td rowspan="3">Vertriebsgemeinkosten</td><td rowspan="3">Fertigungskosten</td><td>Fertigungseinzelkosten</td></tr>
<tr><td>Fertigungsgemeinkosten</td></tr>
<tr><td>Sondereinzelkosten der Fertigung</td></tr>
</table>

Die Bezugsgröße im Materialbereich und Produktionsbereich sind die jeweiligen Einzelkosten. Da im Verwaltungsbereich und auch im Vertriebsbereich keine Einzelkosten anfallen, werden als Bezugsgröße die Herstellkosten verwendet.

Zur Verdeutlichung folgendes Beispiel:

Durch die Straßenmeisterei werden entlang der Staatsstraße Bäume gefällt. Ermitteln Sie mittels der Zuschlagskalkulation die Selbstkosten. Die Zuschlagssätze sind Ergebnis der Erfassung und Verteilung der Kosten durch einen Betriebsabrechnungsbogen (BAB).

Folgende Daten sind gegeben:

Materialeinzelkosten	2.000 EUR
Fertigungslöhne	800 EUR
Materialgemeinkostenzuschlagssatz	30 Prozent
Fertigungsgemeinkostenzuschlagssatz	200 Prozent
Verwaltungsgemeinkostenzuschlagssatz	15 Prozent
Vertriebsgemeinkostenzuschlagssatz	5 Prozent

Berechnen Sie die Selbstkosten.

Bei der Berechnung wird das folgende Kalkulationsschema verwendet:

(1)		Materialeinzelkosten	2.000 EUR
(2)	+	Materialgemeinkosten (30 %)	600 EUR
(3)	=	Materialkosten	2.600 EUR
(4)		Fertigungslöhne	800 EUR
(5)	+	Fertigungsgemeinkosten (200 %)	1.600 EUR
(6)	=	Fertigungskosten	2.400 EUR
(7)	(3) + (6)	**Herstellkosten**	5.000 EUR
(8)		Verwaltungsgemeinkosten (15 %)	750 EUR
(9)	+	Vertriebsgemeinkosten (5 %)	250 EUR
(10)	=	Verwaltungs- und Vertriebskosten	1.000 EUR
(11)	(7) +(10)	**Selbstkosten**	6.000 EUR

Die Selbstkosten betragen 6.000 EUR.

In Ihrer Tätigkeit als Sachbearbeiter im Bauhof haben Sie folgende Gemeinkostenzuschlagssätze ermittelt:

			Kostenstellen bzw. Kostenbereiche		
Gemeinkostenarten	Zahlen der Buchhaltung	Verteilungsgrundlagen	Material	Fertigung	Verwaltung/ Vertrieb
Gemeinkostenzuschlagssatz			50 %	200 %	60 %

Eine Maschine des Bauhofes ist defekt. Die Reparatur kann durch die eigene Werkstatt oder durch ein fremdes Unternehmen durchgeführt werden. Es wird mit einem Materialeinsatz von 2.000,00 EUR und Einzelkosten der Fertigung von 400,00 EUR gerechnet. Gleichzeitig fallen Sondereinzelkosten der Fertigung in Höhe von 800,00 EUR an.

Die Selbstkosten der Reparatur können in diesem Falle auf folgende Weise ermittelt werden:

Kostenart	**Ermittlung**	**Betrag**
Materialeinzelkosten		2.000,00 EUR
Materialgemeinkosten	50 % von Materialeinzelkosten	1.000,00 EUR
Materialkosten	Materialeinzelkosten + Materialgemeinkosten	3.000,00 EUR
Fertigungseinzelkosten		400,00 EUR
Fertigungsgemeinkosten	200 % von Fertigungseinzelkosten	800,00 EUR
Sondereinzelkosten der Fertigung		800,00 EUR
Fertigungskosten	Fertigungseinzelkosten + Fertigungsgemeinkosten + Sondereinzelkosten der Fertigung	2.000,00 EUR
Herstellkosten	Materialgemeinkosten + Materialeinzelkosten + Fertigungsgemeinkosten + Fertigungseinzelkosten + Sondereinzelkosten der Fertigung	5.000,00 EUR
Verwaltungs- und Vertriebsgemeinkosten	60 % von Herstellkosten	3.000,00 EUR
Sondereinzelkosten des Vertriebs		0,00 EUR
Verwaltungs- und Vertriebskosten	Verwaltungs- und Vertriebsgemeinkosten + Sondereinzelkosten des Vertriebs	3.000,00 EUR
Selbstkosten	Herstellkosten + Verwaltungs- und Vertriebskosten	8.000,00 EUR

2.8.3 Kontrollfragen

1. Welche Aufgabe hat die Kostenträgerrechnung? Erklären Sie die Begriffe der Kostenträgerzeit- und der Kostenträgerstückrechnung!
2. Von welcher Vorgehensweise ist die Divisionskalkulation geprägt, welche verschiedenen Formen kennen Sie, worin unterscheiden sich diese und welche Voraussetzungen müssen für ihre Anwendung vorliegen?
3. Erklären Sie die Vorgehensweise der Äquivalenzziffernrechnung! Wann wird sie angewendet?
4. Welches Prinzip verfolgt die Zuschlagskalkulation und welche Formen kennen Sie? Beschreiben Sie deren Vorgehensweise.

Lösung

Zu 1. Die Kostenträgerrechnung hat die Aufgabe, die in der Kostenartenrechnung erfassten und gegliederten Einzelkosten und die im Rahmen der Kostenartenrechnung erfassten und gegliederten sowie innerhalb der Kostenstellenrechnung auf die Endkostenstellen verrechneten Gemeinkosten auf die Kostenträger weiter zu verrechnen. Für die Einzelkosten erfolgt dies nach dem Kostenverursachungsprinzip und für die Gemeinkosten nach dem Durchschnittsprinzip. Die Kostenträgerzeitrechnung auf Vollkostenbasis ermittelt die Nettoerfolge der Kostenträger und das Betriebsergebnis der Kosten- und Leistungsrechnung. Mit ihrer Hilfe können die Einhaltung des Kostendeckungsgrundsatzes überprüft und die laufende Entwicklung der aktuellen Abrechnungsperiode dargestellt werden. Die Kostenträgerzeitrechnung auf Teilkostenbasis ermittelt die Bruttoerfolge oder Deckungsbeiträge der Kostenträger. Es kann überprüft werden, ob die variablen Kosten gedeckt und ein Beitrag zur Deckung des Fixkostenblockes geleistet werden kann.

Ergebnis der Kostenträgerstückrechnung auf Vollkostenbasis sind die Stückkosten des Kostenträgers, d. h. die Selbstkosten einer Einheit des Kostenträgers, welche Grundlage für die Kalkulation von langfristigen Verkaufspreisen und die Bewertung der Lagerbestände an fertigen und unfertigen Erzeugnissen sind. Die Kostenträgerstückrechnung auf Teilkostenbasis ermittelt die variablen Stückkosten, welche der Ermittlung der kurzfristigen Preisuntergrenzen dienen.

Zu 2. Die Divisionskalkulation ist ein Verfahren der Kostenträgerstückrechnung und ermittelt die Stückkosten des Kostenträgers, d. h. die Selbstkosten einer Einheit des Kostenträgers, durch Division der Gesamtkosten des Kostenträgers durch die produzierte und abgesetzte Menge.

Die einstufige Divisionskalkulation einfacher Art wird angewendet, wenn nur ein Kostenträger vorliegt und die produzierte Menge der Absatzmenge entspricht. Sie dividiert die Gesamtkosten durch die Anzahl der produzierten Kostenträgereinheiten.

Liegen mehrere Kostenträger vor und sind die Kosten der einzelnen Kostenträger sowie deren Produktionsmengen bekannt, kann die einstufige Divisionskalkulation mehrfacher Art angewendet werden. Die Kosten der einzelnen Kostenträger werden durch die produzierte und abgesetzte Menge an Kostenträgereinheiten dividiert, sodass sich die Stückkosten der Kostenträger ergeben.

Sowohl im Falle der einstufigen Divisionskalkulation einfacher Art wie auch der einstufigen Divisionskalkulation mehrfacher Art können Bestandsveränderungen an fertigen oder unfertigen Erzeugnissen nicht berücksichtigt werden. Die zweistufige Divisionskalkulation hingegen berücksichtigt Bestandsveränderungen an fertigen Erzeugnissen. Die Herstellkosten für die gefertigten Erzeugnisse werden dabei durch die produzierte Menge dividiert und mit dem Quotienten aus den Verwaltungs- und Vertriebskosten und der abgesetzten Menge addiert. Sofern Bestandsveränderungen an unfertigen Erzeugnissen oder mehr als ein Kostenträger vorliegen, ist das Verfahren nicht anwendbar.

Die mehrstufige Divisionskalkulation ist ebenso nur anwendbar, wenn nur ein Kostenträger vorhanden ist, ermöglicht es jedoch, Bestandsveränderungen an fertigen und unfertigen Erzeugnissen auch über mehrere Produktionsstufen hinweg zu berücksichtigen. In diesem Falle werden die Quotienten aus den Herstellkosten und den produzierten Mengen der verschiedenen Produktionsstufen sowie den Verwaltungs- und Vertriebskosten und der abgesetzten Menge des Kostenträgers miteinander addiert und auf diese Weise die Stückkosten ermittelt.

Zu 3. Die Äquivalenzziffernrechnung ist ein Verfahren der Kostenträgerstückrechnung und kann angewendet werden, wenn ähnliche, aber nicht gleichartige Produkte vorliegen, deren Kosten in einem bestimmten Verhältnis zueinanderstehen. Das Verhältnis zwischen den Kosten der verschiedenen Produkte wird durch die sogenannten Äquivalenzziffern ausgedrückt. Ist für ein Radiowerk beispielsweise bekannt, dass die Kosten für die Herstellung mittelgroßer Radios eineinhalb Mal so hoch sind wie die Kosten für die Herstellung kleiner Radios, so erhalten die kleinen Radios die Äquivalenzziffer 1,0. Für die mittelgroßen Radios ergibt sich demnach die Äquivalenzziffer 1,5.

Aus der Multiplikation der produzierten und ausgebrachten Mengen mit den Äquivalenzziffern ergeben sich die Rechnungseinheiten pro Produkt. Der auf eine Rechnungseinheit entfallende Kostenanteil kann durch Division der Gesamtkosten durch die Gesamtsumme der Rechnungseinheiten ermittelt werden. Die Stückkosten eines Kostenträgers ergeben sich in der Folge durch Multiplikation der Äquivalenzziffer mit den Kosten pro Rechnungseinheit. Die Gesamtkosten des Kostenträgers können ermittelt werden durch Multiplikation der Kosten pro Rechnungseinheit mit der Anzahl der gesamten auf den Kostenträger entfallenden Rechnungseinheiten oder durch Multiplikation der Anzahl der Kostenträgereinheiten mit den Stückkosten des Kostenträgers, d. h. den Selbstkosten einer Kostenträgereinheit.

Zu 4. Die Zuschlagskalkulation ist ein Verfahren der Kostenträgerstückrechnung, welches die Selbstkosten einer Produkteinheit durch Zuschlag eines Gemeinkostenanteils (Gemeinkostenzuschlag) zu dem auf die Produkteinheit verrechneten Einzelkostenanteil ermittelt. Die erstellten Produkteinheiten können dabei völlig unterschiedlich sein. Der Gemeinkostenzuschlag wird durch Multiplikation des auf die Produkteinheit verrechneten Einzelkostenanteils mit einem Gemeinkostenzuschlagssatz ermittelt.

Im Rahmen der summarischen kumulativen Zuschlagskalkulation wird ein gemeinsamer Gemeinkostenzuschlagssatz für den gesamten Gemeinkostenanteil gebildet. Dies geschieht durch Division der gesamten Gemeinkosten durch die gesamten Einzelkosten einer Abrechnungsperiode. Der Gemeinkostenzuschlag wird in der Folge durch Multiplikation des Einzelkostenanteils für die Erstellung einer Produkteinheit (Kostenträgereinheit) mit dem Gemeinkostenzuschlagssatz ermittelt. Die Selbstkosten der Produkteinheit ergeben sich durch Addition des Einzelkostenanteils und des Gemeinkostenzuschlages.

Die differenzierte Zuschlagskalkulation bildet differenzierte Gemeinkostenzuschlagssätze für jede Gemeinkostenart. Dies geschieht durch Division der gesamten Kosten der

jeweiligen Gemeinkostenart durch die gesamten Kosten der dazugehörigen Einzelkostenart in der betroffenen Abrechnungsperiode. Im Falle der Verwaltungs- und Vertriebsgemeinkosten dienen die Herstellkosten der Abrechnungsperiode als Zuschlagsbasis.
Die Gemeinkostenzuschläge jeder Gemeinkostenart können mathematisch ermittelt werden, indem die Einzelkostenanteile der verschiedenen Einzelkostenarten und die für sie ermittelten Gemeinkostenzuschlagssätze multipliziert werden. Die Selbstkosten für die Erstellung einer Produkteinheit ergeben sich durch Addition der Einzelkostenanteile und der gebildeten Gemeinkostenzuschläge.

2.9 Teilkostenrechnung

2.9.1 Funktionsweise

In der Teilkostenrechnung werden nur die variablen Kosten verrechnet. Die fixen Kosten werden lediglich im Block berücksichtigt, sodass insbesondere der Effekt der Fixkostendegression nicht betrachtet werden kann.

Ziel der Teilkostenrechnung ist die Ermittlung des Bruttoerfolges (bzw. Deckungsbeitrages) der Kostenträger, sodass die Frage beantwortet werden kann, ob die variablen Kosten aus der Produktion der Kostenträger gedeckt werden können und ob die Kostenträger einen Beitrag zur Deckung der fixen Kosten leisten. Die Kostenträgerstückrechnung auf Teilkostenbasis dient der Ermittlung der variablen Stückkosten eines Kostenträgers im betrachteten Zeitraum und liefert somit die Grundlage für die Festsetzung kurzfristiger Verkaufspreise.

2.9.2 Deckungsbeitragsrechnung

2.9.2.1 Einstufige Deckungsbeitragsrechnung

Die einstufige Deckungsbeitragsrechnung ermittelt zunächst die Stückdeckungsbeiträge durch Abzug der variablen Stückkosten von den Stückerlösen. Durch Multiplikation der Stückdeckungsbeiträge mit den Produktionsmengen der Kostenträger ergeben sich die Deckungsbeiträge der Kostenträger. Das Betriebsergebnis der Kosten- und Leistungsrechnung kann durch die Subtraktion des gesamten Fixkostenbockes von der Summe aller Deckungsbeiträge gebildet werden.

Die Vorgehensweise soll am Beispiel eines Betriebes zur Herstellung von Radios, Fernsehern und Heimelektronik verdeutlicht werden, welcher 16 Kostenträger produziert:

Kostenträger	Radio 300 W	Radio 150 W	Taschenradio 45 W	Radiowecker 35 W	Fernseher 20 Zoll	Fernseher 30 Zoll	Fernseher 40 Zoll	Fernseher 50 Zoll
Stückerlös p	10,00 EUR	7,00 EUR	3,00 EUR	6,00 EUR	100,00 EUR	150,00 EUR	210,00 EUR	290,00 EUR
Variable Stückkosten k_v	3,00 EUR	2,00 EUR	1,10 EUR	2,00 EUR	40,00 EUR	65,00 EUR	95,00 EUR	135,00 EUR
Stückdeckungsbeitrag $d = p - k_v$	7,00 EUR	5,00 EUR	1,90 EUR	4,00 EUR	60,00 EUR	85,00 EUR	115,00 EUR	155,00 EUR
Produktionsmenge x	100.000	50.000	75.000	200.000	50.000	75.000	100.000	75.000
Deckungsbeitrag $D = d * x$	700.000,00 EUR	250.000,00 EUR	142.500,00 EUR	800.000,00 EUR	3.000.000,00 EUR	6.375.000,00 EUR	11.500.000,00 EUR	11.625.000,00 EUR
Kostenträger	Heimkinoset I	Heimkinoset II	Heimkinoset III	Heimkinoset IV	Heimkinosystem I	Heimkinosystem II	Heimkinosystem III	Heimkinosystem IV
Stückerlös p	350,00 EUR	390,00 EUR	350,00 EUR	330,00 EUR	370,00 EUR	290,00 EUR	390,00 EUR	800,00 EUR
Variable Stückkosten k_v	150,00 EUR	170,00 EUR	190,00 EUR	170,00 EUR	170,00 EUR	140,00 EUR	200,00 EUR	300,00 EUR
Stückdeckungsbeitrag $d = p - k_v$	200,00 EUR	220,00 EUR	160,00 EUR	160,00 EUR	200,00 EUR	150,00 EUR	190,00 EUR	500,00 EUR
Produktionsmenge x	50.000	100.000	100.000	200.000	150.000	300.000	200.000	130.000
Deckungsbeitrag $D = d * x$	10.000.000,00 EUR	22.000.000,00 EUR	16.000.000,00 EUR	32.000.000,00 EUR	30.000.000,00 EUR	45.000.000,00 EUR	38.000.000,00 EUR	65.000.000,00 EUR
Summe der Deckungsbeiträge ΣD	292.392.500,00 EUR							
Fixe Kosten K_f	228.310.000,00 EUR							
Betriebsergebnis $\Sigma E = \Sigma D - K_f$	64.082.500,00 EUR							

2.9.2.2 Mehrstufige Deckungsbeitragsrechnung

Ziel der mehrstufigen Deckungsbeitragsrechnung ist es, durch eine Unterteilung des Fixkostenblockes und eine weitergehende Zuordnung der Fixkosten detailliertere Daten als bessere Grundlage für betriebliche Entscheidungen liefern zu können. Die Fixkosten können Produkten, Produktgruppen, Kostenstellen, Betriebsbereichen oder dem gesamten Unternehmen zugeordnet werden. Die Summe der zugeordneten Fixkosten entspricht dabei dem gesamten Fixkostenblock.

Fixe Kosten	**Beschreibung**
Produktfixe Kosten	Fallen für die Erstellung eines Produkts an.
Produktgruppen-fixe Kosten	Fallen für die Erstellung einer bestimmten Gruppe von Produkten an.
Kostenstellenfixe Kosten	Fallen für die Erstellung von Produkten innerhalb einer Kostenstelle an.
Betriebsbereichs-fixe Kosten	Fallen für die Erstellung von Produkten in einzelnen Betriebsbereichen an.
Unternehmens-fixe Kosten	Können nur dem gesamten Unternehmen zugerechnet werden.

Beispiel:

Kostenträger	Radio 300 W in EUR	Radio 150 W in EUR	Taschen-radio 45 W in EUR	Radio-wecker 35 W in EUR	Fernseher 20 Zoll in EUR	Fernseher 30 Zoll in EUR	Fernseher 40 Zoll in EUR	Fernseher 50 Zoll in EUR	Heimkino-set I in EUR	Heimkino-set II in EUR	Heimkino-set III in EUR	Heimkino-set IV in EUR	Heimkino-system I in EUR	Heimkino-system II in EUR	Heimkino-system III in EUR	Heimkino-system IV in EUR
Stückerlös	10,00	7,00	3,00	6,00	100,00	150,00	210,00	290,00	350,00	390,00	350,00	330,00	370,00	290,00	390,00	800,00
Variable Stückkosten	3,00	2,00	1,10	2,00	40,00	65,00	95,00	135,00	150,00	170,00	190,00	170,00	170,00	140,00	200,00	300,00
Stückdeckungs-beitrag	7,00	5,00	1,90	4,00	60,00	85,00	115,00	155,00	200,00	220,00	160,00	160,00	200,00	150,00	190,00	500,00
Produktions-menge x	100.000	50.000	75.000	200.000	50.000	75.000	100.000	75.000	50.000	100.000	100.000	200.000	150.000	300.000	200.000	130.000
Deckungs-beitrag I	700.000,00	250.000,00	142.500,00	800.000,00	3.000.000,00	6.375.000,00	11.500.000,00	11.625.000,00	10.000,00	22.000.000,00	16.000.000,00	32.000.000,00	30.000.000,00	45.000.000,00	38.000.000,00	65.000.000,00
Produktfixe Kosten	100.000,00	150.000,00	50.000,00	200.000,00	1.500.000,00	2.500.000,00	4.000.000,00	3.000.000,00	2.000.000,00	2.000.000,00	4.000.000,00	6.000.000,00	8.000.000,00	10.000.000,00	8.000.000,00	20.000.000,00
Deckungs-beitrag II	600.000,00	100.000,00	92.500,00	600.000,00	1.500.000,00	3.875.000,00	7.500.000,00	8.625.000,00	8.000.000,00	20.000.000,00	12.000.000,00	26.000.000,00	22.000.000,00	35.000.000,00	30.000.000,00	45.000.000,00
		700.000,00		692.500,00		5.375.000,00		16.125.000,00		28.000.000,00		38.000.000,00		57.000.000,00		75.000.000,00
Produktgruppen-fixe Kosten		100.000,00		100.000,00		2.000.000,00		4.000.000,00		8.000.000,00		20.000.000,00		24.000.000,00		30.000.000,00
Deckungs-beitrag III		600.000,00		592.500,00		3.375.000,00		12.125.000,00		20.000.000,00		18.000.000,00		33.000.000,00		45.000.000,00
				1.192.500,00				15.500.000,00				38.000.000,00				78.000.000,00
Kostenstellen-fixe Kosten				200.000,00				1.900.000,00				10.000.000,00				18.000.000,00
Deckungs-beitrag IV				992.500,00				13.600.000,00				28.000.000,00				60.000.000,00
								14.592.500,00								88.000.000,00
Betriebsbereichsfixe Kosten								5.000.000,00								10.000.000,00
Deckungs-beitrag V								9.592.500,00								78.000.000,00
																87.592.500,00
unternehmens-fixe Kosten																23.510.000,00
Betriebs-ergebnis																64.082.500,00

2.9.2.3 Gewinnschwellenrechnung

Die Gewinnschwelle (Nutzenschwelle oder auch Break-Even-Point) entspricht der Produktions- bzw. Absatzmenge, bei welcher die Gesamtkosten den Gesamterlösen entsprechen, somit der Produktions- bzw. Absatzmenge, ab welcher ein Gewinn erwirtschaftet wird.

Zur Ermittlung der Gewinnschwelle ist es erforderlich, die Kosten- und die Erlösfunktion gleichzusetzen:

$K(x) = k_v * x + K_f$

$E(x) = p * x$

$K(x_G) = E(x_G)$

$k_v * x_G + K_f = p * x_G$

$K_f = p * x_G - k_v * x_G$

$K_f = (p - k_v) * x_G$

$$x_G = \frac{K_f}{p - k_v}$$

K... Kosten

K_f... fixe Kosten

k_v... variable Stückkosten

x... Produktions- bzw. Absatzmenge

E... Erlöse
p... Verkaufspreis pro Stück
x_G... Gewinnschwelle

Beispiel:

Zur Erhöhung der touristischen Attraktivität betreibt eine Gemeinde eine Schauwerkstatt. Es liegen folgende Daten vor:

Fixkosten K_f (EUR/Periode)	2.000,00 EUR
variable Kosten	6 EUR pro Stück
Kapazitätsgrenze	1.000 Stück
Verkaufserlös	10 EUR pro Stück

Der Break-Even-Point soll rechnerisch und grafisch ermittelt werden.

Durch das Gleichsetzen der Kostenfunktion und der Erlösfunktion wird der Break-Even-Punkt ermittelt.
Kostenfunktion Erlösfunktion
2.000 EUR + 6 EUR/Stck. * x Stck. = 10 EUR/Stck. * x Stck.

Break-Even-Point: x = 500 Stck.;
Gesamtkosten/Gesamterlös = 5.000 EUR

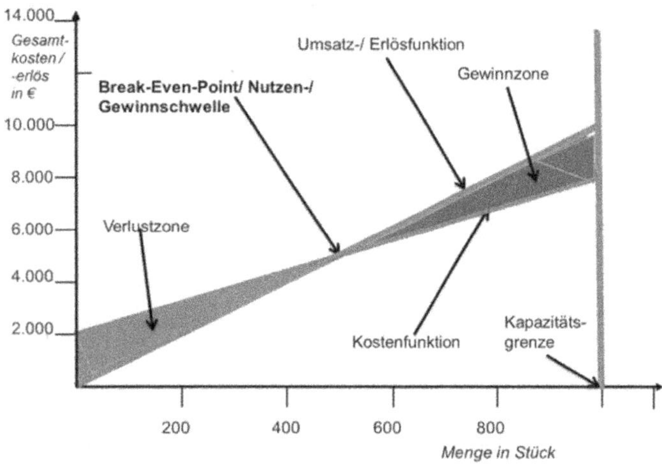

Ein weiteres Beispiel für die Anwendung der Gewinnschwellenrechnung:
Die Kommune betreibt zur Erhöhung der touristischen Aktivität eine Grillhütte. Diese kann nur am Wochenende angemietet werden, da die Vermietung in der Woche durch Gerichtsbeschluss untersagt wurde. Laut Angaben der Kämmerei fallen für die Grillhütte folgende jährliche Kosten an:

Kosten	Höhe
Abschreibungen	5.000,00 EUR
Zinsen	1.000,00 EUR
Versicherung	500,00 EUR
Sonstige fixe Kosten	1.500,00 EUR

Folgende Kosten fallen pro Vermietung an:

Kosten	Höhe
Reinigung	200,00 EUR

Der Vertrag mit dem Reinigungsunternehmen ist jederzeit kündbar. Die Kommune ist nicht vorsteuerabzugsberechtigt. Die Grillhütte wurde im vergangenen Jahr 40-mal vermietet. Der Erlös pro Vermietung beträgt 300,00 EUR.

Folgende Fragen entstehen im Rahmen der Vorbereitung einer Ausschusssitzung des Gemeinderates:

1. Ist im vergangenen Jahr ein Gewinn oder ein Verlust entstanden durch die Vermietung der Grillhütte und wie hoch ist dieser?
2. Wo liegt der Break-Even-Point bzw. die Gewinnschwelle?
3. Eine anderweitige Verwendung der Grillhütte scheidet aus. Dennoch haben einige Gemeinderäte im Vorfeld der Ausschusssitzung die Meinung geäußert, dass die Grillhütte bei Verlusten sofort geschlossen werden sollte. Wie sollte mit diesem Punkt umgegangen werden?

Die Frage 1 kann wie folgt beantwortet werden:

Der Gewinn ergibt sich durch Abzug der Kosten von den Erlösen:

Gewinn = Erlöse – Kosten

$$G(x) = E(x) - K(x)$$

G... Gewinn
E... Erlös
K... Kosten

Erlöse für 40 Vermietungen = 40 * 300,00 EUR = 12.000,00 EUR

E = 12.000,00 EUR

Kosten = fixe + variable Kosten

$$K = K_f + K_v$$

K_f... fixe Kosten
K_v... variable Kosten

Fixe Kosten = Abschreibungen + Zinsen + Versicherung + sonstige fixe Kosten = 5.000,00 EUR + 1.000,00 EUR + 500,00 EUR + 1.500,00 EUR = 8.000,00 EUR

K_f = 8.000,00 EUR

Variable Kosten = 40 * 200,00 EUR = 8.000,00 EUR

K_v = 8.000,00 EUR

$$\text{Kosten} = \text{fixe Kosten} + \text{variable Kosten}$$
$$= 8.000{,}00 \text{ EUR} + 8.000{,}00 \text{ EUR} = 16.000{,}00 \text{ EUR}$$

$K = 16.000{,}00$ EUR

$$\text{Gewinn} = \text{Erlöse} - \text{Kosten} = 12.000{,}00 \text{ EUR} - 16.000{,}00 \text{ EUR}$$
$$= -4.000{,}00 \text{ EUR}$$

$$G = E - K = -4.000{,}00 \text{ EUR}$$

Es ergibt sich somit ein Verlust i. H. v. 4.000,00 EUR

Die Frage 2 kann wie folgt beantwortet werden:

Der Break-Even-Point liegt bei der Anzahl der Vermietungen, bei der die Gesamterlöse den Gesamtkosten entsprechen. Es können folgende Erlös- und Kostenfunktion gebildet werden:

$$K(x) = 200{,}00 \text{ EUR} * x + 8.000{,}00 \text{ EUR}$$

$$E(x) = 300{,}00 \text{ EUR} * x$$

$$K(x_G) = E(x_G)$$

$$200{,}00 \text{ EUR} * x_G + 8.000{,}00 \text{ EUR} = 300{,}00 \text{ EUR} * x_G$$

$$100{,}00 \text{ EUR} * x_G = 8.000{,}00 \text{ EUR}$$

$$x_G = \frac{8.000{,}00 \text{ EUR}}{100{,}00 \text{ EUR}}$$

$$x_G = 80$$

Der Break-Even-Point liegt bei 80 Vermietungen.

Für die Beantwortung der Frage 3 muss folgende Betrachtung angestellt werden:

Eine anderweitige Verwendung der Grillhütte ist laut Sachverhalt nicht möglich. Die jährlichen fixen Kosten für die Grillhütte betragen 8.000,00 EUR und fallen unabhängig davon an, ob Vermietungen stattfinden. Wird die Grillhütte nicht vermietet, entspricht der Verlust somit den fixen Kosten und beträgt 8.000,00 EUR. Aus der Beantwortung der Frage 1 ist jedoch bekannt, dass dieser Verlust durch die Vermietungen im betrachteten Kalenderjahr auf 4.000,00 EUR reduziert werden konnte. Aus diesem Grunde sollte die Grillhütte nicht, wie von den Gemeinderäten gefordert, geschlossen werden.

2.9.3 Kontrollfragen

1. Was ist das Ergebnis der einstufigen Deckungsbeitragsrechnung, wie wird es ermittelt und auf welche Weise kann im Rahmen der einstufigen Deckungsbeitragsrechnung das Betriebsergebnis der Kosten- und Leistungsrechnung ermittelt werden?
2. Erklären Sie die Unterschiede zwischen den Vorgehensweisen der einstufigen und der mehrstufigen Deckungsbeitragsrechnung! Welche Vorteile bietet die mehrstufige Deckungsbeitragsrechnung?
3. Welche Ergebnisse können mithilfe der Gewinnschwellenrechnung erzielt werden und für welche betrieblichen Entscheidungen können diese von Bedeutung sein?

Lösung

Zu 1. Ergebnis der einstufigen Deckungsbeitragsrechnung ist der Stückdeckungsbeitrag (Bruttoerfolg pro Stück). Dieser ergibt sich durch Abzug der variablen Stückkosten von den Stückerlösen. Durch Multiplikation mit den Produktionsmengen der Kostenträger können die Deckungsbeiträge der Kostenträger ermittelt werden. Durch Subtraktion des Fixkostenblockes von der Summe der Deckungsbeiträge der Kostenträger ergibt sich das Betriebsergebnis der Kosten- und Leistungsrechnung.

Zu 2. Die einstufige Deckungsbeitragsrechnung ermittelt das Betriebsergebnis der Kosten- und Leistungsrechnung, indem die fixen Kosten in einem Block von der Summe der Deckungsbeiträge der Kostenträger abgezogen werden.
Im Falle der mehrstufigen Deckungsbeitragsrechnung werden die fixen Kosten entsprechend ihrer inhaltlichen Verbindung zum Produktionsprozess auf Produkte, Produktgruppen, Kostenstellen und Betriebsbereiche zugeordnet. So können beispielsweise die fixen Kosten für eine Produktionsstätte, welche nur durch einen Betriebsbereich genutzt wird, diesem zugeordnet werden. Die fixen Kosten, für welche keine weitergehende Zuordnung möglich ist, werden als unternehmensfixe Kosten behandelt.
Die Vorgehensweise der mehrstufigen Deckungsbeitragsrechnung ermöglicht die Ermittlung von Deckungsbeiträgen auf den o. g. Detaillierungsebenen. Der Anfall fixer Kosten und deren Deckung durch Deckungsbeiträge kann entsprechend differenziert betrachtet werden. Auf diese Weise kann eine aussagekräftigere Grundlage für betriebliche Entscheidungen generiert werden, als dies durch die einstufige Deckungsbeitragsrechnung der Fall ist.

Zu 3. Die Gewinnschwellenrechnung ermittelt die Gewinnschwelle oder den Break-Even-Point. Dies ist die Produktions- bzw. Ausbringungsmenge, bei welcher die Gesamtkosten den Gesamterlösen entsprechen. Sinkt die Produktions- bzw. Ausbringungsmenge unter die Gewinnschwelle, sind die Gesamtkosten höher als die Gesamterlöse. Es entsteht somit ein Verlust.
Liegt die Produktions- bzw. Ausbringungsmenge über der Gewinnschwelle, so entsteht ein Gewinn, da die Gesamterlöse die Gesamtkosten übersteigen. Ab der Gewinnschwelle führt jede weitere produzierte und ausgebrachte Einheit eines Kostenträgers zu einer Gewinnsteigerung. Die Gewinnschwellenrechnung dient somit zur Bestimmung der unter wirtschaftlichen Gesichtspunkten mindestens vorzuhaltenden Produktionskapazitäten bzw. der mindestens zu produzierenden und am Markt mindestens abzusetzenden Menge.

3. Wirtschaftlichkeitsuntersuchungen/Investitionsrechnung

3.1 Einführung

Um Entscheidungen treffen zu können, benötigen Sie Hilfsmittel. Stellen Sie sich vor, dass Ihr Drucker defekt ist und nicht mehr repariert werden kann. Nun haben Sie die Alternative, einen neuen Drucker zu kaufen oder Ihren Computer ohne Drucker zu nutzen.

Entscheiden Sie sich für einen neuen Drucker, lautet die nächste Frage: Kaufe ich mir einen Tintenstrahldrucker mit niedrigen Fixkosten (Abschreibungen, Zinsen etc.), aber hohen Kosten für den Toner (variable Kosten) oder erwerbe ich einen Laserdrucker mit hohen Fixkosten, aber mit niedrigeren Kosten für den Toner. Wenn Ihre Entscheidung allein von den Kosten abhängig ist, so bestimmt die Anzahl der bedruckten Seiten ihre Entscheidung.

Diese Fragestellungen müssen auch Unternehmen und die öffentliche Hand beachten.

Eine der Grundregeln der öffentlichen Haushaltswirtschaft, egal ob Sie in der Bundeshaushaltsordnung, den Haushaltsordnungen der Länder oder in den Gemeindeordnungen nachsehen, ist der Grundsatz der Wirtschaftlichkeit. Dieser umfasst das Sparsamkeits- und Ergiebigkeitsprinzip. Im letzten Teil dieses Lehrbriefes werden in dem Fach Volkswirtschaftslehre die Prinzipien des Wirtschaftens vorgestellt. Das Sparsamkeitsprinzip oder auch Minimalprinzip verlangt, ein bestimmtes Ergebnis mit möglichst geringem Mitteleinsatz zu erzielen. Mit einem bestimmten Mitteleinsatz das bestmögliche Ergebnis zu erzielen, verlangt das Ergiebigkeitsprinzip oder auch Maximalprinzip.

Auch öffentliche Haushalte müssen sich an diese Prinzipien halten, damit keine Ressourcen verschwendet oder mit den gegebenen Einsatzmitteln ein höheres Niveau erreicht werden kann.

So schreibt § 7 der Bundeshaushaltsordnung (BHO) vor, dass bei der Aufstellung und Ausführung des Haushaltsplans nicht nur die Grundsätze der Wirtschaftlichkeit und Sparsamkeit zu beachten sind, sondern auch geprüft werden muss, inwieweit staatliche Aufgaben anderweitig erfüllt werden können. Gleichzeitig sind bei allen finanzwirksamen Maßnahmen angemessene Wirtschaftlichkeitsuntersuchungen durchzuführen.

Ähnliche Regelungen finden sich auch in den Landeshaushaltsordnungen, Gemeindeordnungen oder auch im Vierten Buch Sozialgesetzbuche (SGB IV).

Die Wirtschaftlichkeitsuntersuchungen sind eine Entscheidungshilfe für die Führungsebenen. Sie bilden im ersten Schritt die Grundlage dafür, ob eine Investition durchgeführt oder unterlassen werden soll. Investition bedeutet die Umwandlung von Finanzmitteln in materielle, immaterielle Vermögenswerte und Finanzanlagen. Bei den Sachinvestitionen kann zwischen Ersatz-, Rationalisierungs- und Erweiterungsinvestition unterschieden werden. Im zweiten Schritt wird die Frage über das „Wie" der Maßnahme (Anschaffung eines Laser- oder Tintenstrahldruckers) beantwortet. Im Allgemeinen soll durch die Wirtschaftlichkeitsuntersuchung die Transparenz über die Entscheidungsmöglichkeiten, der Umfang der Entscheidung, deren finanziellen Auswirkungen und die unterstellten Annahmen der Entscheidungsfindung dargestellt werden.

Finanzwirksame Maßnahmen sind zum Beispiel die Beschaffung von beweglichen Gegenständen (z. B. Kraftfahrzeuge, Geräte, Mobiliar), die Entscheidung über Kauf, Miete oder Leasing, Standortentscheidungen von Behörden, Baumaßnahmen, Abschätzung von Folgekosten durch Verwaltungsregelungen, Förderprogramme und Einzelförderungen, Entscheidungen über die Ausgliederung von Aufgaben, Privatisierung und Öffentlich-Private Partnerschaften und Finanzierungsalternativen.

Auf den nächsten Seiten werden die Kostenvergleichsrechnung, die Kapitalwertmethode, die Annuitätenmethode und die interne Zinsfußmethode behandelt. Bei der Auswahl des Verfahrens ist darauf zu achten, dass die gewählte Form im angemessenen Verhältnis zum Ziel stehen muss. Die Entscheidung über die Auswahl des Verfahrens trifft nach der Bundeshaushaltsordnung der Beauftragte für den Haushalt.

3.2 Statische Verfahren

Merkmal der statischen Verfahren ist, dass sich die Vorteilhaftigkeit einer Investitionsentscheidung auf eine Periode bezieht. Daraus ergibt sich, dass man bei statischen Verfahren mit Durchschnittswerten arbeitet. Das bekannteste statische Verfahren ist die Kostenvergleichsrechnung.

3.2.1 Kostenvergleichsrechnung

Kostenvergleichsrechnungen sind geeignet für Maßnahmen mit geringer finanzieller Bedeutung und ohne langfristige Auswirkungen. Die Anschaffung eines Kopierers gehört dazu.

Bei der Kostenvergleichsrechnung werden die Kosten alternativer Investitionsprojekte miteinander verglichen. Es wird dann jene Investitionsalternative ausgewählt, die die geringsten Kosten verursacht.

Ist die zu produzierende Menge bekannt, vergleicht man die jährlichen Gesamtkosten. Die Stückkosten werden miteinander verglichen, wenn die produzierten Mengen der Investitionsalternativen unterschiedlich sind.

Im folgenden Beispiel ist die produzierte Menge bekannt. Deshalb werden die jährlichen Gesamtkosten ermittelt und verglichen. Es wird dann die Alternative mit den niedrigsten Gesamtkosten ausgewählt.

Zur Erinnerung sei ausgeführt, dass Kosten den bewerteten Verzehr in EUR von Sachgütern und Dienstleistungen durch die Leistungserbringung, z. B. der Gemeinde, darstellen.

Zuerst werden bei der Kostenvergleichsrechnung die Kosten in fixe und variable Kosten aufgeteilt. Fixe Kosten sind leistungsunabhängige Kosten. Im Gegensatz dazu sind variable Kosten leistungsabhängige Kosten. Diese variieren mit der produzierten Menge.

Zu den fixen Kosten gehören insbesondere die kalkulatorischen Abschreibungen und die kalkulatorischen Zinsen.

Merke:
Bei der Kostenvergleichsrechnung werden die Anschaffungskosten abgeschrieben. Im Gegensatz hierzu werden bei der Kosten- und Leistungsrechnung der Wiederbeschaffungswert oder Wiederbeschaffungszeitwert als Bemessungsgrundlage für die Abschreibungen und kalkulatorischen Zinsen herangezogen.

$\frac{\text{Anschaffungskosten} - \text{Restwert}}{\text{prognostizierte Nutzungsdauer}}$	Kalkulatorische Abschreibungen
$\frac{\text{Anschaffungskosten} + \text{Restwert}}{2} * \text{Zins}$	Kalkulatorische Zinsen

Da die Kostenvergleichsrechnung bei Maßnahmen mit geringer finanzieller Bedeutung zur Anwendung kommt, wird im Rahmen der Haushaltswirtschaft auf die Berücksichtigung des

Restwertes bei der Bestimmung der kalkulatorischen Zinsen verzichtet. Daraus ergibt sich dann folgende Formel:

$\frac{\text{Anschaffungskosten}}{2} * \text{Zins}$	Kalkulatorische Zinsen

Erläuterung der Kostenvergleichsrechnung an einem Beispiel:

Um die Wartezeiten der Bürger im Bürgerbüro zu verkürzen, soll ein Kaffeeautomat angeschafft werden. Nach einer Ausschreibung kommen zwei Angebote in die engere Auswahl. Für diese beiden Alternativen liegen folgende Angaben vor:

	Quick-Coffee	Fast-Coffee
Anschaffungskosten	6.000 EUR	12.000 EUR
Restwert	1.200 EUR	2.400 EUR
Nutzungsdauer	3 Jahre	3 Jahre
Zinssatz	5 %	5 %
jährliche Wartungskosten	220 EUR	240 EUR
Kosten Kaffeepulver pro Getränk	10 Cent	6 Cent
Stromkosten pro Getränk	6 Cent	1 Cent
Preis pro Getränk	0,5 EUR	0,5 EUR

Jedes Jahr werden 10.000 Kaffeegetränke gekauft.

Berechnen Sie mit Hilfe der Kostenvergleichsrechnung sowohl die ***Gesamtkosten*** als auch die ***Kosten pro Getränk!*** Bitte berücksichtigen Sie im vorliegenden Beispiel den Restwert bei der Berechnung der kalkulatorischen Zinsen.

	Quick-Coffee	**Fast-Coffee**
Fixe Kosten		
Kalkulatorische Abschreibungen	$\frac{6.000\,\text{EUR} - 1.200\,\text{EUR}}{3\,\text{Jahre}} = 1.600$ EUR/Jahr	$\frac{12.000\,\text{EUR} - 2.400\,\text{EUR}}{3\,\text{Jahre}} = 3.200$ EUR/Jahr
Kalkulatorische Zinsen	$\frac{6.000\,\text{EUR} - 1.200\,\text{EUR}}{2} * 0{,}05 = 180$ EUR/Jahr	$\frac{12.000\,\text{EUR} - 2.400\,\text{EUR}}{2} = 360$ EUR/Jahr
Wartungskosten	220 EUR/Jahr	240 EUR/Jahr
Summe fixe Kosten	2.000 EUR/Jahr	3.800 EUR/Jahr
Variable Kosten – Kaffeepulver	10.000 Kaffees/Jahr * 0,1 EUR/Kaffee = 1.000 EUR/Jahr	10.000 Ka./Jahr * 0,06 EUR/Ka. = 600 EUR/Jahr
Variable Kosten – Strom	10.000 Kaffees/Jahr * 0,06 EUR/Jahr = 600 EUR/Jahr	10.000 Ka./Ja. * 0,01 EUR/Ka. = 100 EUR/Jahr
Summe variable Kosten	1.600 EUR/Jahr	700 EUR/Jahr
Gesamtkosten	3.600 EUR/Jahr	4.500 EUR/Jahr
Kosten pro Kaffee	$\frac{3.600\,€}{10.000\,\text{Kaffees}} = 0{,}36\,€/\text{Ka.}$	$\frac{4.500\,€}{10.000\,\text{Kaffees}} = 0{,}45\,€/\text{Ka.}$

Die jährlichen Gesamtkosten beim Quick-Coffee-Automat betragen 3.600 EUR und damit 0,36 EUR pro Kaffee und beim Fast-Coffee-Automat 4.500 EUR (0,45 EUR pro Kaffee). Es sollte daher der Quick-Coffee-Automat angeschafft werden.

3.2.2 Gewinnvergleichsrechnung

Bei der Gewinnvergleichsrechnung werden neben den Kosten auch die Erlöse berücksichtigt. Anhand der vorliegenden Daten wird eine

Gewinnvergleichsrechnung durchgeführt. Es werden 10.000 Kaffeebecher zu einem Preis von 0,50 EUR/Kaffee pro Jahr verkauft.

	Quick-Coffee	Fast-Coffee
Erlös pro Kaffee	0,50 EUR/Kaffee	0,50 EUR/Kaffee
Gewinn pro Kaffee (Erlös/Ka. – Kosten/Ka.)	0,5 EUR/Kaffee – 0,36 EUR/Kaffee = 0,14 EUR /Kaffee	0,5 EUR/Kaffee – 0,45 EUR/Kaffee = 0,05 EUR/Kaffee
Gesamterlös	0,5 EUR/Kaffee * 10.000 Kaffees = 5.000 EUR	0,5 EUR/Kaffee * 10.000 Kaffees = 5.000 EUR
jährlicher Gewinn (Erlös – Kosten)	5.000 EUR /Jahr – 3.600 EUR /Jahr = 1.400 EUR /Jahr	5.000 EUR/Jahr – 4.500 EUR/Jahr = 500 EUR/Jahr

Der jährliche Gewinn beträgt beim Quick-Coffee-Automat 1.400 EUR (0,14 EUR/Kaffee) und beim Fast-Coffee-Automat 500 EUR (0,05 EUR/Kaffee). Deshalb sollte der Quick-Coffee-Automat ausgewählt werden.

3.2.3 Bestimmung der kritischen Menge

Wenn die Anzahl der zu produzierenden Kaffees nicht feststeht, wird die kritische Menge bestimmt. Die kritische Menge ist die Menge – hier Anzahl der produzierten Kaffees – bei der die Kosten der Alternativen identisch sind.

Rechnerisch wird die kritische Menge durch Gleichsetzung der Kostenfunktionen ermittelt.

Die Gesamtkosten setzen sich aus den fixen und variablen Kosten zusammen.

In dem Beispiel der Kaffeeautomaten werden gleichbleibende variable Kosten unterstellt. Damit ergibt sich folgende Kostenfunktion:

Kostenfunktion = fixe Kosten + variable Kosten pro Stück * x Stück

$$f(x) = m * x + n \text{ oder auch } f(x)\ a + b * x$$

Dabei sind n oder a die fixen Kosten und m oder b die variablen Kosten pro Stück.

Die variablen Kosten setzen sich aus den Kosten für Kaffeepulver pro Kaffee und den Stromkosten pro Kaffee zusammen.

$$\text{Kostenfunktion}_{\text{Quick-Coffee}} = 2.000 \text{ EUR} + (0,1 \text{ EUR/Kaffee} + 0,06 \text{ EUR/Kaffee}) * x \text{ Kaffees}$$

$$\text{Kostenfunktion}_{\text{Fast-Coffee}} = 3.800 \text{ EUR} + (0,06 \text{ EUR /Kaffee} + 0,01 \text{ EUR /Kaffee}) * x \text{ Kaffees}$$

$$\text{Kostenfunktion}_{\text{Quick-Coffee}} = 2.000 + 0,16 * x$$

$$\text{Kostenfunktion}_{\text{Fast-Coffee}} = 3.800 + 0,07 * x$$

$$2.000 + 0,16x = 3.800 + 0,07x - 2000 \text{ und } - 0,07x$$

$$0,09\ x = 1.800 * 100$$

$$9x = 180.000 : 9$$

$$x = 20.000 \text{ Kaffees}$$

Bei 20.000 Kaffees pro Jahr sind die Kosten der beiden Kaffeeautomaten identisch.

Die Kosten beider Alternativen betragen bei 20.000 Kaffees pro Jahr 5.200 EUR.

$$\text{Kostenfunktion}_{\text{Quick-Coffee}} = 2.000 \text{ EUR} + 0,16 \text{ EUR/Kaffee} * 20.000 \text{ Kaffees} = 5.200 \text{ EUR}$$

$$\text{Kostenfunktion}_{\text{Fast-Coffee}} = 3.800 \text{ EUR} + 0,07 \text{ EUR/Kaffee} * 20.000 \text{ Kaffees} = 5.200 \text{ EUR}$$

Bei weniger als 20.000 Kaffees pro Jahr sollte der Quick-Coffee-Automat und bei mehr als 20.000 Kaffees pro Jahr der Fast-Coffee-Automat angeschafft werden.

Die kritische Menge kann ebenfalls grafisch dargestellt werden:

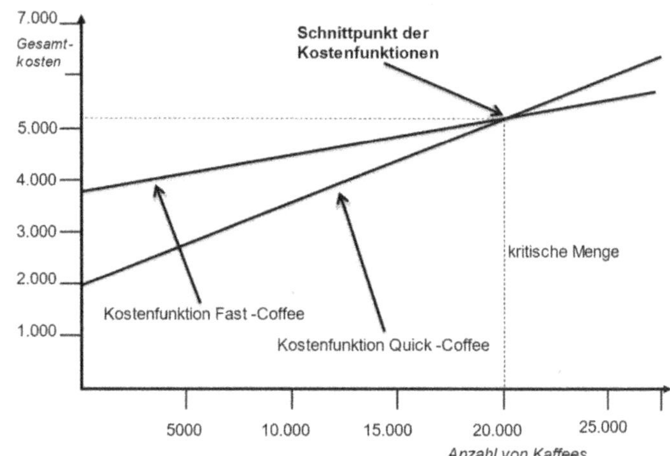

3.2.4 Kontrollfragen

1. Was verstehen Sie unter dem Begriff „Investition"?
2. Nennen Sie drei Arten von Sachinvestitionen! Welche weiteren Investitionen gibt es neben den Sachinvestitionen?
3. Kommt bei der Kostenvergleichsrechnung das Minimal- oder Maximalprinzip zur Anwendung?
4. Wie wird die Vorteilhaftigkeit einer Investition bei Anwendung der Kostenvergleichsrechnung bei verschiedenen Kapazitäten festgestellt? Wie wird die Vorteilhaftigkeit bei gleicher Leistung ermittelt?

5. Warum werden u. a. die Kostenvergleichsrechnung und die Gewinnvergleichsrechnung als statische Verfahren beschrieben?

Lösung

Zu 1. Vereinfacht wird unter Investition die Umwandlung von liquiden Finanzmitteln in materielle, immaterielle Vermögenswerte und Finanzanlage verstanden.

Zu 2. Bei den Sachinvestitionen wird zwischen Ersatzinvestitionen, Rationalisierungsinvestitionen und Erweiterungsinvestitionen unterschieden. Neben den Sachinvestitionen gibt es noch die immateriellen Investitionen (Forschungs- und Entwicklungsinvestitionen, Investition in Patente etc.) und die Investitionen in Finanzanlagen (Beteiligung an anderen Unternehmen, Kauf von Aktien etc.).

Zu 3. Bei der Kostenvergleichsrechnung wird die Alternative mit den geringsten Kosten ausgewählt. Folglich kommt das Minimalprinzip zur Anwendung.

Zu 4. Wenn die produzierte Menge unterschiedlich ist, wird der Stückkostenvergleich als Entscheidungskriterium verwendet. Beim Gesamtkostenvergleich oder Periodenvergleich sind die produzierten Mengen identisch.

Zu 5. Sie werden als statisch beschrieben, da sie als Entscheidungskriterium nur eine „Durchschnittsperiode" betrachten. Diese Fokussierung auf die Durchschnittsperiode ist auch der größte Kritikpunkt an den Verfahren, da die Kosten und Erlöse über den Nutzungszeitraum nicht gleichmäßig anfallen.

3.3 Dynamische Verfahren

Zumindest in der Vergangenheit lebten wir in einer Welt mit Inflation, d. h. Geldentwertung. Damit ist nicht nur die Höhe einer Einzahlung/Einnahme oder einer Auszahlung/Ausgabe entscheidend, sondern auch der Zeitpunkt. Da die Kostenvergleichsrechnung mit Durchschnittswerten arbeitet, scheidet sie deshalb als Verfahren für längerfristige Investitionsvorhaben aus.

Im Folgenden wird als Einstieg in die dynamischen Verfahren der Zinseffekt einfach erläutert.

Daran erkennen Sie, dass der reale Wert einer Zahlung vom Zeitpunkt abhängig ist. Zum Zeitpunkt t0 haben Sie 100 EUR. Diese 100 EUR legen Sie bei einem Zinssatz von 10 % für zwei Jahre an.

Nach einem Jahr haben Sie 110 EUR.

$$100 \text{ EUR} * (1 + \text{Zinssatz}) = 100 \text{ EUR} * (1 + 0{,}1) = 110 \text{ EUR}$$

Nach zwei Jahren beträgt der Kontostand 121 EUR.

$$110 \text{ EUR} * (1 + \text{Zinssatz}) = 100 \text{ EUR} * 1{,}1 = 121 \text{ EUR}.$$

Der Multiplikator bei einem Zinssatz von 10 % beträgt 1,1. Bei einem Zinssatz von 5 % ist der Multiplikator 1,05.

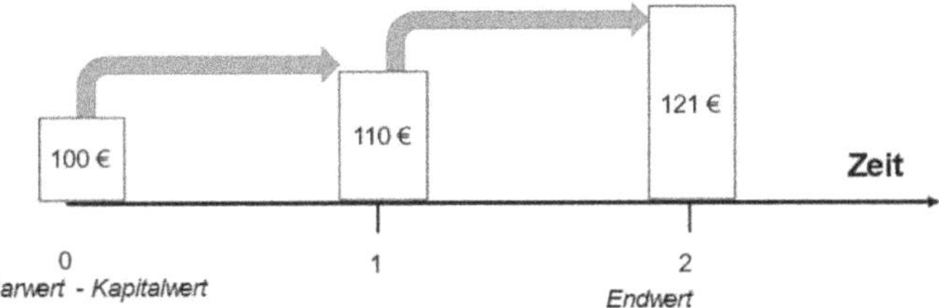

Sie müssen in zwei Jahren aus einem Kreditverhältnis 121 EUR zahlen. Nach einem Geldgewinn möchten Sie diese Zahlungsverpflichtung heute mit einer einmaligen Zahlung begleichen. Wie hoch ist der heutige Wert der Zahlung von 121 EUR in zwei Jahren?

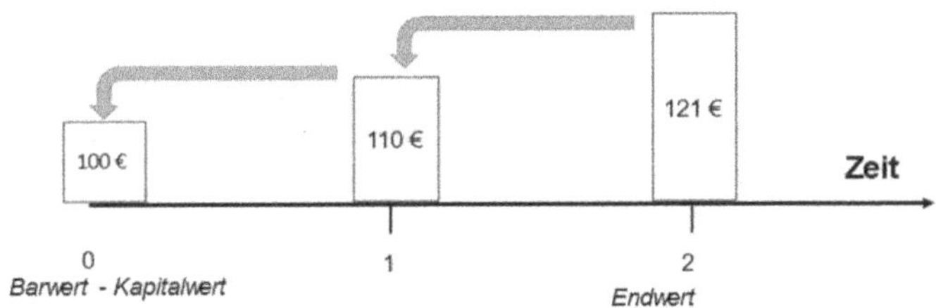

Betrag nach zwei Jahren	$121 \text{ EUR} * \frac{1}{(1+0{,}1)} = 110 \text{ EUR}$	Betrag nach einem Jahr
Betrag nach einem Jahr	$110 \text{ EUR} * \frac{1}{(1+0{,}1)} = 100 \text{ EUR}$	Betrag zum Zeitpunkt null (heute)

Der Betrag von 121 EUR muss nunmehr zwei Jahre mit dem Kehrwert abgezinst werden.

3.3.1 Kapitalwertmethode

Das bekannteste dynamische Verfahren zur Bestimmung der Vorteilhaftigkeit einer Investition ist die Kapitalwertmethode. So schreibt die Arbeitsanleitung „Einführung in Wirtschaftlichkeitsuntersuchungen" des Bundesministeriums der Finanzen die Anwendung der Kapitalwertmethode vor, wenn die Einnahmen und Ausgaben zu mehreren unterschiedlichen Zeitpunkten erfolgen, die Zahlungsströme bei den betrachteten Alternativen unterschiedlich hoch und mehrjährige Betrachtungen vorzunehmen sind. Die entsprechenden Arbeitsanleitungen der Bundesländer sehen grundsätzlich die gleichen Regelungen vor.

Erläuterung der Kapitalwertmethode an einem Beispiel:

Ein städtisches Unternehmen steht vor der Frage, ob es die folgende mögliche Investition in Höhe von 120.404,56 EUR tätigen soll. Der Zinssatz beträgt 5 % und bei der Durchführung der Investition werden die unten aufgeführten Zahlungsströme prognostiziert. Am Ende der vierjährigen Nutzungsdauer wird die Maschine veräußert. Man rechnet nach vier Jahren mit einer Einnahme aus der Veräußerung der Maschine in Höhe von 20.000 EUR.

	Investitionszeitpunkt	1. Jahr	2. Jahr	3. Jahr	4. Jahr
Einnahmen		100.000 EUR	120.000 EUR	130.000 EUR	140.000 EUR
Einnahme aus der Veräußerung					20.000 EUR
Anschaffung der Maschine – Ausgabe	120.404,56 EUR				
Ausgaben		60.000 EUR	70.000 EUR	110.000 EUR	130.000 EUR
Saldo		+ 40.000 EUR	+ 50.000 EUR	+ 20.000 EUR	+ 30.000 EUR

Da die Einnahmen und Ausgaben zu unterschiedlichen Zeitpunkten erfolgen, scheiden deshalb die statischen Verfahren z. B. die Kostenvergleichsrechnung aus.

Im ersten Schritt wird bei der Kapitalwertmethode ein Zeitstrahl erstellt. Dann werden um den Zeitstrahl die Ereignisse – die Einnahmen oder Ausgaben – angeordnet. Sodann werden die Salden abgezinst bzw. abdiskontiert.

$$\text{Kapitalwert} = -\frac{120.404{,}56\,\text{EUR}}{1} + \frac{40.000\,\text{EUR}}{1{,}05} + \frac{50.000\,\text{EUR}}{1{,}05^2} + \frac{20.000\,\text{EUR}}{1{,}05^3} + \frac{30.000\,\text{EUR}}{1{,}05^4}$$

$$= -120.404{,}56\,\text{EUR} + 38.095{,}24\,\text{EUR} + 45.351{,}47\,\text{EUR} + 17.276{,}75\,\text{EUR} + 24.681{,}10\,\text{EUR}$$

$$= 5.000\,\text{EUR}$$

Damit beträgt der Kapitalwert 5.000 EUR. Dies bedeutet, dass die Investition in die Maschine in Höhe von 120.404,56 EUR erwirtschaftet wurde und die mit 5 % abgezinsten Überschüsse in den Perioden 1 bis 4 den Investitionswert von 120.404,56 EUR um 5.000 EUR übersteigen.

Die Investition ist vorteilhaft und sollte damit getätigt werden.

Die Höhe des Kapitalwertes ist abhängig
a) von der Höhe der Anfangsinvestition,
b) den Einnahmen über den Nutzungszeitraum,
c) den Ausgaben über den Nutzungszeitraum und
d) der Höhe des Kalkulationszinsfußes.

Zur Steuerung der Wirtschaftseinheit „Betrieb“ ist die Bestimmung der Zielsetzung in Form von z. B. Gewinnmaximierung, Kostendeckung, Verlustminimierung, sowie die Planung von entsprechenden Maßnahmen für deren Erreichung (Zielverwirklichung) erforderlich. Daneben sind Betriebsorganisation und Entscheidungen über die Realisierung der Leistungserstellung und Leistungsverwertung zu treffen, wobei die bisher erbrachte Leistungserstellung, Leistungsverwertung und der damit verbundene Erfolg in die Entscheidungen für die weitere Ausrichtung und Steuerung der Einheit „Betrieb“ mit einfließen.

Diese Aufgabe kann auch mit den Aufzinsungsfaktoren gelöst werden. In der Anlage zur Bundeshaushaltsordnung sind z. B. die entsprechenden Abzinsungsfaktoren aufgeführt. Mit diesem Abzinsungsfaktoren werden zukünftige Zahlungen auf einen festgelegten Zeitpunkt abgezinst. Dadurch wird der Kapitalwert oder Gegenwartswert ermittelt.

Die Tabelle hat folgenden Aufbau:

Kalkulations-zinssatz	1. Jahr	2. Jahr	3. Jahr	4. Jahr	5. Jahr
....					
2,0 %	0,9804	0,9612	0,9423	0,9238	0,9057
....					
4,8 %	0,9542	0,9105	0,8688	0,8290	0,7910
4,9 %	0,9533	0,9088	0,8663	0,8258	0,7873
5,0 %	**0,9524**	**0,9070**	**0,8638**	**0,8227**	**0,7835**
5,1 %	0,9515	0,9053	0,8614	0,8196	0,7798

In der ersten Spalte ist der entsprechende Kalkulationssatz aufgeführt und in den folgenden Spalten werden die Perioden angegeben.

Beispiel: Wie hoch ist der heutige Wert einer Einmalzahlung von 20.000 EUR in fünf Jahren bei einem Zinssatz von 2 %?

Der Abzinsungsfaktor ergibt sich durch Kreuzung der ersten Spalte (2 %) und der sechsten Spalte (5. Jahr) und beträgt damit 0,9057.

Der Gegenwartswert der einmaligen Zahlung beträgt somit: 0,9057 * 20.000 EUR = 18.114 EUR.

Der Kapitalwert beim Beispiel des städtischen Unternehmens errechnet sich wie folgt:

Kapitalwert = - 120.404,56 EUR + (**0,9524** * 40.000 EUR)
+ (**0,9070** * 50.000 EUR) + (**0,8638** * 20.000 EUR)
+ (**0,8227** * 30.000 EUR) = 5.000 EUR

3.3.2 Annuitätenmethode

Bei dem Wort Annuität denken viele sofort an das Annuitätendarlehen bei der Finanzierung des Haus- oder Wohnungskaufes. Merkmal eines Annuitätendarlehens ist, dass die Rückzahlungsbeträge konstant sind.

Um die Annuität zu berechnen, wird der Kapitalgewinnungsfaktor verwendet.

$$\frac{Zins*(1+Zins)^{Laufzeit}}{(1+Zins)^{Laufzeit}-1}$$

Der Kapitalgewinnungsfaktor oder auch Annuitätsfaktor teilt den ausgezahlten Kreditbetrag in eine Reihe gleich großer Beträge.

Sie haben einen Kredit in Höhe von 150.000 EUR für den Kauf Ihres Hauses aufgenommen. Dieser Kredit soll innerhalb von 15 Jahren mit gleichen Jahresleistungen (Annuitäten) zurückgezahlt werden (Tilgung und Zins).

Wie hoch ist die Annuität bei einem Zins von 5 %?

$$\text{Kapitalgewinnungsfaktor beim Zins von 5 \%} = \frac{0{,}05*(1+0{,}05)^{15}}{(1+0{,}05)^{15}-1} = 0{,}0963422876$$

Wie hoch ist die Annuität bei einem Zins von 2 %?

$$\text{Kapitalgewinnungsfaktor beim Zins von 2 \%} = \frac{0{,}02*(1+0{,}02)^{15}}{(1+0{,}02)^{15}-1} = 0{,}07782547225$$

Annuität	=	Kredithöhe (Wert)	*	Kapitalgewinnungsfaktor bei n = 15 Jahre und x % Zinsen
14.451,34 EUR	=	150.000 EUR	*	0,0963422876 (Zins = 5 %)
11.673,82 EUR	=	150.000 EUR	*	0,07782547223 (i = 2 %)

Bei einem Zinssatz von 5 % beträgt die jährliche Belastung durch den Kredit 14.451,34 EUR und bei einem Zinssatz von 2 % vermindert sich die jährliche Belastung um 2.777,52 EUR auf 11.673,82 EUR.

Erläuterung der Annuitätenmethode an einem Beispiel:

Ein städtisches Unternehmen steht vor der Frage, ob es die folgende Investition in Höhe von 120.404,56 EUR tätigen soll: Die Nutzungsdauer der Maschine beträgt 4 Jahre und der Kapitalwert der Investition beträgt 5.000 EUR bei einem Zinssatz von 5 %.

Wie hoch ist die Annuität?
Zuerst wird der Kapitalgewinnungsfaktor berechnet und dieser mit dem Kapitalwert multipliziert.

$$\text{Kapitalgewinnungsfaktor beim Zins von 5 \%} = \frac{0{,}05*(1+0{,}05)^{4}}{(1+0{,}05)^{4}-1} = 0{,}2820118326$$

Annuität	=	Kapitalwert	* Kapitalgewinnungsfaktor bei n = 4 Jahre und 5 % Zinsen
1.410,06 EUR	=	5.000 EUR	* 0,2820118326 (Zins = 5 %)

Der konstante Überschuss aus der Investition über die vierjährige Nutzungsdauer beträgt 1.410,06 EUR. Da die Annuität größer oder gleich Null ist, sollte die Investition durchgeführt werden. In der Praxis wird die Annuitätenmethode laut einer Erhebung von Olfert/Reichel nur von 5 % der Unternehmen eingesetzt. Auch wird dieses Verfahren in den Arbeitsanleitungen zur Einführung in Wirtschaftlichkeitsuntersuchungen des Bundes und verschiedener Bundesländer nicht aufgeführt.

Der konstante Überschuss aus der Investition über die vierjährige Nutzungsdauer beträgt 1.410,06 EUR. Da die Annuität größer oder gleich Null ist, sollte die Investition durchgeführt werden. In der Praxis wird die Annuitätenmethode laut einer Erhebung von Olfert/Reichel nur von 5 % der Unternehmen eingesetzt. Auch wird dieses Verfahren in den Arbeitsanleitungen zur Einführung in Wirtschaftlichkeitsuntersuchungen des Bundes und verschiedener Bundesländer nicht aufgeführt.

Bei Aufgaben zur Annuitätenmethode wird häufig der Kapitalgewinnungsfaktor genannt oder es werden entsprechende Tabellen mit z. B. folgendem Aufbau zur Verfügung gestellt:

Kalkulationszinssatz	1. Jahr	2. Jahr	3. Jahr	4. Jahr	5. Jahr
....					
4,5 %	1,045000	0,533998	0,363773	0,278744	0,227792
5,0 %	**1,050000**	**0,537805**	**0,367209**	**0,282012**	0,230975
5,5 %	1,055000	0,541618	0,370654	0,285294	0,234176

In der ersten Spalte ist der entsprechende Kalkulationssatz und in den folgenden Spalten sind die Perioden aufgeführt. Daraus ergibt sich der entsprechende Kapitalgewinnungsfaktor.

3.3.3 Interne Zinsfußmethode

Nach der Kapitalwertmethode ist eine Investition vorzunehmen, wenn der Kapitalwert positiv ist. In dem Beispiel des städtischen Unternehmens beträgt der Kapitalwert 5.000 EUR.

Wie soll sich jedoch ein Unternehmen entscheiden, wenn mehrere Investitionsprojekte einen positiven Kapitalwert haben und aus finanziellen Gründen nur eine Investition realisiert werden kann. Für welche Alternative werden die 100.000 EUR Investitionsbudget eingesetzt. Die interne Zinsfußmethode ist das entsprechende Hilfsmittel für diese Entscheidung. Sie sagt aus, dass sich die Investition mit 6,9 % verzinst oder die Investition eine Rendite von 6,9 % erzielt.

Bei der internen Zinsfußmethode wird der „Zins" gesucht, bei dem der Kapitalwert Null ist. Die abgezinsten Einzahlungsüberschüsse ergeben einen Kapitalwert von Null.

Erläuterung der internen Zinsfußmethode an einem Beispiel:

Ein städtisches Unternehmen steht vor der Frage, ob es die folgende mögliche Investition in Höhe von 120.404,56 EUR tätigen soll. Bei der Durchführung der Investition werden die im Folgenden aufgeführten Zahlungsströme prognostiziert. Am Ende der vierjährigen Nutzungsdauer wird die Maschine veräußert. Man rechnet mit einer Einnahme aus der Veräußerung in Höhe von 20.000 EUR.

	Investitionszeitpunkt	1. Jahr	2. Jahr	3. Jahr	4. Jahr
Einnahmen		100.000 EUR	120.000 EUR	130.000 EUR	140.000 EUR
Einnahme aus der Veräußerung					20.000 EUR
Anschaffung der Maschine – Ausgabe	120.404,56 EUR				
Ausgaben		60.000 EUR	70.000 EUR	110.000 EUR	130.000 EUR
Saldo		+ 40.000 EUR	+ 50.000 EUR	+ 20.000 EUR	+ 30.000 EUR

$$0=-\frac{120.404,56\,€}{1}+\frac{40.000\,€}{(1+i)}+\frac{50.000\,€}{(1+i)^2}+\frac{20.000\,€}{(1+i)^3}+\frac{30.000\,€}{(1+i)^4}$$

Wie bereits ausgeführt, wird bei der internen Zinsfußmethode der Zins gesucht, bei dem der Kapitalwert Null ist. Bei diesem ermittelten Zins ist es irrelevant, ob die Investition getätigt oder unterlassen wird. Die Investition ist dann lohnend, wenn der Kalkulationszinssatz kleiner als der interne Zinsfuß ist. Sie lohnt sich dann nicht, wenn der Kalkulationszinssatz größer als der interne Zinsfuß ist.

Durch Variation des Kalkulationszinssatzes verändert sich der Kapitalwert wie folgt:

Kalkulationszins		**Kapitalwert**	
4,0 %	➔	+	7.709 EUR
4,5 %	➔	+	6.342 EUR
5,0 %	➔	+	5.000 EUR
6,5 %	➔	+	1.113,76 EUR
6,9 %	➔	+	111,70 EUR
6,943 %	➔	+	4,81 EUR
6,944 %	➔	+	2,33 EUR
6,945 %	➔	-	0,16 EUR
6,95 %	➔	-	12,58 EUR
7,0 %	➔	-	136,63 EUR
7,5 %	➔	-	1.365,40 EUR
8,0 %	➔	-	2.573,04 EUR

Nach der internen Zinsfußmethode ist eine Investition dann vorteilhaft, wenn der interne Zinsfuß über der geforderten Mindestverzinsung liegt.

Der Vorteil der internen Zinsfußmethode ist, dass man mehrere sich gegenseitig ausschließende Investitionsalternativen miteinander vergleichen kann. Es wird die Alternative mit dem höchsten internen Zinsfuß ausgewählt. Ist der höchste interne Zinsfuß niedriger als der Kalkulationszinsfuß ist keine Alternative vorteilhaft.

Beim stätischen Unternehmen ist die Investition nicht mehr lohnend, wenn die geforderte Mindestverzinsung höher/gleich 6,945 % ist.

Es gibt verschiedene Möglichkeiten zur Bestimmung des internen Zinsfußes:

e) Ausprobieren wie oben
f) mittels rechnerischer Näherungslösung durch Interpolationsformel
g) mathematische Bestimmung des internen Zinsfußes

Mittels der Interpolationsformel kann man näherungsweise den internen Zinssatz bestimmen.

$$\text{interner Zinssatz}=\frac{1.136,76*0,075-(-1.365,40*0,065)}{1.113,76-(-1.365,40)}=0,6949$$

Damit beträgt der interne Zinssatz 6,95 %.

$$\text{Allgemeine Formel} = \frac{\text{Kapitalwert 1} * \text{Zins 2} - \text{Kapitalwert 2} * \text{Zins 1}}{\text{Kapitalwert 1} - \text{Kapitalwert 2}} = \text{interner Zinssatz}$$

Die Kapitalwertkurve schneidet die Abszisse genau an der Stelle Zins = 6,9 %. Ist der Zins kleiner als 6,9 % dann ist der Kapitalwert positiv und die Investition lohnend. Ist der Zins größer als 6,9 %, ist die Investition nicht zu empfehlen, da der Kapitalwert negativ ist.

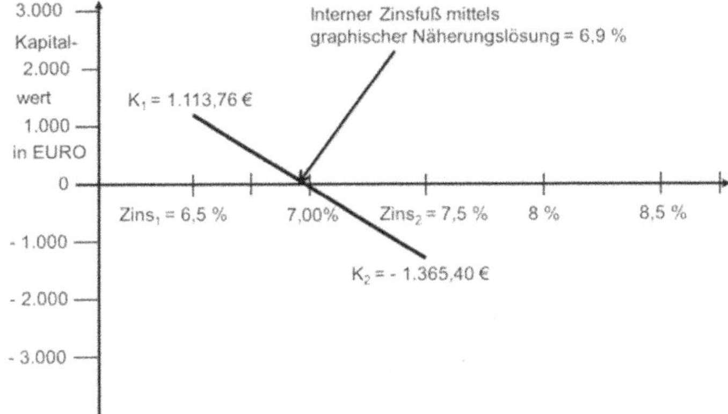

Beim mathematischen Verfahren werden die Salden der einzelnen Perioden auf den Investitionszeitpunkt abdiskontiert. Es wird der Zins gesucht, bei dem der Kapitalwert null ergibt.

3.3.4 Kontrollfragen

1. Welche Faktoren beeinflussen in einer Welt ohne Steuern und Subventionen die Höhe des Kapitalwertes?
2 Nach Anwendung der Kapitalwertmethode bei einem Investitionsobjekt erhalten Sie einen positiven Kapitalwert. Welche Konsequenzen ziehen Sie daraus?
3. Welche grundlegenden Probleme hat die Kapitalwertmethode?
4. Kommt bei der Kapitalwertmethode das Minimal- oder Maximalprinzip zur Anwendung?
5. Wie verändert sich der Kapitalwert bei einem steigenden und sinkenden Zins?
6. Wie hoch ist der Kapitalwert beim internen Zinsfuß?
7. Beschreiben Sie kurz die Annuitätenmethode!

Lösung

Zu 1. Dies sind die Höhe der Anfangsinvestition, die Ein- und Ausgaben über den Nutzungszeitraum und die Höhe des Kalkulationszinsfußes.

Zu 2. Die Investition sollte bei einem positiven Kapitalwert durchgeführt werden, denn neben der geforderten Mindestverzinsung (= Kalkulationszinssatz) wurde ein Gewinn – auf den Zeitpunkt null abdiskontiert – erzielt.

Zu 3. Bei der Kapitalwertmethode müssen die sich aus der Investition ergebenden Einnahmen und Ausgaben und der zukünftige Zins, d. h. der Kalkulationszinssatz, geschätzt werden.

Zu 4. Bei der Kapitalwertmethode fällt die Wahl auf die Investition mit dem höchsten Kapitalwert. Dabei handelt es sich um das Maximalprinzip, da mit gegebenem Mitteleinsatz die abdiskontierten Zahlungsüberschüsse auf den Zeitpunkt der Investition maximiert werden.

Zu 5. Der Kapitalwert sinkt bei einem steigenden Zins und erhöht sich bei einem sinkenden Zins.

Zu 6. Beim internen Zinsfuß ist der Kapitalwert null.

Zu 7. Bei der Annuitätenmethode werden die Investitionsausgaben sowie die zukünftigen Ausgaben und die zukünftigen Erträge andererseits in gleich große Werte (Annuitäten) umgerechnet.

3.4 Mehrdimensionale Investitionsrechenverfahren

In den bisherigen Wirtschaftlichkeitsuntersuchungen (Kostenvergleichsrechnung, Kapitalwertmethode, Annuitätenmethode und interne Zinsfußmethode) wurden neben den betrieblichen Wirkungen nur geldliche Effekte betrachtet. Mehrdimensionale Verfahren berücksichtigen zusätzlich auch externe Effekte bzw. soziale Kosten. Wenn Sie mit lauter Musik durch die Stadt fahren, verursachen Sie bei den Anwohnern Kosten, die Sie in Ihrer Entscheidung jedoch nicht berücksichtigen. In der Volkswirtschaftslehre wird im nächsten Kapitel erläutert, dass die Ausdehnung der Produktion öffentlicher Güter zu Lasten privater Bedürfnisbefriedigungsmöglichkeiten nur als sinnvoll angesehen werden kann, wenn der soziale Nutzen dieser öffentlichen Güter höher oder gleich den sozialen Kosten (= Verminderung der privaten Bedürfnisbefriedigung) ist. Da die mehrdimensionalen Verfahren bei größeren Projekten im staatlichen Bereich z. B. Infrastrukturinvestitionen (City-Tunnel in Leipzig, Stuttgart 21) zum Einsatz kommen, nennt man sie auch volks- oder gesamtwirtschaftliche Verfahren. Bei Stuttgart 21 unterscheidet man zwischen internen Kosten (Planungs-, Bau- und Folgekosten) und den externen Wirkungen durch den Bau (z. B. Zeitersparnis, Entlastung des Hauptbahnhofes und geringere Umweltverschmutzung).

Seit 1969 müssen bei öffentlichen Maßnahmen mit „erheblicher finanzieller Bedeutung" Kosten-Nutzen-Untersuchungen durchgeführt werden. Damit soll im Vorfeld von Maßnahmen der öffentlichen Hand die Vorteilhaftigkeit von Investitionsprojekten geprüft werden. Diese Ergebnisse dienen dann den politischen Entscheidungsträgern als Grundlage. Es „sollen" diejenigen Projekte ausgewählt werden, die am effektivsten sind. Kosten-Nutzen-Analysen werden u. a. bei größeren Infrastrukturmaßnahmen im Verkehrsbereich (Stuttgart 21) und Bildungs- und Gesundheitsbereich angewendet. Bei der Kosten-Nutzen-Analyse werden alle bei einem Vorhaben voraussichtlich anfallenden Kosten und der prognostizierte Nutzen in Geld ausgedrückt. Danach werden sie jeweils addiert und ins Verhältnis zueinander gesetzt. Die Kosten-Nutzen-Analyse (im englischsprachigen Raum cost-benefit-analysis) ist eine Methode, die öffentliche Projekte nach ihrer wirtschaftlichen Ergiebigkeit bewertet.

3.4.1 Nutzwertanalyse z. B. als Entscheidungsmodell für die Standortwahl

Die Nutzwertanalyse kommt bei der Bewertung und Auswahl komplexer Projektalternativen zur Anwendung, denn hierfür muss man keine monetären Bewertungen vornehmen. In unserem Beispiel muss man sich für einen Standort entscheiden. Zuerst werden die Ziele – hier: die Anforderungen an den Standort – festgelegt. Dann werden diese Kriterien gewichtet, d. h. festgelegt, mit welchem Gewicht die Ergebnisse bezüglich des einzelnen Kriteriums (Zieles) in die Gesamtwertung eingehen. Im nächsten Schritt wird jeder Standort bezüglich eines Kriteriums bewertet (Bewertung der Zielerreichung) und schließlich wird der Nutzwert ermittelt und die Alternative mit dem höchsten Nutzwert ausgewählt.

Erläuterung der Nutzwertanalyse an einem Beispiel:

Um in Zukunft einen ausgeglichenen Haushalt zu erreichen, plant der durch die Verwaltungs- und Funktionalreform neu entstandene Flächenkreis einen umfassenden Umbau der bisher von jedem Kreis vorgehaltenen Infrastruktur. Die beiden alten Schwimmbäder sollen daher geschlossen und ein neues Schwimmbad gebaut werden. Es stehen zwei alternative Standorte zur Auswahl. Die Gewichtung der Anforderungskriterien wurde vorgenommen und die Standorte bezüglich des jeweiligen Kriteriums bewertet (1 = niedrigster Wert bis 10 = höchster Wert).

Welchen Standort schlagen Sie nach Durchführung der Nutzwertanalyse vor?

Anforderung an den Standort (Kriterien)	Gewichtung	Mögliche Standorte			
		Standort 1		Standort 2	
	G	Bewertung		Bewertung	
Laufende Kosten	0,3	4	1,2	5	1,5
Räumlichkeiten	0,2	6	1,2	8	1,6
Verkehrsanbindung Bürger	0,4	8	3,2	3	1,2
Verkehrsanbindung Mitarbeiter	0,1	4	0,4	7	0,7
			6		5

G = Gewichtung des jeweiligen Kriteriums (Summe von G = 1)
B = Bewertung des Standortes bezüglich des jeweiligen Kriteriums von 1 (niedrigster Wert) bis 10 (höchster Wert)
G * B = Wertzahl bezüglich dieses Kriteriums

Schlusssatz: Nach Durchführung der Nutzwertanalyse sollte man sich für Standort 1 entscheiden.

3.4.2 Kostenwirksamkeitsanalyse

Bei der einfachen Kostenwirksamkeitsanalyse werden für alternative Maßnahmen die Kosten in EUR ermittelt und mit der in nicht geldlichen Größen gemessenen Wirksamkeit verglichen. Vereinfacht geht man wie folgt vor:

a) Es werden Maßnahmen verglichen, welche die gleichen Kosten verursachen. Die Maßnahme mit der höchsten Wirksamkeit wird dann ausgewählt.
b) Es werden Maßnahmen mit der gleichen Wirksamkeit (hier: Ergebnis) verglichen. Nun wird die Maßnahme ausgewählt, welche die geringsten Kosten verursacht.

Beispiel: Für die Jugendarbeit stehen 20.000 EUR zur Verfügung. Welche Maßnahmen, welches Projekt soll durchgeführt werden? Das Projekt mit der höchsten Wirksamkeit.

3.4.3 Kosten-Nutzen-Analyse

Die Kosten-Nutzen-Analyse ist das komplexeste Verfahren zur Wirtschaftlichkeitsuntersuchung. Sie kommt bei Maßnahmen zur Anwendung, die gesamtwirtschaftliche Auswirkungen haben. Dazu gehören unter anderem Infrastrukturmaßnahmen im Bereich Verkehr und Umwelt. Vereinfacht werden bei der Kosten-Nutzen-Analyse auch gesellschaftliche Nutzen und Kosten erfasst, unabhängig davon, wo und bei wem sie anfallen. Eine der Hauptschwierigkeiten ist bei diesem Erfahren die Erfassung und Bewertung in Nutzen und Kosten aller Effekte. Es werden alle Kosten und Nutzen erfasst, also die in Geld ermittelbaren direkten Kosten und Nutzen sowie die nicht monetären Auswirkungen.

Übungsaufgaben

Aufgabe 1

Eine Landesbehörde benötigt einen neuen Hochleistungskopierer. Das Organisationsreferat untersucht nunmehr die Frage, ob das Kopiergerät gekauft oder gemietet werden soll.

Der Kaufpreis für ein Hochleistungskopiergerät beträgt 10.500 EUR. Für den Transport und die Installation werden nochmals 500 EUR berechnet. Man geht von einer tatsächlichen Nutzungsdauer von fünf Jahren aus und prognostiziert, dass man nach der fünfjährigen Nutzung noch einen Erlös von 1.000 EUR durch den Verkauf des Kopierers erzielen kann. Für die regelmäßige Wartung werden jährliche Ausgaben in Höhe von 940 EUR erwartet. Für Papier, Toner usw. geht man von Kosten i. H. v. 3 Cent/Kopie aus.

Das gleiche Gerät kann auch für 2.000 EUR pro Jahr gemietet werden. Zusätzlich verlangt der Vermieter 4 Cent/Kopie. Bei der Miete fallen keine weiteren Kosten an. Der unterstellte Zinssatz beträgt 1 %. Man rechnet jährlich mit 80.000 Kopien. Mit dem Kopierer können insgesamt maximal 160.000 Kopien jährlich gefertigt werden.

a) Soll der Kopierer bei 80.000 Kopien pro Jahr gekauft oder gemietet werden? Führen Sie eine Kostenvergleichsrechnung durch und achten Sie auf eine übersichtliche Darstellung Ihrer Rechenschritte.
b) Stellen Sie für die Alternativen Kauf und Miete die Kostenfunktionen in Abhängigkeit von der Anzahl der Kopien pro Jahr auf. Bestimmen Sie rechnerisch die kritische Menge und stellen Sie das Ergebnis grafisch dar. Verwenden Sie hierfür das vorbereitete Schaubild.

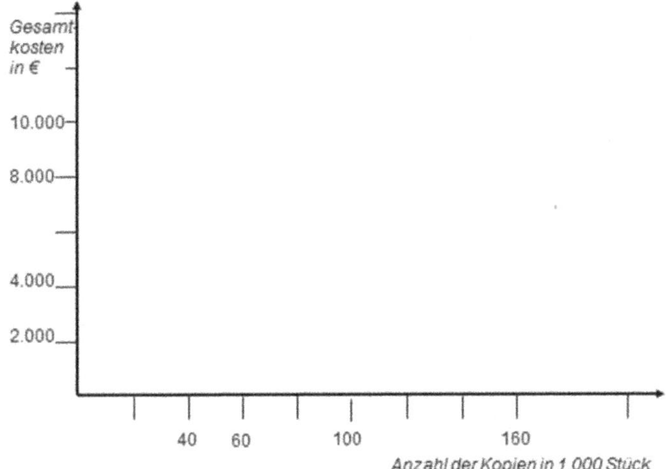

Lösungsvorschlag

Kostenvergleichsrechnung – Zinssatz i = 1 %

	Kauf Kopierer	Miete Kopierer	Punkte
1. Kaufpreis	10.500 EUR		
2. Anschaffungsnebenkosten (Transport, Installation)	500 EUR		
3. Anschaffungskosten	11.000 EUR		
4. Restwert	1.000 EUR		
5. Nutzungsdauer in Jahren	5		
6. Wartung (jährliche)	940 EUR		
7. Miete (jährlich)		2.000 EUR	
8. variable Kosten pro Kopie	3 Cent/Kopie 0,03 EUR/Kopie	4 Cent/Kopie 0,04 EUR/Kopie	
9. angenommene Leistung 80.000 Kopien/pro Jahr/ maximale Kapazität 160.000 Ko./Jahr			
Fixe Kosten in EUR pro Jahr			
kalkulatorische Abschreibungen $\frac{\text{(Anschaffungskosten – Restwert)}}{\text{Nutzungsdauer}}$	2.000 EUR		

	Kauf Kopierer	Miete Kopierer	Punkte
kalkulatorische Zinsen $\frac{(\text{Anschaffungskosten} + \text{Restwert})}{2} * i$	60 EUR		
Wartung	940 EUR		
Miete		2.000 EUR	
Summe fixe Kosten	3.000 EUR	2.000 EUR	
variable Kosten bei 80.000 Kopien/pro Jahr			
80.000 Kopien * 0,03 EUR/Kopie =	2.400 EUR		
80.000 Kopien * 0,04 EUR/Kopie =		3.200 EUR	
10. Gesamtkosten	5.400 EUR	5.200 EUR	

Nach der Kostenvergleichsrechnung soll der Kopierer gemietet werden.

Kostenfunktion allgemein: $K_{gesamt} = K_{fix} + k_{variabel} * \text{Menge}$

Kostenfunktion $_{\text{Kauf Kopierer}}$ = 3.000,00 EUR + 0,03 EUR/Kopie * x

Kostenfunktion $_{\text{Miete Kopierer}}$ = 2.000,00 EUR + 0,04 EUR/Kopie * x

Gleichsetzen: Kostenfunktion$_{\text{Kauf Kopierer}}$ = Kostenfunktion$_{\text{Miete Kopierer}}$

3.000,00 EUR + 0,03 EUR/Kopie * x = 2.000,00 EUR + 0,04 EUR/Kopie * x

x = 100.000 Kopien

D. h. bei einer Kopierleistung von 100.000 Kopien pro Jahr sind die Kosten des gekauften Kopierers identisch mit den Kosten des gemieteten Kopierers.

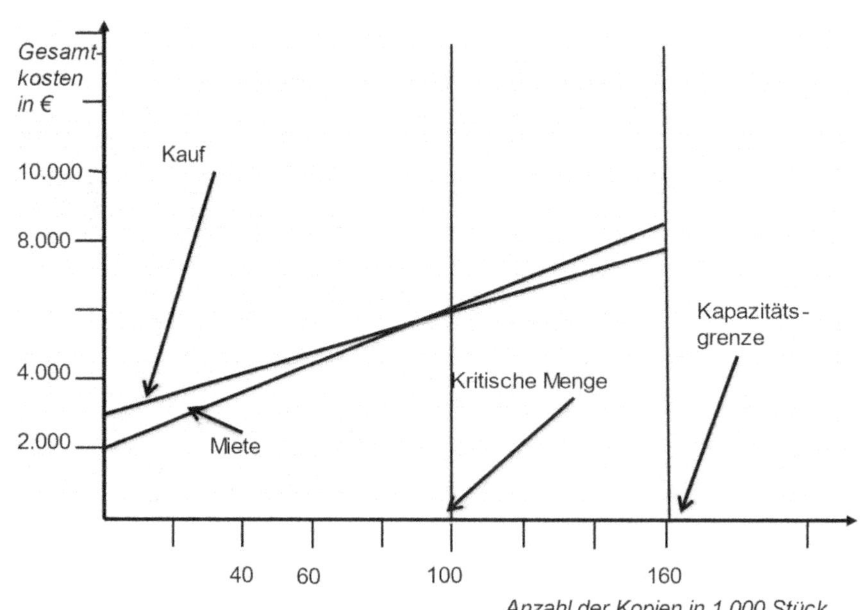

Aufgabe 2

Das Bundesland S. unterhält eine zentrale Fortbildungsstätte. Diese liegt einige Kilometer vom nächsten Bahnhof entfernt und bietet keine ausreichenden Parkmöglichkeiten. Die Mehrzahl der Teilnehmer reist zu mehrtägigen Fortbildungen mit der Bahn und umfangreichem Gepäck an. Aus diesem Grund wird ein Fahrdienst eingerichtet. Zur Auswahl stehen zwei Alternativen:

Die dortige Taxigenossenschaft unterbreitet dem Bundesland S. ein Angebot. Bei einer angenommenen Fahrleistung von 75.000 km pro Jahr und einer Vertragsdauer von vier Jahren verlangt die Genossenschaft 1,20 EUR je gefahrenen Kilometer im ersten Jahr. In den folgenden drei Jahren steigt der Kilometerpreis in jedem Jahr um 5 %.

Die Anschaffung eines Dienst-Kfz wird ebenfalls überprüft. Der Kaufpreis liegt bei 50.000 EUR. Die Nutzungsdauer beträgt vier Jahre und der Restwert wird mit 12.000 EUR angesetzt. Für die Kraftfahrzeugversicherung sind pro Jahr 500 EUR zu veranschlagen. Die variablen Kosten pro gefahrenen Kilometer betragen 21 Cent. Im ersten Jahr fallen keine Wartungskosten an. Im zweiten Jahr betragen die Wartungskosten 400 EUR und steigen dann jeweils um 100 EUR pro Jahr an. Die Personalkosten für einen Fahrer und eine Hilfskraft (Vertreter des Fahrers für Abwesenheitszeiten) betragen einschließlich Nebenkosten 60.000 EUR im ersten Jahr und steigen danach jedes Jahr um 4 %.

Der Kalkulationszins liegt bei 6 %.

Berechnen Sie in allen Schritten nachvollziehbar, welche Alternative die kostengünstigste ist!

Lösungsvorschlag

	Anschaffungs-zeitpunkt 0	Ende 1. Jahr	Ende 2. Jahr	Ende 3. Jahr	Ende 4. Jahr
Einnahme: gesparte Ausgaben pro Jahr bei einer Fahrleistung von 75.000 km an die Taxi-genossenschaft		Einnahme: 90.000 EUR	Einnahme: 94.500 EUR	Einnahme: 99.225 EUR	Einnahme: 104.186,25 EUR
Ausgabe: Anschaffung Kfz	Ausgabe: 50.000 EUR				
Einnahme: Restwert eigenes Kfz					Einnahme: 12.000 EUR
Ausgabe: Versicherung		Ausgabe: 500 EUR	Ausgabe: 500 EUR	Ausgabe: 500 EUR	Ausgabe: 500 EUR
Ausgabe: Wartung		Ausgabe: 0 EUR	Ausgabe: 400 EUR	Ausgabe: 500 EUR	Ausgabe: 600 EUR
Ausgabe: Personalkosten		Ausgabe: 60.000 EUR	Ausgabe: 62.400 EUR	Ausgabe: 64.896 EUR	Ausgabe: 67.491,84 EUR
Ausgabe: variable Kosten pro km 0,21 EUR ➔ bei 75.000 km jährlicher Fahrleistung		Ausgabe: 15.750 EUR	Ausgabe: 15.750 EUR	Ausgabe: 15.750 EUR	Ausgabe: 15.750 EUR
	– 50.000	+ 13.750	+ 15450	+17579	+ 31844,41

$$\text{Kapitalwert } K_0 = -\frac{50.000}{1} - \frac{13.750}{1,06} - \frac{15450}{(1,06)^2} + \frac{17579}{(1,06)^3} + \frac{31844,41}{(1,06)^4}$$

$$= -50000 + 12971,70 + 13750,44 + 14759,67 + 25223,75$$

= 16.705,56 EUR

Der Kapitalwert ist positiv, d. h. neben der geforderten Mindestverzinsung von 6 % wurde ein „Gewinn“ – Kostenvorteil durch die Anschaffung eines eigenen Kfz von 16.705,56 EUR erzielt. Die Alternative „Anschaffung eines Dienst-Kfz“ ist kostengünstiger!

4. Volkswirtschaftslehre

4.1 Grundlagen des Wirtschaftens

Nach dem Nobelpreisträger Paul A. Samuelson ist Volkswirtschaftslehre die Analyse der Entscheidungen der Gesellschaft und ihrer Mitglieder wie knappe Produktionsmittel mit alternativer Verwendbarkeit – mit oder ohne die Hilfe von Geld – für die Produktion verschiedener Güter verwendet werden und wie diese Güter für den gegenwärtigen und zukünftigen Konsum der einzelnen Individuen und Gesellschaftsgruppen verteilt werden. Sie analysiert den Nutzen und die Kosten, die mit einer verbesserten Verwendung von Produktionsmitteln verbunden sind.

An den wirtschaftlichen Transaktionen (Tauschvorgängen) zwischen den Kindern im Sandkasten erkennt man, dass man auch ohne Geld wirtschaften kann.

Was heißt Wirtschaften? Nach dem Ökonom Erich Schneider bedeutet Wirtschaften über knappe Güter zu disponieren, um menschliche Bedürfnisse zu befriedigen. Vereinfacht bedeutet Wirtschaften das Treffen von Entscheidungen durch die Wirtschaftssubjekte private Haushalte, Unternehmen, Staat und Ausland.

4.1.1 Bedürfnis – Bedarf – Nachfrage

Die Notwendigkeit des Wirtschaftens ergibt sich daraus, dass wir – die Menschen – Bedürfnisse haben. So empfinden wir einen Mangel und wünschen, diesen Mangel zu beseitigen. Es gibt einige Ansätze, die Bedürfnisse zu strukturieren. Eine Möglichkeit ist zum Beispiel die Einteilung in Grundbedürfnisse, die der Lebenserhaltung dienen, in Kulturbedürfnisse, die dem normalen gesellschaftlichen Anspruch entsprechen, und Luxusbedürfnisse, die den normalen gesellschaftlichen Anspruch übersteigen. Die Ursachen für die Unterschiede in den Bedürfnissen der einzelnen Menschen liegen unter anderem in den persönlichen Erfahrungen, ihrem kulturellen Umfeld, bei Freunden und Erziehung. Eine Grundannahme der Ökonomie ist, dass die Menschen unbegrenzte Bedürfnisse haben.

Eine der bekanntesten Unterscheidungen zwischen den Stufen der einzelnen Bedürfnisse ist die Bedürfnispyramide nach Maslow.

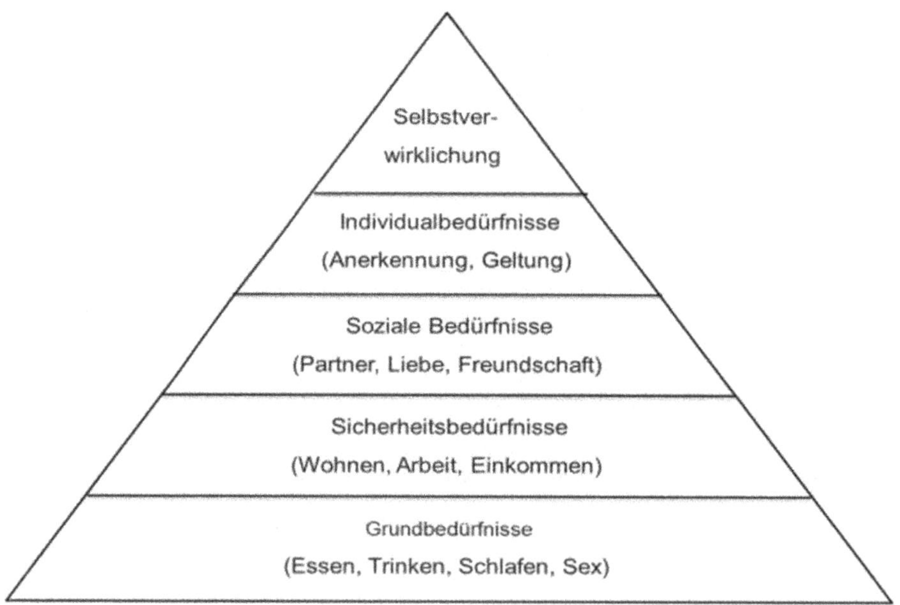

Die Bedürfnisse können auch nach Dringlichkeit, nach der Möglichkeit der Bedürfnisbefriedigung und dem Gegenstand der Bedürfnisse unterschieden werden.

Einteilung der Bedürfnisse	Arten der Bedürfnisse
nach der Dringlichkeit	Existenzbedürfnisse – z. B. Nahrung und Wohnung Kulturbedürfnisse – z. B. Teilhabe am Leben und Fernseher Luxusbedürfnisse – z. B. Ferrari und Weltreise

Einteilung der Bedürfnisse	Arten der Bedürfnisse
nach der Möglichkeit der Bedürfnisbefriedigung	Individualbedürfnisse = Bedürfnisse des einzelnen Individuums – z. B. Einkauf im Internet Kollektivbedürfnisse = Bedürfnisse, die nur von der Gemeinschaft erfüllt werden können – z. B. Sicherheit
nach dem Gegenstand der Bedürfnisse	Materielle Bedürfnisse – z. B. Kaffeemaschine, Weinglas Immaterielle Bedürfnisse – z. B. Freundschaft, Anerkennung

Das Bedürfnis wird im nächsten Schritt zum Bedarf, wenn die Wirtschaftssubjekte in den Volkswirtschaften genügend finanzielle Mittel haben, um dieses Bedürfnis zu befriedigen. Voraussetzung ist natürlich, dass das Bedürfnis technisch (zum Jupiter können wir aus technischen Gründen noch nicht reisen) und wirtschaftlich befriedigt werden kann. Vereinfacht versteht man unter Bedarf ein mit Kaufkraft ausgestattetes Bedürfnis.

Zur Nachfrage wird der Bedarf dann, wenn er am Markt wirksam wird. Der Markt ist vereinfacht der Ort, wo die Nachfrage auf das Angebot trifft.

Ein Beispiel: Sie haben heute Ihre Vorlesung oder Fortbildung in Volkswirtschaftslehre und möchten Ihr vorhandenes Hungergefühl stillen. Sie gehen als Nachfrager in die Bäckerei und erwerben vom Anbieter der Backwaren ein belegtes Brötchen. Die Bäckerei ist in diesem Fall der Ort des Marktes, Sie sind der Nachfrager und der Bäcker ist der Anbieter.

Am Markt treffen sich vereinfacht die Nachfrager, die Bedürfnisse befriedigen möchten, und die Anbieter.

4.1.2 Prinzipien des Wirtschaftens

Die nächste Frage, die sich stellt, ist die Frage nach dem Grund des Wirtschaftens. Man wirtschaftet, weil die Ressourcen zur Befriedigung knapp sind. Die Knappheit der Ressourcen erleben Sie als Teilnehmer einer mehrmonatigen Fortbildung mehrfach in der Woche. Die knappe Ressource ist bei Ihnen die Zeit. Da Ihnen die Zeit zum Beispiel nicht unbegrenzt zur Verfügung steht, entscheiden Sie fortlaufend über deren zweckmäßige Verwendung, d. h. Sie wenden das ökonomische Prinzip an. Bei diesem unterscheidet man zwischen Minimal- und Maximalprinzip. Bei der Zuordnung zum Minimal- oder Maximalprinzip geht es um die Frage, welche Größe gegeben ist und welche variabel ist.

Wirtschaftliches Handeln ist zielgerichtetes Handeln. Ob und in welchem Maß das Ziel der Wirtschaftlichkeit erreicht wurde, lässt sich mit Hilfe von Wirtschaftlichkeitskennzahlen messen.

$$\text{Wirtschaftlichkeit} = \frac{\text{Ertrag in EUR}}{\text{Aufwand in EUR}}$$

Diese Kennzahl gibt Auskunft über die wertmäßige Wirtschaftlichkeit. Mit der Produktivität wird die mengenmäßige Wirtschaftlichkeit bzw. der technische Wirkungsgrad angegeben.

$$\text{Produktivität} = \frac{\text{Ausbringungsmenge in EUR}}{\text{Einsatzmenge in EUR}}$$

	Minimalprinzip (Sparsamkeitsprinzip)	**Maximalprinzip (Haushalts- bzw. Ergiebigkeitsprinzip)**
Ziel	Man möchte ein angestrebtes Ergebnis mit einem möglichst geringen Einsatz von Mitteln erreichen.	Man möchte mit gegebenem Einsatz von Mitteln den größtmöglichen Erfolg erzielen.
Mitteleinsatz	variable Größe	gegebene Größe
Ergebnis	feste Größe angestrebtes Ergebnis, Erfolg	variable Größe größtmöglicher Erfolg

Bei der Anwendung des ökonomischen Prinzips ist unerheblich, ob man Mengengrößen (z. B. Mitteleinsatz in Gütern) oder Wertgrößen (Mitteleinsatz bewertet in z. B. EUR) betrachtet.

Zur Befriedigung von Bedürfnissen werden materielle oder immaterielle Güter eingesetzt, die Nutzen stiften. Materielle Güter sind Waren, immaterielle Güter sind Dienstleistungen und Rechte.

Auch für die öffentliche Verwaltung gilt das ökonomische Prinzip, d. h. die wirtschaftliche und sparsame Verwendung der vorhandenen Mittel (§ 7 Bundeshaushaltsordnung sowie die entsprechenden Regelungen in den Haushaltsordnungen der Bundesländer und in den Gemeindeordnungen). Es gilt das Maximalprinzip, wenn man von den vorhandenen Haushaltsmitteln ausgeht. In der Regel legt man bei Ausschreibungen das zu erreichende Ziel fest, in diesen Fällen gilt das Minimalprinzip.

4.1.3 Güterarten

Ein **freies Gut** wird durch die Natur bereitgestellt. Da es unbegrenzt verfügbar ist, hat es keinen Preis (Beispiele: Sonne, Luft). Das ehemals freie Gut Wasser ist durch die intensive Nutzung zwischenzeitlich zu einem knappen Gut geworden. Heute muss das Wasser vor der Verwendung aufbereitet werden. Dabei entstehen Kosten, die der Nutzer trägt.

Knappe oder wirtschaftliche Güter müssen produziert werden und sind dadurch knapp. Durch diese Knappheit ist der Mensch gezwungen zu wirtschaften. In einer modernen Volkswirtschaft erkennt man die Knappheit des Gutes am Preis.

Sachgüter sind materielle Gegenstände. Sie können „angefasst" werden (z. B. Kaffeemaschine).

Dienstleistungen sind immaterieller Natur. Sie können „nicht angefasst" werden. Die Dienstleistungen ergeben sich aus der unmittelbaren Leistung eines Menschen (Haarschnitt, Rechtsberatung, Unterricht).

Das **Gut Rechte** ist durch das Internet ein immer wichtigeres Gut. Das Gut Rechte umfasst unter anderem Patente, Lizenzen und Nutzungsrechte.

Die Unterscheidung zwischen Konsum- und Investitionsgütern ergibt sich durch deren unterschiedliche Verwendung. **Konsumgüter** dienen unmittelbar der Befriedigung der Bedürfnisse (Beispiel: Sie trinken als Endverbraucher einen Kaffee). **Investitions-** oder auch **Produktionsgüter** dienen nur mittelbar der Bedürfnisbefriedigung. Hier handelt es sich um Güter, die der Produktion anderer Güter dienen oder für Dienstleistungen eingesetzt werden.

(Beispiele: Die Stadtwerke GmbH nutzt den Drucker, um Rechnungen zu erstellen. Ihnen wird während eines Verkaufsgespräches ein Kaffee angeboten. Der Kaffeevollautomat und die Kaffeebohnen sind in diesem Fall Investitionsgüter.)

Gebrauchsgüter werden über einen längeren Zeitraum verwendet (z. B. Auto, Kaffeemaschine). Man bezeichnet sie auch als dauerhafte Güter. **Verbrauchsgüter** ermöglichen eine nur einmalige Nutzung. Sie gehen beim Verbrauch unter oder verwandeln sich. (Beispiele: Sie essen ein belegtes Brot; Sie nutzen Gas, um Ihre Wohnung zu heizen.)

Wenn sich Güter gegenseitig in der Nutzung ersetzen können bzw. austauschbar sind, dann spricht man von **Substitutionsgütern**. In privaten Haushalten sind in der Regel Butter und Margarine Substitutionsgüter. Besteht die Möglichkeit, mit der Bahn oder mit dem Auto zur Arbeit zu gelangen, so sind sowohl die Nutzung der Bahn als auch die Nutzung des Autos Substitutionsgüter.

Komplementärgüter sind Güter, die nur durch die gemeinsame Verwendung dem sie gebrauchenden Wirtschaftssubjekt Nutzen stiften. Die Güter Computer und die entsprechende Software sind Komplementärgüter, da sich beide in der Nutzung ergänzen. Ein Computer ohne Software und Software ohne einen Computer sind nicht nutzbar (weitere Komplementärgüter z. B. Auto und Treibstoff, Pfeife und Tabak).

Von **Individualgütern** oder auch **privaten Gütern** spricht man, wenn bei diesem Gut eine Rivalität im Konsum besteht und andere von der Nutzung des Gutes ausgeschlossen werden können. (Beispiel: In der Seminarpause kaufen Sie sich einen löslichen Kaffee am Automaten. Damit erwerben Sie ein privates Gut. Den Kaffee, den Sie anschließend konsumieren, kann kein anderer Seminarteilnehmer genießen, sodass Sie andere Teilnehmer hiervon ausschließen.)

Wenn diese beiden für Individualgüter geltenden Kriterien nicht erfüllt sind, handelt es sich um ein **öffentliches Gut** bzw. **Kollektivgut**. Wenn ein Gut genutzt wird und sich dadurch der Nutzen der anderen Personen nicht verringert und auch andere nicht vom Nutzen ausgeschlossen werden können, spricht man von einem öffentlichen Gut (Beispiele: Innere Sicherheit, Landesverteidigung). Hierzu noch ein kleiner Hinweis: Güter, die im Eigentum öffentlicher Gebietskörperschaften stehen, sind keine öffentlichen Güter. Das Dienstauto des Landrates ist vielmehr ein privates Gut.

Unter **homogenen Gütern** versteht man gleichartige oder gleichwertige Güter (z. B. Treibstoff von Shell und Aral). Dagegen sind **heterogene Güter** verschiedenartige Güter (z. B. ein Fiat Panda und ein Audi A8). Betrachtet man die beiden Autos nur von der Funktion des Fortbewegungsmittels her, dann sind sie homogene Güter, denn mit beiden Autos kann man von A nach B gelangen.

Diese nutzenstiftenden Güter werden in der Regel produziert. Die Produktion ist notwendig, weil nur einige Güter in einer derart großen Zahl vorhanden sind, dass alle Menschen unmittelbar, ohne jede Tätigkeit ihre Bedürfnisse befriedigen können. Die meisten Güter werden durch den Einsatz von knappen Ressourcen unter Anwendung des ökonomischen Prinzips produziert.

Gerne wird folgendes Schaubild – Einteilung der Güter – oder ähnliche Schaubilder in Prüfungen abgefragt:

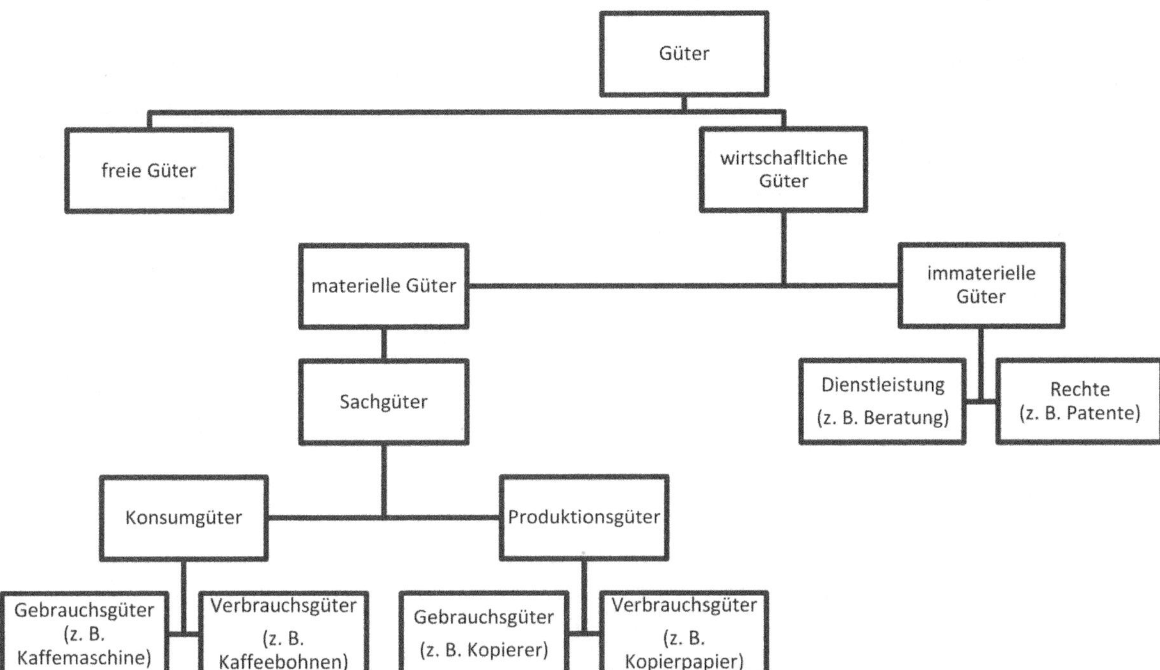

4.1.4 Die Produktionsfaktoren

Die Volkswirtschaftslehre unterscheidet zwischen den drei Produktionsfaktoren Boden, Arbeit und Kapital. Diese kommen bei der Herstellung von Gütern zum Einsatz.

Zu dem Produktionsfaktor Boden gehören alle Naturkräfte, die zur Produktion von Gütern für die Bedarfsdeckung zur Verfügung stehen. Boden ist auch definiert als vom Menschen genutztes Gut der Natur. Ein besonderes Merkmal des Bodens ist, dass er nicht vermehrbar ist und sich sein Preis nach der Wertschöpfung richtet, die sich aus seiner Nutzung ergibt. Der Faktor Boden kann (nach seiner Nutzung) unterschieden werden in Anbau-, Abbau- oder Standortboden. Man kann die Rohstoffe, die im Boden enthalten sind, für land- und forstwirtschaftliche Zwecke nutzen, als Standort für den Wohnungsbau, für Verkehrswege, für Wirtschaftsbetriebe, für Sport und Freizeit. Man spricht hier auch von einem originären Produktionsfaktor, da er ein von der Natur gegebener Produktionsfaktor ist.

Die Arbeit ist ebenfalls ein originärer Produktionsfaktor. Unter Arbeit versteht man jede Art von körperlicher und geistiger Tätigkeit des Menschen, um Einkommen für die Bedarfsdeckung zu erzielen.

Im Gegensatz zu den erstgenannten Produktionsfaktoren ist das Kapital ein abgeleiteter Produktionsfaktor. Die ersten Menschen haben Speere und Wurfharpunen bei der Jagd eingesetzt. Durch Probieren und Forschen, d. h. durch den Einsatz des Produktionsfaktors Arbeit und Boden, wurden diese ersten Waffen geschaffen.

Das nachfolgende Schaubild gibt einen Überblick über die Kapitalbildung in einer Volkswirtschaft:

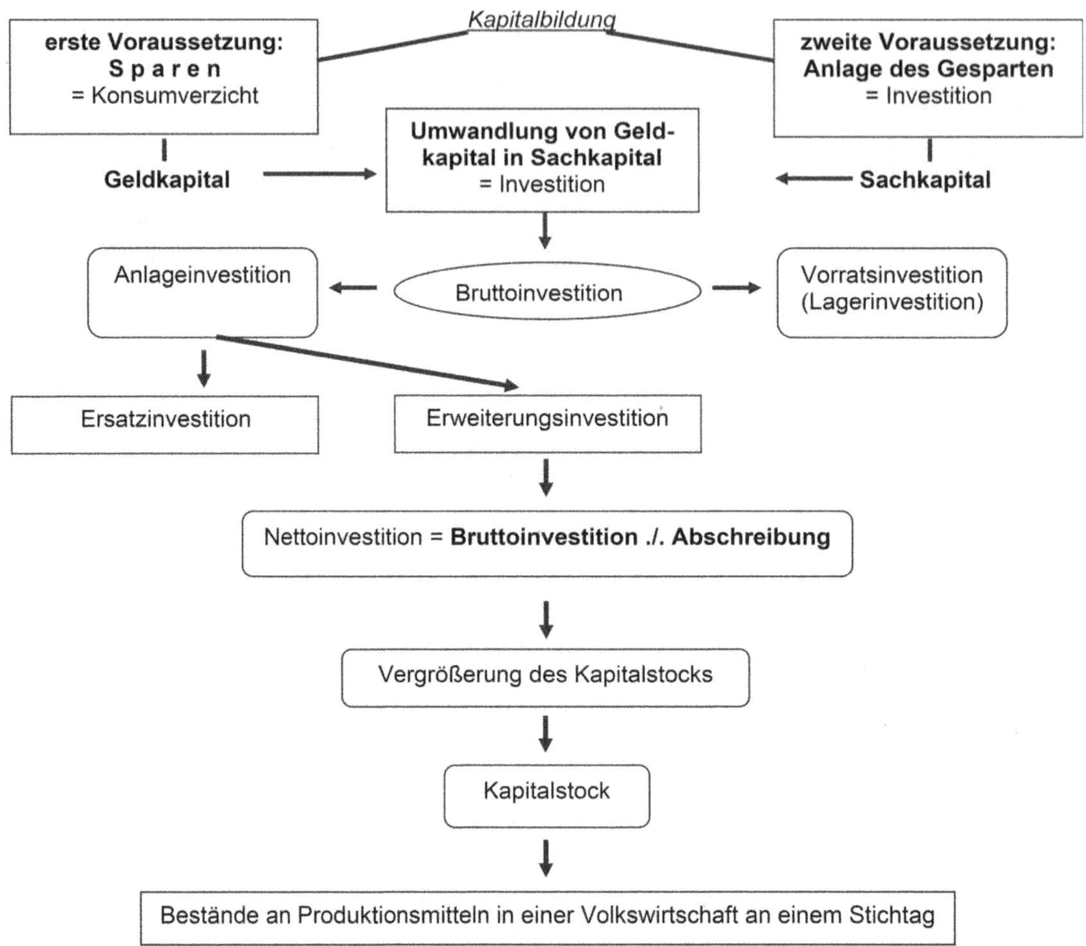

Das besondere Merkmal des Produktionsfaktors Kapital ist der Produktionsumweg, d. h., man muss zuerst Produktionsgüter herstellen, um in der Zukunft durch den Einsatz dieser Produktionsgüter mehr Konsumgüter produzieren zu können.

Verhältnis der Produktionsfaktoren zueinander:

Substitutionale Produktionsfaktoren liegen vor, wenn eine bestimmte Menge eines Faktors durch eine bestimmte Menge eines anderen Faktors ersetzt werden kann, ohne dass sich die Produktionsmenge (Ertrag) ändert. Die Produktionsfaktoren sind dann in Grenzen austauschbar. Steigen die Löhne sehr stark, versuchen die Unternehmen, Arbeit durch Kapital (Maschinen) zu ersetzen.
Unter limitationalen Produktionsfaktoren versteht man die Produktionsfaktoren, die zur Erzielung eines Ertrages in einem bestimmten Verhältnis zueinander gesetzt werden (keine Austauschbarkeit). Wird eine neue Mitarbeiterin eingestellt, so bedarf es auch eines Arbeitsplatzes mit entsprechender Büroausstattung (Raum, Schreibtisch und Computer).

4.1.5 Wirtschaftskreislauf

Im Wirtschaftskreislauf werden die volkswirtschaftlichen Tauschvorgänge mit einem Güterkreislauf und Geldkreislauf dargestellt.

Die Akteure im Wirtschaftsprozess bezeichnet man als Wirtschaftssubjekte. Diese treffen selbstständig alle ökonomischen Entscheidungen.

Unter Sektoren versteht man die Zusammenfassung der Wirtschaftssubjekte zu einheitlichen und überschaubaren Gruppen. Die Einteilung der Sektoren erfolgt in private Haushalte, Staat, Unternehmen und Ausland.

- Haushalte: Dies sind alle Wirtschaftssubjekte, die Einkommen erzielen, konsumieren, sparen und damit Vermögen bilden.
- Staat: Darunter werden alle Einrichtungen zusammengefasst, die für die Allgemeinheit Dienstleistungen anbieten. Im Einzelnen sind dies der Bund, die Länder, die Kommunen und die Sozialversicherungen. Die Finanzierung des Staates erfolgt durch Zwangsabgaben.

- Unternehmen: Die Unternehmen produzieren Sachgüter und Dienstleistungen gegen Entgelt mit dem Ziel Gewinne zu erwirtschaften bzw. zumindest kostendeckend zu arbeiten.
- Ausland: Darunter versteht man alle Wirtschaftssubjekte, die ihren Wohnsitz bzw. den Sitz der Gesellschaft nicht in Deutschland haben.

Einfacher Wirtschaftskreislauf:

Im volkswirtschaftlichen Kreislauf stellen die Haushalte den Unternehmen Produktionsfaktoren zur Verfügung. Dafür erhalten sie Arbeitsentgelte, Zinsen und Gewinne (Faktoreinkommen). Mit Hilfe dieser Produktionsfaktoren werden durch die Unternehmen Konsum- und Investitionsgüter produziert. Die Konsumgüter werden gegen Entgelt an die Haushalte und Unternehmen veräußert. Die Investitionsgüter werden an die Unternehmen gegen Entgelt abgegeben.

Den einfachen Wirtschaftskreislauf kann man noch um die Vermögensbildung (Kapitalsammelstellen bzw. Banken), den Staat und das Ausland ergänzen.

4.1.6 Kontrollfragen

Hinweis: Die Kontrollfragen k, m, n und o werden nicht im Lehrbrief besprochen, da sie nicht explizit Inhalt der Lehrpläne sind. Sie werden aber gerne als Transferaufgaben in Prüfungen verwendet.

1. Erklären Sie die Begriffe Bedürfnis, Bedarf und Nachfrage!
2. Nach der Dringlichkeit werden drei Bedürfnisarten unterschieden. Nennen Sie diese und ordnen Sie folgende Beispiele zu: Konzertbesuch, Trinkwasser, Ferrari, Glas Wein, Weltreise, Auto eines Pizza-Auslieferers.
3. Welche Faktoren beeinflussen die Bedürfnisse?
4. Erläutern Sie kurz und prägnant das ökonomische Prinzip! Gehen Sie dabei insbesondere auf die Unternehmen und die Haushalte (Verbraucher) ein! Erläutern Sie kurz, worin der Grundwiderspruch des Wirtschaftens besteht.
5. Nach welchen Prinzipien bzw. welchem Prinzip arbeitet die öffentliche Verwaltung? Verwenden Sie hierfür jeweils ein Beispiel aus der öffentlichen Verwaltung.
6. Sie bekommen zu ihrem Geburtstag 300 EUR geschenkt. Sie möchten sich neu einkleiden. Welche Ausprägung des ökonomischen Prinzips kommt hier zur Anwendung? Gleichzeitig benötigen Sie einen Laptop, um die Unterrichtseinheiten ihrer berufsbegleitenden Weiterbildung nachzuarbeiten. Ihre Mitteilnehmer empfehlen einen speziellen Computer, den Sie auch erwerben möchten.
7. Was versteht man unter dem Begriff „Güter" und welche Arten sind Ihnen bekannt?
8. Welche Merkmale haben freie Güter?
9. Erläutern Sie den Begriff „Produktionsfaktoren"!
10. Erläutern Sie die klassischen Produktionsfaktoren aus der Sicht der Volkswirtschaftslehre!
11. Welche weiteren volkswirtschaftlichen Produktionsfaktoren sollten aus heutiger Sicht, d. h. zusätzlich zu den klassischen Produktionsfaktoren Arbeit, Boden und Kapital aufgeführt werden?
12. Inwiefern sind Arbeit und Boden primäre Produktionsfaktoren? Wieso ist Kapital ein sekundärer oder abgeleiteter Produktionsfaktor?
13. Erläutern Sie den Begriff „Arbeitsteilung" in der Volkswirtschaftslehre. Unterscheiden Sie zwischen vertikaler und horizontaler Arbeitsteilung. Nennen Sie jeweils zwei Vorteile und Nachteile der internationalen Arbeitsteilung! Recherchieren Sie bitte hierzu im Internet!
14. Warum spricht man von einem geschlossenen Wirtschaftskreislauf?
15. Beweisen Sie, dass in einer geschlossenen Wirtschaft Sparen gleich Investition sein muss.

Lösung

Zu 1. Bedürfnisse sind Mangelerscheinungen mit dem Wunsch, diesen Mangel zu beseitigen. Der Bedarf ist ein mit Kaufkraft ausgestattetes Bedürfnis. Unter Nachfrage versteht man die konkrete Kaufentscheidung, die am Markt wirksam ist.

Zu 2. Die Unterscheidung erfolgt in Existenzbedürfnisse (Trinkwasser, Auto eines Pizza-Auslieferers), Kulturbedürfnisse (Konzertbesuch, Glas Wein) und Luxusbedürfnisse (Ferrari, Weltreise).

Zu 3. Nicht abschließend: Einkommen, Vermögen, Alter, Geschlecht, kulturelles Umfeld, soziales Ansehen, Bildungsniveau

Zu 4. Ökonomisches Prinzip = Erreichung vorgegebener Ziele mit minimalen Mitteln bzw. mit gegebenen Mitteln die maximale Zielerreichung; Unternehmen = Gewinnmaximierung, Verbraucher = Nutzenmaximierung
Der Grundwiderspruch des Wirtschaftens ergibt sich dadurch, dass die Bedürfnisse unbegrenzt und die Mittel zur Bedürfnisbefriedigung begrenzt sind.

Zu 5. Leistungsverwaltung – hier gegebene Größe das Ziel, z. B. Anzahl der zu bearbeitenden Anträge, variable Größe ist der Ressourceneinsatz
Planungsverwaltung, z. B. Prävention – hier gegebene Größe der Mitteleinsatz, variable Größe das Ergebnis

Zu 6. Die gegebene Größe ist in diesem Beispiel der Mitteleinsatz in Höhe von 300 EUR. Damit kommt das Maximalprinzip zur Anwendung. Im zweiten Fall ist die gegebene Größe der zu erwerbende Laptop. Sie möchten so wenig Geld wie möglich ausgeben und damit liegt das Minimalprinzip vor.

Zu 7. Güter sind die Mittel, die dem Menschen Nutzen stiften. Sie dienen der Bedürfnisbefriedigung. Beispiele für verschiedene Güterarten sind: freie Güter und wirtschaftliche (knappe) Güter, materielle (Sachgüter) und immaterielle (Dienstleistungen), Konsumgüter und Investitionsgüter.

Zu 8. Die freien Güter sind überall, für jeden, jederzeit, direkt konsumreif und haben keinen Preis.

Zu 9. Die Grundkräfte und Mittel, mit denen Wirtschaftsgüter hergestellt werden, bezeichnet man als Produktionsfaktoren.

Zu 10. Die volkswirtschaftlichen Produktionsfaktoren sind Boden, Arbeit und Kapital.
- Boden = Boden, Natur und Umwelt (Landschaftsverbrauch, Belastung von Wasser und Luft, Bodenschätze, klimatische Bedingungen, die die Wirtschaft beeinflussen, Träger der organischen und anorganischen Grundstoffe);
- Arbeit = Bei der Güterherstellung wird die menschliche Arbeit benötigt (selbständige/unselbstständige Arbeit, geistige/körperliche Arbeit, die Anzahl der zur Verfügung stehenden Arbeitskräfte in Abhängigkeit von Arbeitsfähigkeit, Arbeitswilligkeit, Altersstruktur, Gesundheitsstruktur und Bildungsniveau);
- Kapital = Unterscheidung in Real- oder Sachkapital (Maschinen, Gebäude, Werkzeuge, Infrastruktur also Gebrauchsgüter und Roh-, Hilfs- Betriebsstoffe als Verbrauchsgüter und Geldkapital)

Zu 11. Dies wäre einmal Technologie, da in einer modernen Volkswirtschaft vielfältiges technisches und organisatorisches Wissen benötigt wird (Werkstoffe, Technologien, Automatisierung, Globalisierung etc.). Als Bindeglied zwischen den ursprünglichen Produktionsfaktoren fungiert die Bildung, die wiederum abhängig ist von der Bildungsfähigkeit, Bildungswilligkeit und den Bildungsressourcen.

Zu 12. Die menschliche Arbeit und Boden sind primär vorhanden. Es sind Produktionsfaktoren, die in der Natur existieren und nicht erst geschaffen werden müssen. Kapital, beispielsweise Maschinen, entsteht meist durch ein Zusammenspiel von menschlicher Arbeit und Boden (bspw. Rohstoffe). Auch Software stellt Kapital dar, die allerdings allein auf menschlicher Arbeit beruht. Kapital stellt einen Produktionsumweg dar, der allerdings nach Fertigstellung die Produktivität meist erhöht.

Zu 13. Das Grundproblem ist die Güterknappheit beziehungsweise die Knappheit der Ressourcen. Um die Knappheit abzumildern, wird die Produktion in einzelne Arbeitsschritte oder Produktionsschritte zerlegt. Diese Produktionsschritte können dann von Menschen mit unterschiedlichen Fähigkeitsprofilen oder auch Qualifikationen und in verschiedenen Betrieben, Sektoren, Regionen oder Ländern durchgeführt werden. Es wird zwischen vertikaler und horizontaler Arbeitsteilung unterschieden.

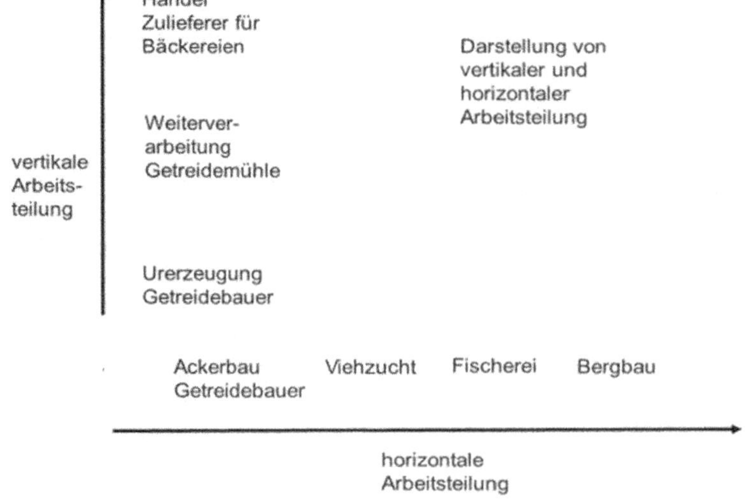

Vorteile der internationalen Arbeitsteilung: optimaler Einsatz der Produktionsfaktoren, Güteraustausch zwischen den Wirtschaftsräumen wird ermöglicht, Staaten wachsen wirtschaftlich, politisch und kulturell zusammen
Nachteile der internationalen Arbeitsteilung: Krisenempfindlichkeit, z. B. Unterbrechung der Lieferketten, politische und wirtschaftliche Abhängigkeit

Zu 14. Man spricht von einem geschlossenen Wirtschaftskreislauf, da keine Stelle bestimmt werden kann, an der dieser seinen Anfang nimmt oder sein Ende findet.

Zu 15. In einer geschlossenen Volkswirtschaft gibt es keinen Außenhandel. Die Summe von Konsum und Investition entspricht der Güternachfrage und damit dem Bruttoinlandsprodukt. Investition bedeutet Konsumverzicht, also Sparen, um den Kapitalstock zu erneuern und weiter zu erhöhen. Allein an dieser Erklärung lässt sich erkennen, dass Investition gleich Sparen sein muss. Das kann auch mit folgenden Gleichungen beschrieben werden:

Bruttoinlandsprodukt = Konsum plus Investition

Bruttoinlandsprodukt = Konsum plus Sparen

Es gilt: Konsum plus Investition = Konsum plus Sparen

4.2 Volkswirtschaftliche Gesamtrechnung (VGR)

Alle Wirtschaftssubjekte verfolgen eine Vielzahl von Zielen. Sie – als Haushalt – möchten unter anderem Ihren Nutzen maximieren. Die Regierung möchte durch den Wähler bestätigt werden. Um zu erkennen, ob sie auf dem richtigen „Weg" ist, benötigt die Regierung Informationen. Von besonderer Bedeutung hierfür ist die Information, wie viele Güter und Dienstleistungen innerhalb eines Jahres von den Arbeitskräften in den Unternehmen der einzelnen Wirtschaftsbereiche insgesamt erstellt worden sind. Hiermit wird die Wohlfahrt eines Landes und damit indirekt die Wohlfahrt der Bürger, die dort wohnen, gemessen. Es ist zu beachten, dass hierbei Verteilungsaspekte zwischen den einzelnen Bürgern nicht berücksichtigt werden. Die volkswirtschaftliche Gesamtrechnung – im Folgenden VGR – ist „die Buchhaltung auf nationaler Ebene". Wie in allen Teilgebieten des Rechnungswesens werden Informationen gewonnen, verarbeitet und dann weitergegeben. Die VGR

- ist eine Wertrechnung (sie hat die Aufgabe, die Beziehungen zwischen den einzelnen Sektoren und Bereichen der Wirtschaft – einschließlich Staat und Ausland – wertmäßig in EUR zu erfassen),
- ist eine ex-post (nachträgliche) Untersuchung und
- betrachtet einen bestimmten Zeitraum (sie erstellt eine wirkliche Gesamtschau des fassbaren Wirtschaftskreislaufes während einer zeitlich begrenzten Wirtschaftsperiode [1 Jahr]).

Die VGR ermittelt im Nachgang, wie hoch das gesamtwirtschaftliche Angebot bzw. die gesamtwirtschaftliche Nachfrage in einer Periode war. Da ex-post (im Nachgang) Angebot und Nachfrage identisch sein müssen, kann man den Gleichgewichtswert – das **Bruttoinlandsprodukt** (im Folgenden BIP) – sowohl über die Angebotsseite (die sogenannte Entstehungsrechnung) wie auch über die Nachfrageseite (die sogenannte Verwendungsrechnung) ermitteln.

Bei der Berechnung des Bruttoinlandsprodukts werden nur Güter und Dienstleistungen, die an Märkten gehandelt werden, erfasst. Deshalb sind die Leistungen im Rahmen der Schattenwirtschaft, vor allem der Schwarzarbeit, und Leistungen aus der Selbstversorgungswirtschaft (Hausarbeit, Gartenarbeit, Hobby, ehrenamtliche Tätigkeit u. a.) nicht Bestandteil des Bruttoinlandsprodukts.

4.2.1 Entstehungsrechnung

Stellen Sie sich vor, dass Ihr Seminarraum ein abgrenzbarer Wirtschaftsraum ohne das Vorhandensein von Steuern ist. Ihre Seminargruppe produziert nun drei Torten mit jeweils 12 Stücken. Die Tortenstücke werden zu je 4 EUR innerhalb des Klassenraumes veräußert. Die Vorprodukte beziehen Sie für 44 EUR von der Nachbarseminargruppe. Die Tortenstücke werden von Ihrer Seminargruppe vollständig konsumiert.

Das Bruttoinlandsprodukt von der Entstehungsseite her berechnet sich wie folgt:

	Bruttoproduktionswert	36 Stücke * 4 EUR /Stck. =	144 EUR
–	Vorleistungen		44 EUR
=	Bruttowertschöpfung		100 EUR
+	Gütersteuern (z. B. Umsatzsteuer)		0
–	Subventionen		0
=	Bruttoinlandsprodukt (zu Marktpreisen)		100 EUR

Die Vorleistungen werden abgezogen, da sie schon im Bruttoproduktionswert der Nachbarseminargruppe erfasst wurden. Beispiele für Vorleistungen: Der Bäcker verkauft vom ihm selbst gebackenes Brot. Das verwendete Mehl wurde schon beim Müller erfasst. Das Getreide für die Mehlerzeugung wurde schon beim Landwirt erfasst.

Allgemeines Schema der Entstehungsrechnung:

		Beispiele (nicht abschließend)
	Verkäufe von Waren und Dienstleistungen	Bewertung mit dem Verkaufspreis (Tischler verkauft Schreibtische)
+	Erhöhung des Lagerbestandes an Halb- oder Fertigfabrikaten	Schreibtische, die noch nicht verkauft wurden, stehen im Lager (Bewertung zu den Herstellungskosten)
–	Verminderung des Lagerbestandes an Halb- und Fertigfabrikaten	Stehpulte, die letztes Jahr produziert wurden (Bewertung mit dem Verkaufspreis abzüglich der bilanzierten Herstellungskosten)
+	Wert der selbsterstellten Anlagen	Schreibtisch, der von der Sekretärin genutzt wird (Bewertung mit den Herstellungskosten)
=	Bruttoproduktionswert	
–	Vorleistungen	Halb- oder Fertigfabrikate, die z. B. bei Zulieferern schon erfasst wurden, z. B. Holz vom Sägewerk
=	Bruttowertschöpfung	
+	Gütersteuern	z. B. nicht abziehbare Umsatzsteuer, Zölle, Verbrauchssteuern (z. B. Tabaksteuer, Mineralölsteuer)
–	Subventionen	z. B. Zuschüsse für den öffentlichen Personennahverkehr
=	Bruttoinlandsprodukt zu Marktpreisen	

Warum werden die Vorleistungen abgezogen?

Würden alle einzelnen Produktionsleistungen aufaddiert, käme es zu Doppelzählungen, da z. B. sowohl der Verkaufspreis ohne Steuern eines Autos als auch die Verkaufspreise aller Vorprodukte (z. B. für das Metall der Karosserie, für die Reifen) im Bruttoinlandsprodukt enthalten wären. Um die Doppelzählungen zu vermeiden, werden bei den einzelnen Gütern die Vorleistungen abgezogen. So beträgt die volkswirtschaftliche Leistung eines Unternehmens, das Schrauben im Wert von 500 EUR herstellt, hierzu aber Rohlinge im Wert von 200 EUR bezogen hat, 300 EUR, da von den 500 EUR Gesamtleistung die Vorleistung von 200 EUR abzuziehen ist.

Die Entwicklung des BIP zu Marktpreisen des jeweiligen Berichtjahres kann man mit einem Kuchen vergleichen, der jedes Jahr größer wird. Zu dem Anstieg des BIP hat jedoch nicht nur das Wachstum der Mengen an Gütern und Dienstleistungen beigetragen, sondern auch die laufenden Preissteigerungen. Um festzustellen, wie viel tatsächlich mehr produziert worden ist und die Zunahme nicht nur wegen der jährlichen Preissteigerung erfolgt ist, errechnet man zusätzlich ein reales Bruttoinlandsprodukt (BIP zu konstanten Preisen).

Die Entstehungsrechnung wird dann getrennt für die Bereiche

(1) Land- und Forstwirtschaft, Fischerei;
(2) Produzierendes Gewerbe ohne Baugewerbe (darunter verarbeitendes Gewerbe);
(3) Baugewerbe;
(4) Handels-, Gastgewerbe und Verkehr;
(5) Finanzierung, Vermietung, Unternehmensdienstleistungen und
(6) Öffentliche und private Dienstleister
durchgeführt und zum Bruttoinlandsprodukt aggregiert.

4.2.2 Verwendungsrechnung

Eine weitere Möglichkeit der Bestimmung des Bruttoinlandsprodukts wird über die Verwendungsseite (Nachfrageseite) vorgenommen.

Das Bruttoinlandsprodukt von der Verwendungsseite her berechnet sich wie folgt:

	Private Konsumausgaben
+	Konsumausgaben des Staates
+	Brutto-Anlageinvestitionen
+	Vorratsveränderungen
+	Exporte (Ausfuhren)
–	Importe (Einfuhren)
=	Bruttoinlandsprodukt zu Marktpreisen

Zu beachten ist, dass man unter den Konsumausgaben des Staates den Wert der Güter versteht, die vom Staat selbst produziert werden – abzüglich selbst erstellter Anlagen und Verkäufe – sowie Ausgaben für Güter, die als soziale Sachtransfers den privaten Haushalten für ihren Konsum zur Verfügung gestellt werden.

4.2.3 Verteilungsrechnung

	Bruttoinlandsprodukt zu Marktpreisen
+	aus dem Ausland erhaltene Arbeitsentgelte und aus dem Ausland bezogene Einkommen aus Vermögensanlagen (Gewinne, Dividenden und Zinserträge)
–	ans Ausland gezahlte Arbeitsentgelte, ans Ausland gezahlte Einkommen aus Vermögensanlagen (Gewinne, Dividenden, Zinsaufwendungen)
=	**Bruttonationaleinkommen**
–	Abschreibungen

	Bruttoinlandsprodukt zu Marktpreisen
=	Nettonationaleinkommen
–	Importabgaben und Produktionsabgaben an den Staat
+	Subventionen vom Staat
=	**Volkseinkommen**
–	Arbeitnehmerentgelt
=	Unternehmenseinkommen und Vermögenseinkommen

Zusammenfassung:

Bruttoinlandsprodukt (BIP):	Marktwert aller für den **Endverbrauch** bestimmten Waren und Dienstleistungen, die in einem Land in einem bestimmten Zeitabschnitt hergestellt wurden.
Nominales BIP:	Die Waren und Dienstleistungen werden zu aktuellen Preisen bewertet.
Reales BIP:	Die Waren und Dienstleistungen werden zu konstanten Preisen (Basisjahr) bewertet.
Bruttonationaleinkommen:	Summe der innerhalb eines Jahres von allen Bewohnern eines Staates (Inländer) erwirtschafteten Einkommen, unabhängig davon, ob diese im Inland oder im Ausland erzielt wurden; bis 1999 auch Bruttosozialprodukt (BSP) genannt. Im Unterschied dazu umfasst das **Bruttoinlandsprodukt** alle im Inland erzielten Einkommen, egal ob diese von Inländern oder Ausländern erwirtschaftet wurden.
Volkseinkommen:	**Nettonationaleinkommen** = Summe aller von Inländern innerhalb eines bestimmten Zeitraums (z. B. ein Jahr) aus dem In- und Ausland erzielten Erwerbs- und Vermögenseinkommen (z. B. Löhne, Gehälter, Mieten, Zinsen oder Unternehmensgewinne). Das Volkseinkommen entspricht dem Nettosozialprodukt zu Faktorkosten.

- **Entstehungsrechnung**
Aus den verfügbaren Daten (u. a. Unternehmenserhebungen und Umsatzsteuerstatistiken) über die Produktion von Gütern und Dienstleistungen kann man die Höhe des gesamtwirtschaftlichen Angebots ermitteln.

- **Verwendungsrechnung**
Hier werden die Informationen über die einzelnen Nachfragebestandteile (z. B. Unternehmenserhebungen, Produktionsstatistik, Kfz-Zulassungen, Außenhandelsstatistik) zusammengefasst. Diese werden dann zur gesamtwirtschaftlichen Nachfrage aggregiert.

- **Verteilungsrechnung**
Die Verteilungsrechnung errechnet den Wert der produzierten Güter aus den Informationen über die bei der Produktion entstandenen Einkommen, die sich auf das Arbeitnehmerentgelt sowie die Unternehmens- und Vermögenseinkommen aufteilen.

Und nun eine Tabelle zur volkswirtschaftlichen Gesamtrechnung (in Milliarden EUR) mit den Daten von 2017:

I.	**Entstehungsrechnung**		II.	**Verwendungsrechnung**	
	Produktionswert	5.845,9		Private Konsumausgaben	1.732,8
–	Vorleistungen	2.904,6	+	Konsumausgeben des Staates	637,9
=	Bruttowertschöpfung	2.941,3	+	Ausrüstungsinvestitionen	214,6
+	Gütersteuern	329,3	+	Bauinvestitionen	323,0
–	Gütersubventionen	7,3	+	sonstige Anlagen	125,4
			–	Vorratsveränderungen und Nettozugang an Wertsachen	17,5
			+	Ausfuhren (Exporte) von Waren und Dienstleistungen	1.541,5
			–	Einfuhren (Importe) von Waren und Dienstleistungen	1.294,3

=	Bruttoinlandsprodukt	3.263,4
+	Primäreinkommen aus der übrigen Welt (Ausland) nach Deutschland	192,4
–	Primäreinkommen aus Deutschland an die übrige Welt (Ausland)	132,1
=	Bruttonationaleinkommen	3.323,6
–	Abschreibungen	572,2

III.	**Verteilungsrechnung**	
=	Nettonationaleinkommen (Primäreinkommen)	2.751,4
–	Produktionsabgaben und Importabgaben an den Staat	344,5
+	Subventionen vom Staat	27,8
=	Volkseinkommen	2.434,7
–	Arbeitnehmerentgelt	1.668,9
=	Unternehmenseinkommen und Vermögenseinkommen	765,8

Die jeweiligen Rundungsdifferenzen von 0,1 Milliarden EUR sind zu vernachlässigen.

4.2.4 Zahlungsbilanz

In der Zahlungsbilanzstatistik werden die wirtschaftlichen Transaktionen einer Volkswirtschaft in einer Periode mit der übrigen Welt erfasst. Bei der Zahlungsbilanz handelt sich nicht um eine Erfassung von Bestandsgrößen in der uns bekannten Art, wie z. B. bei der Bilanz oder Vermögensrechnung im Rahmen des Neuen Kommunalen Rechnungswesens. Es werden keine Bestandsgrößen, wie z. B. die Höhe der Forderungen oder der Bankbestand, sondern Strömungsgrößen, die Summe der Erträge oder die Summe der Aufwendungen in einer Periode erfasst. Damit ähnelt die Zahlungsbilanz eher der Gewinn- und Verlustrechnung beziehungsweise Ergebnisrechnung.

Die Zahlungsbilanz stellt die Verflechtungen der heimischen Volkswirtschaft mit dem Ausland dar. Sie umfasst die Teilbilanzen Leistungs-, Veränderungs- und Kapitalbilanz sowie den Restposten.

Die Leistungsbilanz wiederum gliedert sich in

- Warenhandel (Handelsbilanz),
- Dienstleistungen (Dienstleistungsbilanz),
- Primäreinkommen (grenzüberschreitende Arbeitsentgelte und grenzüberschreitende Zinseinkommen und Gewinn- oder Dividendenzahlungen) und
- Sekundäreinkommen (laufende Übertragungen, d. h. Heimatüberweisungen von Gastarbeitern, Überweisungen von Sozialleistungen ins Ausland oder Sozialbeiträgen, staatliche Übertragungen oder Transfers im Rahmen der internationalen Zusammenarbeit, z. B. Entwicklungshilfe).

Die Vermögensänderungsbilanz untergliedert sich in nicht produziertes Sachvermögen (z. B. Grund und Boden, erschlossene Bodenschätze) und Vermögensübertragungen. Ein Beispiel für eine Vermögensübertragung wäre ein Schuldenerlass gegenüber einem Entwicklungsland oder Übertragungen von Vermögenswerten ohne Gegenleistung.

Die Kapitalbilanz gliedert sich in

- Direktinvestitionen (z. B. grenzüberschreitende Kapitalbeteiligungen),
- Wertpapieranlagen (z. B. langfristige Schuldverschreibungen),
- Finanzderivate (vereinfacht: „Schuldscheine", die nicht auf organisierten Märkten gehandelt werden),
- übrigen Kapitalverkehr (z. B. Bankguthaben, Finanz- und Handelskredite) und
- Währungsreserven.

Zusätzlich gibt es noch einen Restposten, der die nicht direkt zuordnenbaren Transaktionen mit dem Ausland umfasst. Dieser Restposten ergibt sich aus der folgenden Gleichung:

Leistungsbilanz + Vermögensänderungsbilanz + Restposten
= Kapitalbilanz

Es liegt folgender Geschäftsvorfall vor: Eine Maschine für 200.000 EUR wird an eine Firma, die ihren Sitz im Ausland hat, verkauft.

A	Güterbilanz als Teil der Leistungsbilanz		P
Ausfuhr	200.000 EUR		

Al	Direktinvestition als Teil der Kapitalbilanz		P
		Zunahme Forderungen	200.000 EUR

4.2.5 Kontrollfragen

1. Erläutern Sie den Begriff „Bruttoinlandsprodukt".
2. Das Bruttoinlandsprodukt (BIP) wird als Maßstab für die Leistungsfähigkeit und als Wohlstandsindikator verwendet.
   Nennen Sie die drei Verfahren oder auch Säulen zur Berechnung des BIP!
   Worin liegt der Unterschied zwischen dem realen und nominalen BIP?
   Nennen Sie Argumente, die gegen eine alleinige Verwendung des BIP als Wohlstandsindikator sprechen! Studieren Sie hierzu einschlägige Quellen im Internet!
3. Warum wird zwischen Bruttoinlandsprodukt und Bruttonationaleinkommen unterschieden?

4. Gegeben sind folgende Zahlenwerte in Milliarden EUR: Abschreibungen 150; Nettoinvestitionen 550, Ausfuhren 160; Einfuhren 70; Staatsverbrauch 900; Privater Verbrauch 2.200; Indirekte Steuern 460; Subventionen 80.
   Der Saldo der Erwerbs- und Vermögeneinkommen hat einen negativen Wert von minus 40. Die Lohnquote beträgt 70 Prozent. Ermitteln Sie das Bruttoinlandsprodukt, das Bruttonationaleinkommen und das Volkseinkommen einschließlich seiner beiden Bestandteile unter Beachtung der Verteilungs- und Verwendungsrechnung des Nationaleinkommens.
   Welche Güter und Leistungen finden bei der Nationaleinkommensberechnung keine Berücksichtigung?
5. Es werden zwei Unternehmen betrachtet. Der Landwirt Bauer produziert Weizen und Milch. Die Milch wird an die Molkerei Lepper für 1.600 EUR und für 400 EUR nach Tschechien veräußert. Der Weizen wird für 2.000 EUR komplett nach Polen verkauft. In der Molkerei Lepper wird aus der Milch Joghurt mit einem „Schuss" Müsli produziert. Für die Produktion wird aus dem Ausland noch Müsli für 200 EUR eingekauft. Die gesamte Joghurtproduktion wird von den Endverbrauchern für 2.800 EUR verkonsumiert. An Löhnen zahlt der Landwirt Bauer 800 EUR. Von diesen werden 500 EUR an Ausländer überwiesen (Grenzgänger). Für Saatgut muss der Landwirt Bauer 1.000 EUR an das Ausland entrichten. Sein Gewinn (Landwirt Bauer) beträgt 700 EUR. Der Landwirt Bauer hat seinen Wohnsitz in der Freihandelszone Dreiländereck. Die Molkerei Lepper zahlt an Löhnen 200 EUR und der Gewinn beträgt 300 EUR. Der Gewinn wird an den Eigentümer der Molkerei Lepper ins Ausland transferiert. Die im Dreiländereck wohnenden Menschen erhalten Erwerbs- und Vermögenseinkommen vom Ausland in Höhe von 1.800 EUR. Die Investitionen, Abschreibungen, Subventionen und Steuern sind alle null!
   Wie hoch ist das Bruttoinlandsprodukt mittels der Entstehungsrechnung?
   Wie hoch ist das Bruttonationaleinkommen?
6. Gegeben sind folgende Werte in Geldeinheiten (GE): Bruttoproduktionswert: 300 GE; Vorleistungen: 80 GE; Summe der Einkommen, die Inländer im Ausland erzielen: 40 GE; Summe der Einkommen, die Ausländer im Inland erzielen: 20 GE.
   Bestimmen Sie das Bruttoinlandsprodukt und das Bruttonationaleinkommen!

Lösung

Zu 1. Das BIP ist der Marktwert aller für den Endverbrauch bestimmten Waren und Dienstleistungen, die in einem Land in einem bestimmten Zeitabschnitt hergestellt wurden.

Zu 2. Die Berechnung des BIP kann über die Entstehungsrechnung, Verwendungsrechnung oder Verteilungsrechnung erfolgen. Im nominalen BIP sind die Preissteigerungen enthalten, da die Güter und Dienstleistungen mit ihren Marktpreisen bewertet werden. Beim realen BIP („preisbereinigt") werden die Güter und Dienstleistungen mit den Vorjahrespreisen bewertet. Damit werden die tatsächlichen Veränderungen des BIP erfasst.
Nicht abschließende Antwort: qualitative Veränderungen des Produkts werden nicht berücksichtigt, nicht oder nur zum Teil erfasst werden z. B. Schattenwirtschaft, Nachbarschaftshilfe, eigene Leistungen der Haushalte, die Beseitigung von Umweltschäden erhöht zu einer Erhöhung des BIP, die Reparatur eines vorsätzlich herbeigeführten Havarieschadens erhöht das BIP, da das BIP nur wertmäßig gemessen wird, spiegelt es nicht eine Verbesserung der Umweltqualität, eine bessere Gesundheitsvorsorge und höhere Lebenserwartung wider.

Zu 3. Bruttoinlandsprodukt (Wertschöpfung im Inland) Inlandsprinzip, Bruttonationaleinkommen (Wertschöpfung durch Inländer, die ihren Wohn- oder Firmensitz in Deutschland haben.) Manche sprechen auch davon, dass das Inlandsprinzip dem Produktionsprinzip und das Inländerprinzip dem Verteilungsprinzip entspricht. Der Unterschied wird durch den Saldo (Einkommen an/vom Ausland) sichtbar. Nicht gefragt: Volkseinkommen = Bruttonationaleinkommen – Abschreibungen – indirekte Steuern + Subventionen

Zu 4. Verwendungsrechnung

	Abschreibungen	150
+	Nettoinvestitionen	550
+	Privater Verbrauch	2.200
+	Staatsverbrauch	900
+	Export	160
–	Import	70
=	Bruttoinlandsprodukt	3.890
–	Saldo Erwerbseinkommen (hier negativ)	40
=	Bruttonationaleinkommen	3.850
	Ermittlung Volkseinkommen	
	Bruttonationaleinkommen	3.850
–	Abschreibungen	150
–	indirekte Steuern	460
+	Subventionen	80
=	Nettosozialprodukt zu Faktorpreisen oder Volkseinkommen	3.320
	Verteilungsrechnung	
	Abschreibungen	150
+	indirekte Steuern	460
–	Subventionen	80
+	Einkommen aus unselbstständiger Arbeit	2.324
+	Einkommen aus Unternehmertätigkeit und Vermögen	996
=	Bruttonationaleinkommen	3.850
+	Saldo der Erwerbseinkommen	40
	Bruttoinlandsprodukt	3.890

Nicht enthalten sind Leistungen im Rahmen der Schattenwirtschaft, vor allem der Schwarzarbeit und Leistungen aus der Selbstversorgungswirtschaft (Hausarbeit, Gartenarbeit, Hobby, ehrenamtliche Tätigkeit u. a.).

Zu 5. Da die Subventionen und Steuern null sind, ist in unserem Fall das Bruttoinlandsprodukt identisch mit der Bruttowertschöpfung. Die Bruttowertschöpfung errechnet sich für den Landwirt und die Molkerei wie folgt:

	Landwirt		Gesamt		Molkerei	
	1.600 EUR	Verkauf Milch Inland			2.800 EUR	Verkauf Joghurt
	400 EUR	Verkauf Milch Ausland				
	2.000 EUR	Verkauf Weizen Ausland				
	4.000 EUR	Produktionswert			2.800 EUR	Produktionswert
–	1.000 EUR	Saatgut Ausland		–	1.600 EUR	Vorleistung Milch
				–	200 EUR	Früchte Ausland
	3.000 EUR	Wertschöpfung	4.000 EUR		1.000 EUR	Wertschöpfung
+	0 EUR	Gütersteuern		+	0 EUR	Gütersteuern
–	0 EUR	Subventionen		–	0 EUR	Subventionen
		Bruttoinlandsprodukt	4.000 EUR			Das BIP beträgt 4.000 EUR.

	4.000 EUR	Bruttoinlandsprodukt
–	500 EUR	Vom Bauer gezahlte Löhne an Ausländer
–	300 EUR	Gewinntransfer der Molkerei an den ausländischen Eigentümer
+	1.800 EUR	Erhaltene Erwerbs- und Vermögenseinkommen vom Ausland
=	5.000 EUR	Bruttonationaleinkommen

Das Bruttonationaleinkommen beträgt 5.000 EUR.

Zu 6.

	Bruttoproduktionswert	300 GE
–	Vorleistungen	80 GE
=	Bruttoinlandsprodukt	220 GE
+	Summe der Einkommen, die Inländer im Ausland beziehen	40 GE
–	Summe der Einkommen, die Ausländer im Inland erzielen	20 GE
=	Bruttonationaleinkommen	240 GE

4.3 Markt und Preis

4.3.1 Marktarten, Marktformen, Markttypen

Die Marktarten können nach verschiedenen Bereichen unterschieden werden. So kann man z. B. nach dem Gegenstand der Sache (Biermarkt), nach Konsumgütermarkt (Lebensmittel für den Endverbrauch), nach Investitionsgütermarkt (Maschinen für die Herstellung von Lebensmitteln), Geldmarkt (kurzfristiges Kapital), Kapitalmarkt (langfristiges Kapital) und Arbeitsmarkt unterscheiden.

Man kann die Märkte aber auch nach dem Territorium (regional, national und international), nach der Funktion (Beschaffungsmarkt, Absatzmarkt, Wochenmarkt und Jahrmarkt) und nach der Organisationsform (Börsen, Messen, Ladengeschäfte) unterscheiden.

Bei den Markttypen unterscheidet man zwischen vollkommenen und unvollkommenen Märkten:

Der vollkommene Markt ist in der Wirtschaftstheorie der ideale Markt. Er unterstellt, dass die Wirtschaftssubjekte nach dem Prinzip des Homo oeconomicus reagieren, d. h. sich als Nutzenmaximierer verhalten und bestimmte Bedingungen erfüllt sein müssen. Ebenfalls müssen die gehandelten Güter sachlich gleichartig sein. Sie dürfen sich unter anderem nicht durch die Parameter Qualität, Geschmack und Verpackung unterscheiden. Im Idealfall gibt es identische Güter. Gleichzeitig darf der Nachfrager keine persönlichen (er geht wegen der freundlichen Bedienung in ein bestimmtes Bistro), zeitlichen (die Wartezeit auf das Essen ist überall gleich) und räumlichen (der Konsum hängt nicht vom Standort des Bistros ab) Vorlieben haben. In der Volkswirtschaftslehre spricht man von Präferenzen. Beim vollkommenen Markt muss vollständige Markttransparenz vorliegen. Die Marktteilnehmer haben alle nötigen Informationen. Die Nachfrager kennen die Preise und Mengen der Anbieter. Die Anbieter kennen die Nachfragepläne der Kunden.

In der Realität sind die Märkte meist unvollkommen, weil eine oder mehrere Voraussetzungen des vollkommenen Marktes nicht gegeben sind. Selbst „homogene" Güter werden vom Nachfrager als heterogene Güter wahrgenommen, da sie sich durch unterschiedliche Bezeichnung (Markenprodukte, Handelsmarken, No-Name-Produkte), Form, Aufmachung und Verpackung unterscheiden. Es herrschen persönliche, zeitliche, räumliche Präferenzen und den Marktteilnehmern liegen nicht alle Informationen vor (unvollständige Transparenz).

In Abhängigkeit von den Marktteilnehmern kann man einen polypolistischen, oligopolistischen und monopolistischen Markt unterscheiden. Im Folgenden werden die Marktformen von der Angebotsseite beschrieben.

Unter der Voraussetzung des vollkommenen Marktes hat der Anbieter im polypolistischen Markt (viele Anbieter) keine Möglichkeit, den Preis zu beeinflussen. Er muss den Preis als gegebene Größe hinnehmen und kann zu dem gegebenen Preis nur die Menge seines Angebots bestimmen. Da er sich mit seiner Angebotsmenge dem Marktpreis anpasst, nennt man diesen Anbieter auch Mengenanpasser. Bei einer Preiserhöhung muss der Mengenanpasser den totalen Umsatzverlust befürchten, eine Preissenkung führt zu einem sofortigen Ausverkauf.

Bei einer Preiserhöhung muss der Oligopolist (wenige Anbieter) damit rechnen, dass er Marktanteile verliert, wenn der Wettbewerber den Preis unverändert lässt. Senkt er seine Preise, um Wettbewerbsvorteile zu erlangen, muss er befürchten, dass seine Mitbewerber nachziehen oder sogar unterbieten. Meist kommt es in Oligopolen zu einer Preisführerschaft eines Anbieters. Die Preisänderungen des Preisführers werden von den anderen Marktteilnehmern antizipiert. Die große Gefahr von oligopolistischen Märkten sind Absprachen zu Preisen, Mengen, Absatzgebieten und der Teilnahme an öffentlichen Ausschreibungen. Solche Kartelle sind verboten.

Der Monopolist als einziger Anbieter kann den Preis für sein Produkt frei wählen. Da er alleiniger Anbieter ist, muss er eine Reaktion der Mitbewerber nicht fürchten. Er muss jedoch damit rechnen, dass die Nachfrager auf seine Preisfestsetzung reagieren. Jeder von Ihnen war sicherlich schon auf Festivals oder Rockkonzerten. Im Festivalgelände hat meist ein Anbieter die Konzession, Getränke auszuschenken. Er ist quasi Monopolist. Setzt er jedoch einen zu hohen Preis an, dann werden die Konsumenten auf Getränke außerhalb des Festgeländes zurückgreifen oder im Extremfall ganz auf den Konsum verzichten. Dies bedeutet, dass der Monopolist die Reaktion der Nachfrager bei der Preisgestaltung berücksichtigt. Er wählt den Preis, bei dem sein Gewinn im Maximum ist.

Grundsätze der Preisbildung

Die Grundprobleme einer Volkswirtschaft lassen sich in drei Fragen zusammenfassen:

1. Was und welche Mengen sollen produziert werden?
2. Wie soll produziert werden?
3. Für wen soll produziert werden?

Die Fragen werden in einer freien Marktwirtschaft und in der sozialen Marktwirtschaft mit Hilfe von Märkten und Preisen gelöst.

Wie schon der Nobelpreisträger Paul A. Samuelson ausführte, funktioniert vereinfacht der Markt in etwa so: „Man sagt, der Kunde sei König. Da natürlich nicht jeder ein König sein kann, ist vielleicht die folgende Vorstellung angebracht: Jeder Kunde ist ein Wähler, der sein Geld als Stimmzettel benutzt, um auf diese Weise mitzubestimmen, was getan werden soll. Seine abgegebenen Stimmen konkurrieren mit denen anderer Verbraucher. Die Leute mit den meisten Stimmen haben den größten Einfluss darauf, was produziert werden soll und wie die Güter verteilt werden."

Nun stellt sich die Frage: Wer setzt die Preise fest? Vielleicht eine Regulierungsbehörde oder die Unternehmen?

Samuelson führte hierzu folgendes Beispiel aus:

„Es wurde eines Tages wissenschaftlich erwiesen, dass Leber ein brauchbares Mittel gegen Blutarmut darstellt. Vor dieser Entdeckung waren Nieren aus irgendwelchen Gründen teurer als Leber. In der Tat war Leber kaum verkäuflich. Nun schaue man sich jetzt die Preise für Leber und Nieren an. Es hat ein drastischer Wandel stattgefunden. Der Preis für Leber ist beträchtlich über den Preis für Nieren gestiegen – das begrenzte Angebot von Leber wird so auf die größere Zahl von Nachfragern verteilt. Der unpersönliche Mechanismus von Angebot und Nachfrage hat das bewirkt."

Ähnliche drastische Veränderungen ereignen sich in der Marktwirtschaft Tag für Tag. Wenn sich die Bedürfnisse und Wünsche, Produktionsmethoden, das Angebot von natürlichen und anderen Produktionsfaktoren ändern, reagiert der Markt und die Folge sind andere Preise und Verkaufsmengen von Gütern und Diensten – etwa von Tee, Zucker und Rindfleisch, Boden, Arbeit und Maschinen. Es gibt ein System der Rationierung durch Preise, dessen Existenz keineswegs selbstverständlich ist.

Am Markt treffen Angebot und Nachfrage zusammen!

4.3.2 Bestimmungsgründe der Nachfrage

Beginnen wir nun mit einem Teilaspekt des Marktes, der Nachfrage. Wir beobachten allgemein, dass die nachgefragte Menge eines Gutes (z. B. Reisen) vom Preis des Gutes abhängt. Je höher der Preis des Gutes (z. B. Reisen) ist, desto weniger Reisen werden nachgefragt. Je niedriger der Preis ist, desto mehr wird von diesem Gut nachgefragt und konsumiert.

Die Nachfragefunktion gibt die Beziehung zwischen Preis und Nachfragemenge wieder. Als Annahme gilt hier, dass die Nachfrage eines Gutes nur vom Preis des Gutes abhängt. Alle anderen Faktoren, die die Nachfrage beeinflussen, werden als konstant gesetzt.

Bei den Determinanten der Nachfrage nach Wein kann man zwischen Einflussgrößen der individuellen Nachfrage und Einflussgrößen der Marktnachfrage unterscheiden. Die Einflussgröße der Marktnachfrage ist die Zahl der Nachfrager, die sich durch die Zunahme oder Abnahme der Bevölkerung verändert.

Einflussgrößen der individuellen Nachfrage

Der Preis einer Weinflasche bestimmt maßgeblich die Nachfrage. Aber auch die Preise für Substitutionsgüter (z. B. Sekt) beeinflussen die Nachfrage nach Wein. Ist der Preis des Weines zu hoch, werden die Nachfrager auf Sekt oder andere alkoholische und nichtalkoholische Getränke ausweichen. Wird zu einem Wein meist eine Käseplatte konsumiert, sieht sich der Nachfrager dem Preis des Güterbündels (Wein zuzüglich Käseplatte) gegenüber. Steigt oder sinkt der Preis eines Bestandteils des Güterbündels, so wird sich die Nachfrage sowohl nach Wein und Käseplatten verändern. Ändert sich die Nutzenschätzung (Bedürfnisstruktur) der Nachfrager, so ändert sich auch die Zahlungsbereitschaft.

Graphische Darstellung der Nachfragekurve nach Weinflaschen in Abhängigkeit des Preises für Weinflaschen:

	Preis je Flasche Wein in EUR -p-	Nachfragemenge in Mio. Flaschen pro Jahr
A	5	09
B	4	10
C	3	12
D	2	15
E	1	20

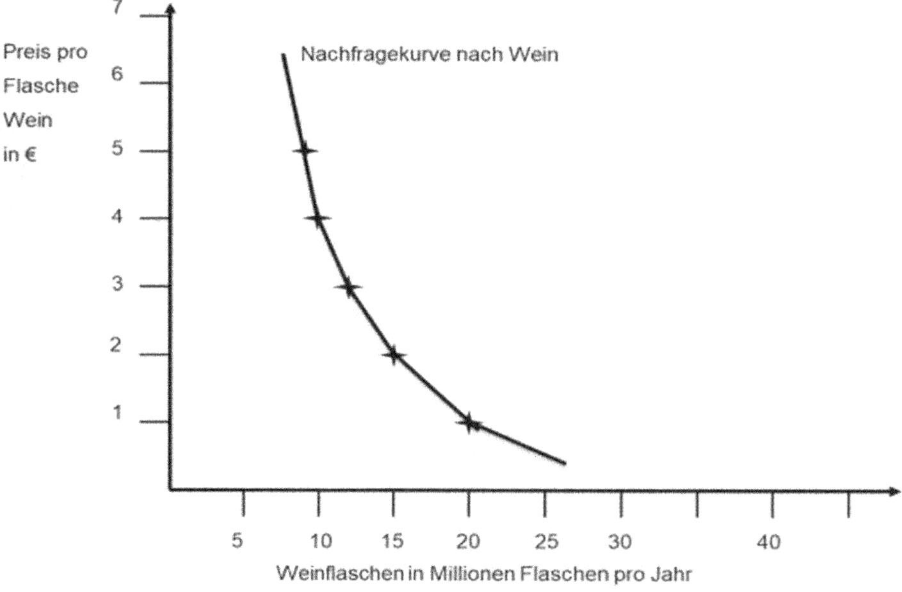

Am obigen Beispiel sehen Sie, dass bei steigendem Preis die Nachfrage zurückgeht und die Nachfrage steigt, wenn der Preis sinkt.

Warum nimmt die Nachfrage mit steigendem Preis ab?

Steigt der Preis für Wein unendlich hoch, dann können sich nur noch Haushalte mit hohem Einkommen Wein leisten. Die Haushalte mit geringem Einkommen werden auf preiswertere Ausweichgüter (Substitutionsgüter) umsteigen. Gleichzeitig sinkt durch die Preiserhöhung das Realeinkommen (Einkommen in Gütern ausgedrückt). Da das Realeinkommen gesunken ist, wird man den Konsum von ersetzbaren Gütern allgemein einschränken.

Warum steigt die Nachfrage mit fallendem Preis?

Sinkt der Preis für Wein, werden neue Käufer auch Wein konsumieren. Gleichzeitig werden bisherige Konsumenten die Nachfrage nach Wein erhöhen.

4.3.3 Bestimmungsgründe des Angebots

Nun behandeln wir den zweiten Teilaspekt des Marktes, das Angebot. Wir beobachten allgemein, dass die angebotene Menge eines Gutes vom Preis des Gutes abhängt. Je höher der Preis des Gutes, z. B. Wein, desto mehr Weine werden angeboten. Je niedriger der Preis ist, desto weniger Weine werden angeboten. So werden bei einem höheren Preis für Wein bisher nicht genutzte Steilhänge oder anders genutzte Anbauflächen für den Anbau von Wein genutzt. Hinzu kommt, dass es lohnend sein kann, mehr Arbeit, mehr Maschinen und mehr Dünger für die Weinproduktion einzusetzen.

Die Angebotsfunktion gibt die Beziehung zwischen Preis und der angebotenen Menge wieder. Als Annahme gilt hier, dass das Angebot eines Gutes nur vom Preis abhängt. Die anderen Faktoren werden konstant gesetzt.

Graphische Darstellung der Angebotskurve nach Weinflaschen in Abhängigkeit des erwarteten Preises für Weinflaschen:

	Preis je Flasche Wein in EUR -p-	Angebotsmenge in Mio. Flaschen pro Jahr
A	5	18
B	4	16
C	3	12
D	2	07
E	1	00

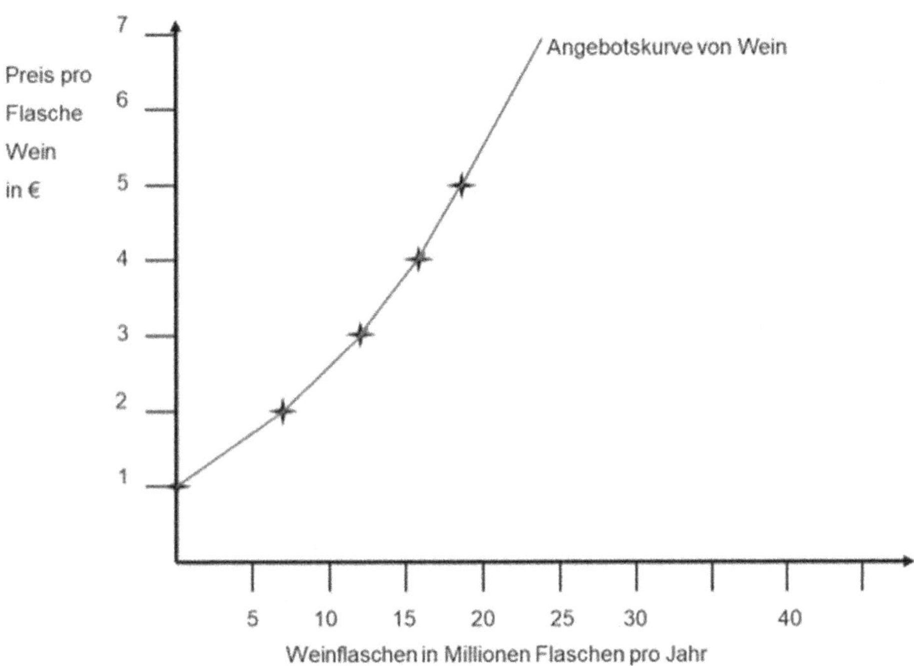

Bei den Determinanten des Angebots an Wein kann man zwischen Einflussgrößen des individuellen Angebots und Einflussgrößen des Marktangebots unterscheiden. Die Einflussgrößen des Marktangebots sind die Zahl der Anbieter und die Preise anderer Güter. Damit sind die Güter gemeint, die durch den Wirtschaftszweig noch produziert werden können. Der Winzer in Italien kann Oliven statt Reben anpflanzen. Er entscheidet sich für die Alternative, die den meisten Gewinn verspricht.

Einflussgrößen des individuellen Angebots (nicht abschließend)

Der erwartete Gewinn bei der Weinproduktion bestimmt maßgeblich das Angebot. Dieser ist abhängig vom Preis und den Produktionskosten. Die Produktionskosten wiederum sind abhängig von den Kosten der Inputs (Kosten für die Produktionsfaktoren Arbeit, Boden, Kapital) und der eingesetzten Technologie (Kapazität des Unternehmens und Stand der Technik). Die Marktstrategie und die Risikobereitschaft bestimmen ebenfalls die angebotene Menge des Unternehmers.

4.3.4 Marktgleichgewicht

Es wurde die Nachfrageseite nach Wein und die Angebotsseite von Wein einzeln beleuchtet. Nun werden die Nachfrageseite und die Angebotsseite zusammengeführt und die Funktionsweise des Marktes erklärt. Die Nachfrage und das Angebot an Weinflaschen hängen vom Preis des Weines ab. Die anderen besprochenen Einflussfaktoren, die die Nachfrage und das Angebot beeinflussen, werden kurzfristig als unveränderlich angesehen beziehungsweise konstant gesetzt. Damit sind die Nachfrage und das Angebot allein vom Preis des Gutes Wein abhängig.

Der Markt als Ort des Zusammentreffens von Angebot und Nachfrage kann auch graphisch dargestellt werden. Auf die x-Achse werden die nachgefragte und angebotene Menge und auf die y-Achse die entsprechenden Preise aufgetragen.

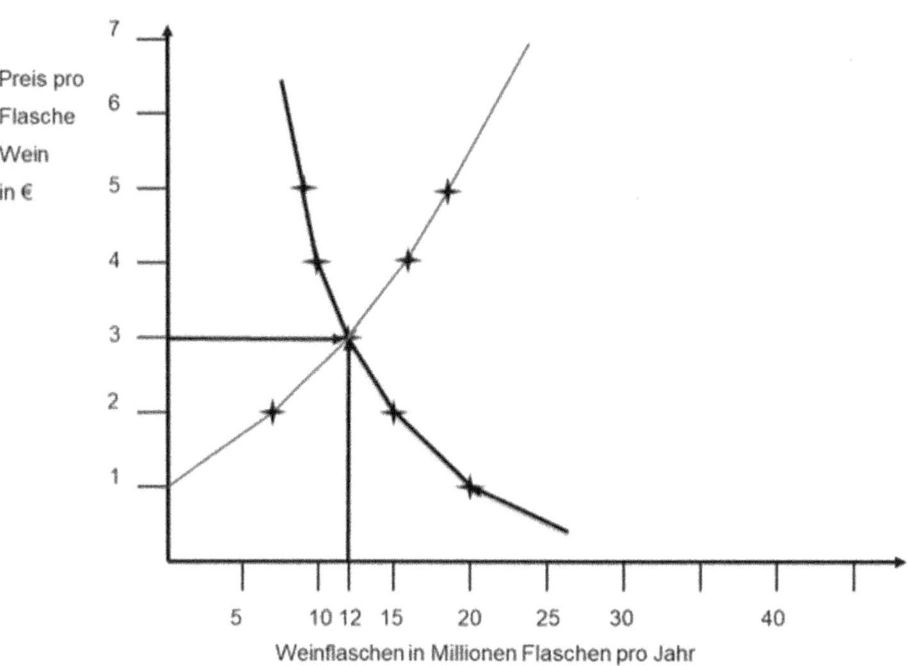

Im obenstehenden Schaubild wurden die Angebotsmengen und Nachfragemengen zusammengefasst.

Preis je Flasche Wein in EUR -p-	Nachfragemenge in Mio. Flaschen pro Jahr	Angebotsmenge in Mio. Flaschen pro Jahr	Verhältnis von Nachfrage zu Angebot	Preistendenz
5	9	18	N < A	sinkend
4	10	16	N < A	sinkend
3	12	12	N = A	gleichbleibend
2	15	7	N > A	steigend
1	20	0	N > A	steigend

Aus der Tabelle geht hervor, dass solange bei einem vorgegebenen Preis die angebotene Menge größer als die zu diesem Preis nachgefragte Menge ist, der Preis sinken wird. Dieser Fall wird auch als Angebotsüberhang oder Angebotsüberschuss bezeichnet.

Bei einem angenommenen Preis von 1 EUR bzw. 2 EUR pro Weinflasche sind die nachfragten Mengen größer als die angebotenen Mengen. Der Preis wird in diesen Fällen solange steigen, bis bei einem Preis – hier von 3 EUR pro Flasche – die angebotene Menge gleich der nachgefragten Menge ist. Diese Situation wird als Nachfrageüberhang oder Nachfrageüberschuss bzw. Verkäufermarkt bezeichnet. Die Käufer werden sich gegenseitig überbieten. Diesen Preis – hier 3 EUR pro Flasche – nennt man auch Gleichgewichtspreis und die entsprechende Menge – hier 12 Millionen Flaschen – Gleichgewichtsmenge. Der im Schaubild ermittelten Gleichgewichtspunkt – Schnittmenge – wird mathematisch durch das Gleichsetzen der Nachfragefunktion und Angebotsfunktion bestimmt.

Der Preis in einer Marktwirtschaft erfüllt mehrere Funktionen:

Wie schon ausgeführt, führt der Preis zum Ausgleich von Angebot und Nachfrage und damit im Ergebnis zur Markträumung (Räumungsfunktion). Diese Funktion nennt man auch Ausgleichsfunktion. Gleichzeitig signalisiert der Preis, ob das Gut knapp ist. Ein hoher Preis zeigt die Knappheit eines Gutes oder Faktors (Signalfunktion). Die Preise signalisieren gleichzeitig den Anbietern, dass sich für sie bei hohen Preisen ein Angebot bzw. die Erhöhung ihres Angebots lohnen wird. Der Preiswettbewerb lockt die Anbieter in Bereiche mit höheren Gewinnaussichten und damit werden die Produktionsfaktoren in ihre effizienteste Verwendung geleitet (Lenkungsfunktion). Gleichzeitig erzieht der Preis die Anbieter und Nachfrager dazu, mit den knappen Gütern sparsam umzugehen (Erziehungsfunktion). Die Auslesefunktion führt dazu, dass die Unternehmer mit zu hohen Herstellungskosten und die Haushalte mit zu geringer Kaufkraft vom Markt verschwinden.

4.3.5 Verschiebung der Nachfrage- und Angebotskurve

Bisher wurde nur der Preis des Gutes geändert und gefragt wie hoch dann die Nachfrage bzw. wie hoch die angebotene Menge ist. Aber was passiert, wenn wir die anderen Einflussfaktoren ändern, die die Nachfrage bzw. das Angebot beeinflussen?

Das folgende Schaubild zeigt eine Rechtsverschiebung der Nachfragekurve zur neuen Nachfragekurve N1. Die Nachfrager sind plötzlich bereit, zum gleichen Preis mehr nachzufragen. Ursprünglich wollten sie bei einem Preis von 3 EUR pro Flasche 12 Millionen Flaschen Wein kaufen. Jetzt möchten sie 20 Millionen Weinflaschen. Was könnten die Gründe für die nun höhere Zahlungsbereitschaft der Nachfrager für Wein sein?

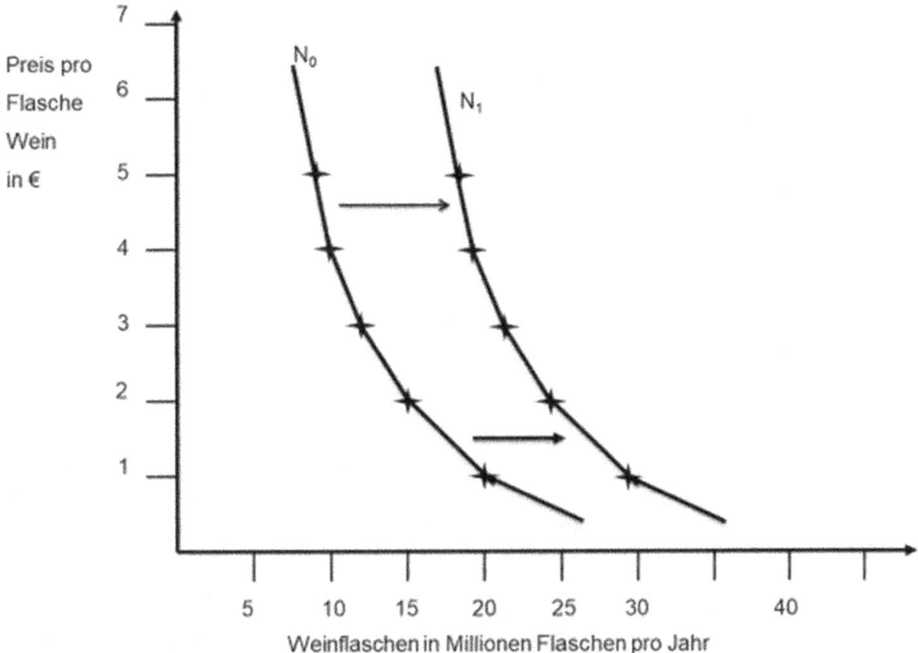

Zu solch einer Verschiebung kann es kommen, wenn die Nachfrager im Gegensatz zur Ausgangssituation nun über mehr Einkommen (Lohnsteigerungen) oder Vermögen (Lottogewinn) verfügen. Auch steigt die Nachfrage nach Wein zum gleichen Preis, wenn die Substitutionsgüter Sekt oder andere alkoholische oder nichtalkoholische Getränke teurer werden. Ebenfalls erhöht sich die Nachfrage nach Wein zum gleichen Preis, wenn die Komplementärgüter preiswerter werden. Damit sind Güter gemeint, die gemeinsam mit Wein (z. B. Käseplatte) konsumiert werden. Die Anzahl der Weintrinker kann sich auch erhöhen, wenn eine neue wissenschaftliche Studie zeigt, dass der regelmäßige Weingenuss gut für die Gesundheit oder der Genuss von Wein plötzlich „in" ist.

Im folgenden Schaubild erkennen wir eine Linksverschiebung der Nachfragekurve zur neuen Nachfragekurve N2. Die Zahlungsbereitschaft für Wein ist nun gefallen. Die Nachfrager würden bei 3 EUR pro Weinflasche nur noch 5 Millionen Flaschen nachfragen. Ursprünglich wollten sie bei einem Preis von 3 EUR pro Flasche 12 Millionen Flaschen Wein erwerben.

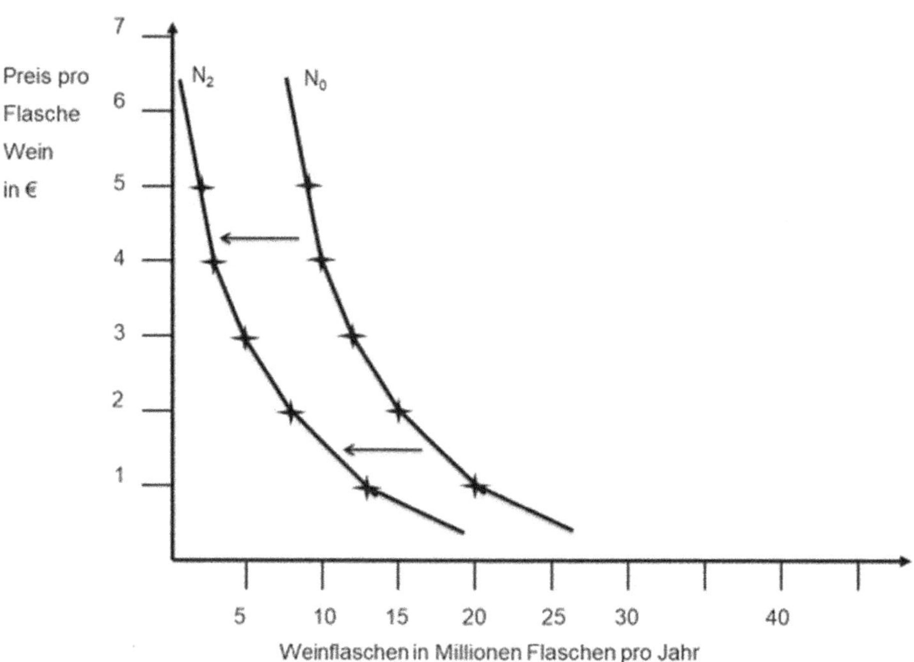

Zu solch einer Linksverschiebung der Nachfragekurve kann es kommen, wenn die Nachfrager nunmehr weniger Einkommen (z. B. durch einen Arbeitsplatzverlust) oder Vermögensverluste (durch einen Wertverlust der Lebensversicherung) haben. Das Gleiche gilt, wenn die Substitutionsgüter Sekt oder andere alkoholische oder nichtalkoholische Getränke billiger werden oder die Käseplatte (Komplementärgut zu Wein) teurer wird. Die Anzahl der Weintrinker sinkt auch dann, wenn durch die Verwendung von Sprühgiften durch einige Winzer weniger Menschen Wein konsumieren möchten.

Nun widmen wir uns dem Angebot und fragen uns, warum es dort ebenfalls zu einer Verschiebung der Angebotskurve kommen kann.

Das folgende Schaubild zeigt sowohl eine Rechtsverschiebung der Angebotskurve A0 zur neuen Angebotskurve A1 und eine Linksverschiebung zur Angebotskurve A2. Bei der Rechtsverschiebung sind die Anbieter plötzlich bereit, zum gleichen Preis mehr anzubieten. Ursprünglich wollten sie bei einem Preis von 3 EUR pro Flasche 12 Millionen Flaschen Wein anbieten. Jetzt möchten sie 18 Millionen Weinflaschen anbieten. Bei einer Linksverschiebung verringert sich im vorliegenden Beispiel die angebotenen Menge bei einem Preis von 3 EUR pro Flasche von 12 Millionen Flaschen Wein auf 5 Millionen Flaschen.

Was könnten die Gründe für das veränderte Angebot von Weinflaschen durch die Winzer sein?

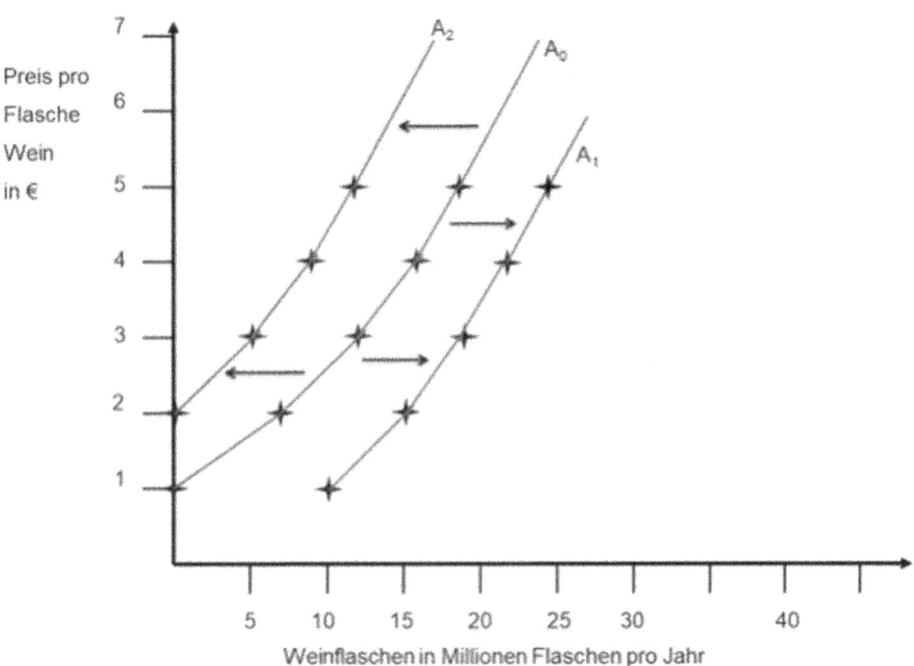

Eine Angebotssteigerung von A0 auf A1 kann erfolgen, wenn auf den bisherigen Flächen Oliven angebaut wurden und diese nunmehr unverkäuflich sind. Dann wird der Bauer verstärkt Wein produzieren (Preissenkung bei anderen Gütern, die alternativ produziert werden können). Wenn die Preise der bei der Produktion eingesetzten Produktionsfaktoren sinken (Der Produktionsfaktor Arbeit wird billiger, d. h. der Lohn sinkt.), verschiebt sich die Angebotskurve nach rechts. Da für den Winzer die Produktionskosten sinken, wird er mehr Wein zum gleichen Preis anbieten können (die Produktionsfaktoren der Volkswirtschaftslehre sind Arbeit, Boden und Kapital). Der Winzer möchte seinen Marktanteil erhöhen (angebotssteigernde Änderung des Anbieterzieles) und bietet deshalb mehr Wein zum gleichen Preis an. Die Produktionskosten sinken durch die Verbesserung des technischen Wissens. Es treten zusätzliche Anbieter in den Markt (Beispiel: EU-Osterweiterung).

Eine Angebotssenkung von A0 auf A2 kann erfolgen, wenn sich die Preise für Oliven stärker erhöhen als die Preise für Wein. Dann werden auf den bisherigen Rebflächen Oliven angebaut und damit verringert sich die Anbaufläche für Wein. Wenn eine angebotssenkende Änderung des Anbieterzieles erfolgt oder die Preise für die eingesetzten Produktionsfaktoren steigen, wird es ebenfalls zu einer Linksverschiebung der Angebotskurve kommen. Der gleiche Effekt entsteht, wenn die Produktionskosten durch die Verschlechterung des technischen Wissens steigen. Ein Beispiel hierfür wäre, dass die Erfahrung der in den Ruhestand gehenden Arbeitnehmer nicht auf die nachfolgende Generation übertragen werden kann. Das Wissen und die Erfahrung der nachfolgenden Generationen sind damit kleiner als das Wissen der ausscheidenden Generationen. Eine Angebotssenkung tritt auch dann ein, wenn die Anbaufläche sich durch Ausscheiden von Winzern verringert, da viele familiengeführte Betriebe keinen Nachfolger mehr finden.

4.3.6 Kontrollfragen

1. Gegeben sind folgende Nachfrage- und Angebotsfunktion nach Kühlschränken:

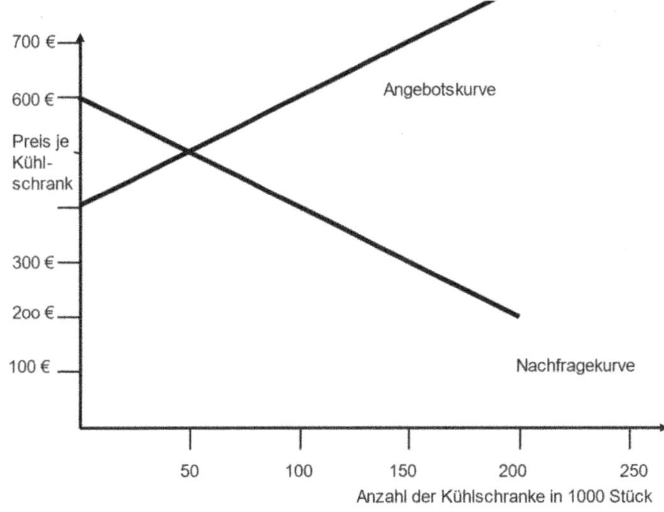

   Um den Absatz von energiesparenden Kühlschränken zu erhöhen, zahlt der Staat den Produzenten der Kühlschränke 200 EUR Subvention pro verkauften Kühlschrank.
   Zeichnen Sie die Veränderung der Nachfragekurve oder Angebotskurve in die vorgegebene obige Grafik ein und erläutern Sie sehr kurz Ihr Ergebnis!
2. Nennen und erläutern Sie mindestens vier Bestimmungsgründe (Einflussfaktoren), die die Gesamtnachfrage z. B. nach Pizza beeinflussen!

3. Warum hat die Nachfragekurve eine negative Steigung?
4. Im Normalfall gilt, dass eine zunehmende Nachfrage zu einem _____________ Preis und ein zunehmendes Angebot zu einem _____________ Preis führen.

Eine Marktuntersuchung ergab das in der Tabelle genannte Unternehmensangebot und die Nachfrage von den Privathaushalten nach Handys bei unterschiedlichen Preisen. Bestimmen Sie anhand dieser Daten den möglichen mengenmäßigen Umsatz und den wertmäßigen Umsatz in der nachfolgenden Tabelle. Bestimmen Sie den Preis, bei dem Markträumung herrscht und der größtmögliche wertmäßige Umsatz erzielt wird.

Preis für das Handyt	Mengenmäßiges Angebot	Mengenmäßiger Verkauf	Möglicher Umsatz in Stück	Möglicher Umsatz in EUR
90 EUR	800	1.200		
95 EUR	900	1.100		
100 EUR	1.000	1.000		
105 EUR	1.100	900		

5. Nach Abschluss des Lehrganges werden sie perspektivisch mehr Einkommen als heute zur Verfügung haben. Führt dies zu einer Bewegung auf der Nachfragekurve oder zu einer Verschiebung der Nachfragekurve?
6. Erläutern Sie den Begriff des „Marktes“! Die Entwicklung des Marktes bestimmt auch den Preis. Geben Sie die Richtung der Preisentwicklung an:
   Das Angebot an Arbeit steigt. Die Nachfrage nach Arbeit bleibt unverändert.
   Das Angebot an Arbeit sinkt, da immer mehr Beschäftigte in Rente gehen. Die Nachfrage nach Arbeit bleibt unverändert.
   Die Nachfrage nach Arbeit durch die Unternehmen steigt. Das Angebot bleibt unverändert.
7. Nach der Art der gehandelten Güter wird zwischen verschiedenen Marktarten unterschieden. Was sind die Gegenstände, die auf dem Arbeitsmarkt, Kapitalmarkt, Geldmarkt, Immobilienmarkt, Konsumgütermarkt und Investitionsgütermarkt angeboten und nachgefragt werden?
8. Neben den Marktarten wird auch zwischen Marktformen unterschieden. Nennen Sie die vorhandenen drei Grundformen. In welchem Verhältnis stehen Anbieter und Nachfrager?
9. Was bedeutet der Gleichgewichtspreis auf einem vollkommenen Markt?
10. Erläutern Sie kurz die Funktionen des Gleichgewichtspreises beziehungsweise die Preisfunktionen.
11. Erläutern Sie folgende Situationen mit Blick auf das Angebot-Nachfrage-Diagramm.
    - Angenommen, das neue ElterngeldPlus im Jahr 2015 hätte einen einmaligen Babyboom 2016 und 2017 ausgelöst. Wie wirkt sich das auf die Entlohnung von Babysittern im Jahr 2020 und in 15 Jahren aus?
    - Der Preis für Döner sinkt, wie wirkt sich dies auf dem Markt für Hamburger aus?
    - Bier und Bockwürste seien komplementäre Güter. Der Preis von Bier steigt aufgrund der Erhöhung der Preise für Malz und Hopfen. Wie wirkt sich das auf die Nachfrage und den Preis auf dem Markt für Bockwürste aus?
12. Die Nachfrage und der Preis von Heizöl steigen aufgrund einer länger als sonst andauernden Kälteperiode. Welche Auswirkungen hat die Nachfrage- und Preiserhöhung nach Heizöl auf die Nachfrage und den Preis von Elektrizität (Strom)?
13. Es liegen folgende Nachfragefunktion N = 10 – 0,5 x und Angebotsfunktion A = 1 + x nach einem gesundheitsschädlichen Gut vor.
    - Bestimmen Sie rechnerisch die Gleichgewichtsmenge und den Gleichgewichtspreis!
    - Zur Haushaltskonsolidierung wird eine Mengensteuer von drei Geldeinheiten eingeführt. Dies bedeutet, dass der Unternehmer nunmehr für das gesundheitsschädliche Gut drei Geldeinheiten Steuer abführen muss.
    - Bestimmen Sie rechnerisch die neue Gleichgewichtsmenge und den Gleichgewichtspreis!
14. Die Freizügigkeit von allen Arbeitnehmern innerhalb der Europäischen Union führt zu einer großen Einwanderungswelle in Deutschland. Welche Auswirkungen hätte die Zunahme der erwerbsfähigen Bevölkerung auf die Löhne in Deutschland? Welche Folgen hätte dies für die Eigentümer von Grundstücken und von Realkapital?
15. Stellen Sie den Unterschied hinsichtlich der Preisbildung, des Oberziels beziehungsweise wichtigsten Zieles der Unternehmen, dem Eigentum, der Planung, der Berufswahl und der Rolle des Staates in einer Marktwirtschaft und Zentralverwaltungswirtschaft dar.
16. Nennen Sie Beispiele von Staatseingriffen in das Marktgeschehen in der sozialen Marktwirtschaft!

Lösung

Zu 1.

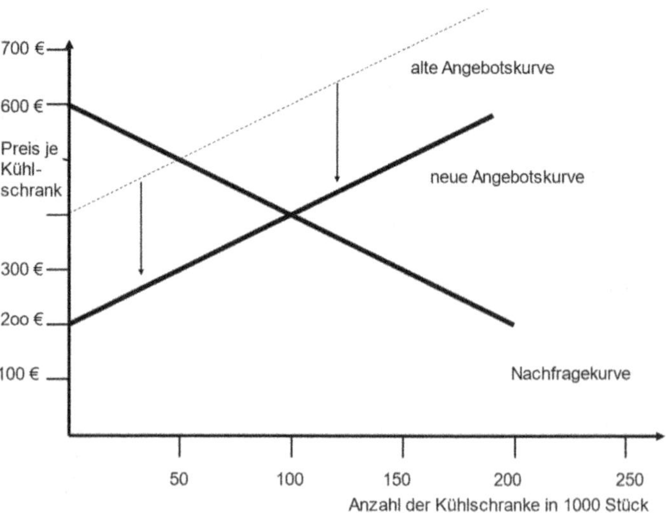

Die Angebotskurve verschiebt sich um den Betrag der Subvention nach unten. Die Subvention erhalten die Produzenten (Anbieter). Die Nachfragekurve bleibt unverändert.

Zu 2.
- Preis für eine Pizza: Die Nachfrage nach Pizza steigt mit fallendem Preis und sie sinkt mit steigendem Preis. Diesen Zusammenhang bezeichnet man als Gesetz der abnehmenden Nachfrage.
- Preise für die Substitutionsgüter, z. B. für Döner: Wenn der Preis für Döner sinkt, werden die Nachfrager den Konsum von Pizza durch den Konsum von Döner ersetzten. Damit steigt die Nachfrage nach Döner und die Nachfrage nach Pizza sinkt.
- Preise für die Komplementärgüter, z. B. für Cola: Wenn der Preis für Cola steigt, wird das Gesamtgüterbündel (Pizza und Cola) teurer. Damit sinkt die Nachfrage nach dem Gesamtgüterbündel und damit auch die Nachfrage nach Pizza.
- Einkommen: Bei normalen Gütern sinkt die Nachfrage mit sinkendem Einkommen. Wenn die Nachfrage jedoch bei steigendem Einkommen sinkt, spricht man von einem inferioren Gut.
- Anzahl: Mit der steigenden Anzahl der Konsumenten wird auch die Nachfrage nach Pizza steigen.
- Geschmack und Vorlieben: Ist der Konsum von Pizza gerade „in“, wird die Nachfrage nach Pizza steigen etc.

Zu 3. Die Nachfragekurve gibt die Zahlungsbereitschaft der Konsumenten wieder. Sie zeigt, zu welchen Preisen die Nachfrager welche Gütermengen erwerben möchten. Die Nachfragekurve fällt, da mit fallendem Preis der Wunsch mehr zu konsumieren zunimmt.

Zu 4. Eine zunehmende Nachfrage führt zu einem steigenden Preis und ein zunehmendes Angebot führt zu einem sinkendenden Preis.

Preis	Angebot	Nachfrage	Umsatz in Stück	Umsatz in EUR
90	800	1.200	800	72.000
95	900	1.100	900	85.500
100	1.000	1.000	1.000	100.000
105	1.100	900	900	94.500

Die Markträumung herrscht bei einem Preis von 100 EUR pro Handy. Ebenfalls wird bei diesem Preis der größtmögliche Umsatz erzielt.

Zu 5. Eine Erhöhung des Einkommens bewirkt eine Verschiebung der Nachfragekurve, da sich ein anderer Faktor als der Preis ändert. Eine Preisänderung führt zu einer Bewegung auf der Nachfragekurve.

Zu 6. Der Markt ist der Ort, wo sich Angebot und Nachfrage treffen. Der Markt bestimmt den Gleichgewichtspreis und die Gleichgewichtsmenge.
Der Preis sinkt, da sich das Angebot bei unveränderter Nachfrage verringert hat.
Der Preis steigt, da sich die Nachfrage erhöht und das Angebot sinkt.
Der Preis steigt, da sich die Nachfrage bei unverändertem Angebot erhöht hat.

Zu 7.

Marktarten	Marktgegenstand
Arbeitsmarkt	Unternehmen fragen die Arbeitskraft nach und Haushalte bieten ihre Arbeitskraft an
Kapitalmarkt	Auf dem Kapitalmarkt treffen sich Anbieter und Nachfrager nach mittel- bis langfristigem Kapital.
Geldmarkt	Auf dem Geldmarkt treffen sich Anbieter und Nachfrager nach kurzfristigem Kapital.
Immobilienmarkt	Hier treffen sich Anbieter und Nachfrager von Immobilien.
Konsumgütermarkt	Konsumgüter werden ausschließlich für den privaten Gebrauch oder Verbrauch hergestellt.
Investitionsgütermarkt	Investitions- oder auch Produktionsgüter dienen nur mittelbar der Bedürfnisbefriedigung. Hier handelt es sich um Güter, die der Produktion anderer Güter dienen oder für Dienstleistungen eingesetzt werden

Zu 8. Monopol: ein Anbieter oder/und ein Nachfrager
Oligopol: wenige Anbieter oder/und wenige Nachfrager
Polypol: viele Anbieter; viele Nachfrager

Zu 9. Die angebotene und nachgefragte Menge ist beim Gleichgewichtspreis identisch und es wird das Umsatzmaximum erreicht.

Zu 10. Die Signal- oder auch Informationsfunktion spiegelt die Knappheit des Gutes wider. Die Informationsfunktion beschreibt den aktuellen Wert eines Gutes. Durch die Lenkungsfunktion werden die Produktionsfaktoren für die Herstellung der Güter verwendet, bei denen der Gewinn maximiert wird. Die Erziehungsfunktion führt dazu, dass die Konsumenten und Produzenten mit den knappen Ressourcen sparsam umgehen. Durch die Ausgleichsfunktion werden die Pläne von Haushalten und Unternehmen durch Preisänderungen mit den sie einher gehenden Reaktionen aufeinander abgestimmt. Die Auslesefunktion führt dazu, dass die Unternehmer mit zu hohen Herstellungskosten und die Haushalte mit zu geringer Kaufkraft vom Markt verschwinden. Die Räumungsfunktion bedeutet, dass die angebotene und nachgefragte Menge übereinstimmen und damit der Markt „geräumt“ wird.

Zu 11. Die vielen in den Jahren 2016 und 2017 geborenen Kinder brauchen in den kommenden vier Jahren auch mehr Babysitter. Dadurch entsteht ein Nachfrageüberschuss nach Babysittern, die Entlohnung (der Preis) für die Betreuung von Babys steigt. Durch die Preissteigerung würde die Nachfrage nach und das Angebot an Babysittern ausgeglichen. Da das ein einmaliger Effekt ist (laut Aufgabenstellung), kehrt der Preis (die Entlohnung) langfristig (also in 15 Jahren) wieder ins alte Gleichgewicht zurück.
Döner und Hamburger sind in der Regel substitutive Güter, d. h. Güter, die in einer engen Austauschbeziehung zueinander stehen. Sinkt für eines dieser Güter der Preis (hier

der Preis für Döner), so werden die Konsumenten bevorzugt Döner kaufen. Ändert sich der Preis für Hamburger nicht im gleichen Maße, wird die Nachfrage nach Hamburgern stark zurückgehen.
Laut Aufgabenstellung sind Bier und Bockwürste komplementäre Güter. Bei komplementären Gütern (sie werden zusammen konsumiert) führt ein Preisanstieg eines Gutes (hier Bier) zu einem Nachfragerückgang für beide Güter, also auch für Bockwürste, wenn sich der Preis für Bier nicht ändert. Würde der Preis für die Bockwürste gesenkt, dann könnte die Nachfrage nach dem Produktbündel Bier und Döner wieder steigen.

Zu 11. Es handelt sich hierbei um zwei Substitutionsgüter. Für die Wärmeerzeugung kann Strom und Heizöl eingesetzt werden. Steigt aufgrund der höheren Nachfrage der Preis für Heizöl, dann wird sich aus dem Substitutionseffekt auch die Nachfrage nach Strom und damit der Preis tendenziell erhöhen (Annahme: normaler Verlauf der Nachfrage- und Angebotskurven).

Zu 12. Durch Gleichsetzen der Nachfragefunktion und der Angebotsfunktion erhält man den Gleichgewichtspunkt oder auch Schnittpunkt. Dieser Schnittpunkt bestimmt die Gleichgewichtsmenge und den Gleichgewichtspreis.

Nachfragefunktion	=	Angebotsfunktion	
10 GE – 0,5 GE/Stück * x Stück	=	1 GE + 1 GE/Stück + x Stück	
10 – 0,5 x	=	1 + x	– 1
9 – 0,5 x	=	X	+ 0,5 x
9	=	1,5 x	: 1,5
6	=	x	

Die Gleichgewichtsmenge beträgt sechs Stück. Den Gleichgewichtspreis erhält man durch das Einsetzen der Menge in die Nachfragefunktion oder Angebotsfunktion.
10 – 0,5 * 6 = 7, d. h. der Gleichgewichtspreis beträgt sieben Geldeinheiten.
Nach Einführung der Mengensteuer muss der Unternehmer für das gesundheitsschädliche Gut drei Geldeinheiten Steuern abführen.
Im ersten Schritt werden die Gleichungen nach x umgestellt.

Nachfragefunktion	Angebotsfunktion
10 – 0,5 x = p (+ 0,5 x)	1 + x = p (-1)
10 = 0,5 x + p (* 2)	
20 = x + 2 p (- 2 p)	
20 – 2 p = x	x = p – 1

Durch die Steuer, die die Unternehmen abzuführen haben, ändert sich nur die Angebotsfunktion um die Steuer in Höhe von drei Geldeinheiten.

Nachfragefunktion		Angebotsfunktion
	alte Angebotsfunktion:	x = p – 1
	Einführung der Steuer:	x = p – 1 – 3
20 – 2 p = x	neue Angebotsfunktion:	x = p – 4

Durch Gleichsetzen der Nachfragefunktion und der Angebotsfunktion erhält man den neuen Gleichgewichtspunkt.

Nachfragefunktion	Angebotsfunktion	
20 – 2 p	= p – 4	
20 + 4 – 2 p +2 p	= p + 2 p – 4 + 4	(+ 4) (+ 2 p)
24	= 3p	(: 3)
8	= p	

Der neue Gleichgewichtspreis beträgt acht Geldeinheiten pro Stück. Die neue Gleichgewichtsmenge erhält man durch das Einsetzen des Preises in die Nachfragefunktion oder Angebotsfunktion.
20 – 2 * 8 = 20 – 16 = 4, d. h. die Gleichgewichtsmenge beträgt vier Stück.

Zu 13. Durch die Einwanderung von arbeitsfähigen Personen erhöht sich in Deutschland das Angebot an Arbeit. Dies führt zu einem Sinken der Löhne. Der Lohnsatz spiegelt das nunmehr verminderte Wertgrenzprodukt wider. Unterstellt, dass die Produktionsfaktoren in einem festen Verhältnis eingesetzt werden, bedeutet eine Erhöhung des Arbeitskräfteangebots eine verstärkte Nachfrage nach den Produktionsfaktoren Boden und Realkapital. Die Preise für die beiden Produktionsfaktoren steigen dadurch.

Zu 14. Tabellarische Darstellung

	Zentralverwaltungswirtschaft	Marktwirtschaft
Preisbildung	zentral über staatliche Vorgaben	dezentral über Märkte
Oberziel der Unternehmen	Erfüllung des Plans	Gewinnerzielung
Eigentum	Kollektiveigentum	Privates Eigentum
Planung	zentral	dezentral
Berufswahl	freie Berufswahl	Lenkung der Berufswahl nach Bedarf
Rolle des Staates	Staat entwirft Wirtschaftspläne	Staat greift nicht ein (Nachtwächterstaat)

Zu 15. Anmerkung: Die Aufgaben des Staates in der sozialen Marktwirtschaft sind in der wirtschaftswissenschaftlichen Literatur sehr umstritten und nicht eindeutig. Die nun aufgeführten Punkte werden oft in Klausuren für Verwaltungsangestellte und Verwaltungsfachwirte aufgeführt.

Allgemein: Der Staat hat eine Wirtschaftsverfassung zu schaffen bzw. zu ergänzen, die Einhaltung dieser Wirtschaftsverfassung durch die privaten Wirtschaftssubjekte zu überwachen und dort einzugreifen, wo die Wirtschaftsverfassung von den privaten Wirtschaftssubjekten verletzt wird.
Sozialpolitik: Transfers von z. B. Kindergeld, Arbeitslosengeld II, Grundsicherung im Alter und bei Erwerbsminderung, Subventionen an Unternehmen u. s. w.
Steuerpolitik: Staat sorgt für einen Ausgleich durch das Prinzip der Leistungsfähigkeit im Steuerrecht.
Ordnungspolitik: Maßnahmen zur Einhaltung und Förderung des Wettbewerbs
Schutzrechte für bestimmte Personengruppen (z. B. Arbeitsschutzgesetz)

4.4 Wirtschaftspolitik

4.4.1 Begründung für staatliche Markteingriffe

Die wichtigsten Funktionen oder Hauptaufgaben des Staates nach Richard A. Musgrave sind die Distributionsfunktion, Allokationsfunktion oder auch Dienstleistungsfunktion und die Stabilisierungsfunktion.

Die Einkommen am Markt werden nach dem Leistungsfähigkeitsprinzip verteilt. Dies bedeutet, dass für Menschen mit geringer Leistungsfähigkeit die Einkommen geringer sind als beispielsweise das Existenzminimum. Jetzt kann der Staat im Rahmen der Distributionsfunktion für einen Ausgleich sorgen. Dies kann über direkte Transfers in Form von Geldleistungen, Sachleistungen oder Dienstleistungen erfolgen. Des Weiteren sorgt er für einen Ausgleich bei der Einnahmeerzielung im Rahmen des Steuerrechts z. B. durch den Grundfreibetrag und das progressive Steuersystem (Prinzip der Leistungsfähigkeit). Innerhalb der Sozialversicherung erfolgen auch umfangreiche Umverteilungen.

Die Allokation der Ressourcen erfolgt in der Marktwirtschaft durch den Markt. Es gibt aber Fälle, bei denen der Markt versagt. Dem Staat kommt dann die Aufgabe zu, das Marktversagen zu korrigieren. Der Staat stellt unter anderem die institutionellen Rahmenbedingungen (z. B. Rechtsordnung, Währungssystem, innere und äußere Sicherheit) bereit. Da der Wettbewerb die Triebfeder für wirtschaftlichen Fortschritt ist, muss der Staat dafür sorgen, dass der Wettbewerb erhalten bleibt (Wettbewerbspolitik). Da oftmals Wirtschaftssubjekte die Auswirkungen ihres Tuns auf andere in ihrem Verhalten nicht berücksichtigen, greift hier der Staat u. a. durch gesetzliche Vorschriften ein (Umweltpolitik).

Eines der Ziele des Staates ist die Gewährleistung einer stetigen wirtschaftlichen Entwicklung, damit die vorhandenen Produktionsfaktoren möglichst gleichmäßig und dauerhaft ausgelastet werden. Jedoch stoßen die Selbstheilungskräfte des Systems immer wieder an Grenzen. So kann es zu Phasen mit rückläufiger Wirtschaftsentwicklung, steigender Arbeitslosigkeit und Überhitzung der Wirtschaft mit hoher Inflation kommen. In diesem Fällen versucht der Staat, die Schwankungen im Rahmen der Stabilisierungsfunktion zu nivellieren.

Der Staat greift in vielfältiger Weise in das Marktgeschehen ein. So wird die Preisbildung staatlicherseits beeinflusst durch marktkonforme oder durch marktkonträre Eingriffe.

Mit marktkonformen Maßnahmen möchte man die Güternachfrage oder das Güterangebot erhöhen oder verringern. Die eingesetzten Instrumente (z. B. Steuervergünstigungen, Steuerbelastungen, Subventionen, Einfuhrzölle, Exportprämien) erhöhen entweder die Preise oder senken sie. Der Staat setzt Instrumente ein, die über Preisveränderungen die Nachfrage oder das Angebot verändern.

Marktkonträre Maßnahmen hingegen zielen darauf, den Preismechanismus außer Kraft zu setzen. Sie sollen dem Schutz von Anbietern bzw. Verbrauchern oder der Preisstabilität dienen. Die eingesetzten Instrumente sind Nachfragemengen, Produktionsmengen, Höchstpreise bzw. Mindestpreise etc.

Voraussetzung für eine aktive Wirtschaftspolitik ist die Festlegung von klaren Zielen. Der in der Zukunft angestrebte Zustand ist das Ziel. Die eingesetzten wirtschaftspolitischen Instrumente sollten die Zielerreichung unterstützen.

Grundsätzlich ist zunächst im Rahmen der Zielformulierung der Inhalt des Zieles zu bestimmen und als zweites die Festlegung der Kennziffer, bei der man den Grad der Zielerreichung messen möchte. Hierbei wird unterschieden zwischen absoluten Kennziffern und relativen Kennziffern. Eine absolute Kennziffer wäre die Höhe der Arbeitslosigkeit, eine relative Kennziffer die Arbeitslosenquote. Danach wird die Höhe der Kennziffern festgelegt, bei der das Ziel oder die Zwischenschritte der Ziele erreicht sind. Diese Kennziffern sind oft nicht eindeutig. So bewegen sich die Angaben von Wirtschaftswissenschaftlern über die Vollbeschäftigung von 2 % bis teilweise 6 % Arbeitslosenquote.

Zielbeziehungen

Der andere Problembereich ergibt sich dadurch, dass Zieldimensionen in der Regel nicht unabhängig voneinander sind. Beispiel: Sie möchten die berufsbegleitende Fortbildung erfolgreich abschließen und gleichzeitig Ihre Familie nicht vernachlässigen. Schnell stellen Sie fest, dass diese beiden Ziele nicht gleichzeitig zu 100 % zu erfüllen sind. Der Ökonom spricht davon, dass die beiden Ziele in Konkurrenz zueinanderstehen. Im Extremfall schließt die Erreichung des ersten Ziels die Erreichung des zweiten Ziels aus. Wenn sich zwei Ziele gegenseitig fördern, spricht man von komplementären Zielbeziehungen. Durch ein stetiges und angemessenes Wirtschaftswachstum, gemessen an der Veränderung des Bruttoinlandsprodukts, erhöht sich der Beschäftigungsgrad. Von indifferenten Zielbeziehungen spricht man, wenn die Ziele sich nicht beeinflussen. So wird ein einmaliges Fernbleiben Ihrer berufsbegleitenden Fortbildung in der Regel keine Auswirkungen auf den Bildungserfolg haben.

4.4.2 Gesetz zur Förderung der Stabilität und des Wachstums der Wirtschaft

Nach Artikel 109 Abs. 4 Grundgesetz können durch Bundesgesetz für Bund und Länder gemeinsam geltende Grundsätze für das Haushaltsrecht, für eine konjunkturgerechte Haushaltswirtschaft und für eine mehrjährige Finanzplanung aufgestellt werden. Diese Grundsätze müssen auch durch den Bundesrat beschlossen werden. Daraus ergibt sich unter anderem das Gesetz zur Förderung der Stabilität und des Wachstums der Wirtschaft aus dem Jahr 1967.

Der Gesetzestext lautet wie folgt: „Bund und Länder haben bei ihren wirtschafts- und finanzpolitischen Maßnahmen die Erfordernisse des gesamtwirtschaftlichen Gleichgewichts zu beachten. Die Maßnahmen sind so zu treffen, dass sie im Rahmen der marktwirtschaftlichen Ordnung gleichzeitig zur Stabilität des Preisniveaus, zu einem hohen Beschäftigungsstand und außenwirtschaftlichem Gleichgewicht bei stetigem und angemessenem Wirtschaftswachstum beitragen." Zu der Zeit, in dem das Stabilitätsgesetz erlassen wurde, glaubte man daran, dass die Wirtschaft nicht nur „global", sondern auch „fein" durch den Staat gesteuert werden kann. Die Erfahrungen der letzten Jahrzehnte haben jedoch das Gegenteil gezeigt.

Daraus ergibt sich als generelles Hauptziel, die Sicherstellung des gesamtwirtschaftlichen Gleichgewichts. Die im Stabilitätsgesetz formulieren speziellen Hauptziele sind:
- stetiges und angemessenes Wirtschaftswachstum
- hoher Beschäftigungsstand
- Stabilität des Preisniveaus
- außenwirtschaftliches Gleichgewicht

Die Zielerreichung wird jeweils in Kennziffern gemessen. Der Gesetzgeber hat jedoch keine quantitativen Vorgaben für sie gemacht.

Das stetige und angemessene Wirtschaftswachstum wird mit Hilfe der Veränderungsrate des Bruttoinlandsprodukts, der hohe Beschäftigungsstand mit der Arbeitslosenquote, die Stabilität mit der Inflationsrate und das außenwirtschaftliche Gleichgewicht durch die Differenz zwischen Exporten und Importen gemessen.

Die Arbeitslosenquote wird wie folgt berechnet:

$$\text{Arbeitslosenquote} = \frac{\text{Anzahl der Arbeitslosen}}{\text{Anzahl der Erwerbstätigen} + \text{Anzahl der Arbeitslosen}} * 100\%$$

Die Anzahl der Arbeitslosen wird durch § 16 des Sozialgesetzbuchs (SGB) Drittes Buch (III) – Arbeitsförderung bestimmt:

(1) Arbeitslos sind Personen, die wie beim Anspruch auf Arbeitslosengeld
   1. vorübergehend nicht in einem Beschäftigungsverhältnis stehen,
   2. eine versicherungspflichtige Beschäftigung suchen und dabei den Vermittlungsbemühungen der Agentur für Arbeit zur Verfügung stehen und
   3. sich bei der Agentur für Arbeit arbeitslos gemeldet haben.

(2) An Maßnahmen der aktiven Arbeitsmarktpolitik Teilnehmende gelten nicht als arbeitslos.

Als Ursachen für Arbeitslosigkeit wird meist zwischen friktioneller, saisonaler, konjunktureller und struktureller Arbeitslosigkeit unterschieden.

Die friktionelle Arbeitslosigkeit bzw. Reibungs- oder Fluktuationsarbeitslosigkeit hat einzelwirtschaftliche Ursachen. Einzelne Betriebe oder Betriebsteile werden geschlossen und damit Arbeitskräfte entlassen. Die Gründe können auch bei den einzelnen Arbeitnehmerinnen und Arbeitnehmer liegen, z. B. wenn sie oder er nach der Ausbildung eine Stelle suchen, wenn eine Umschulung besucht werden muss oder sie oder er sich beruflich verändern möchte. Dann ist man vorübergehend arbeitslos. Ein anderer Begriff hierfür ist auch die Bodenarbeitslosigkeit.

Die saisonale Arbeitslosigkeit ist jahreszeitlich bedingt und kehrt regelmäßig wieder, wie z. B. bei nachlassender Bautätigkeit im Winter und bei zurückgehender Nachfrage nach Arbeitskräften in der Urlaubszeit.

Die konjunkturelle Arbeitslosigkeit ist Ergebnis der Schwankungen der wirtschaftlichen Entwicklung. Beim konjunkturellen Abschwung werden von den Unternehmen weniger Arbeitskräfte nachgefragt.

Die strukturelle Arbeitslosigkeit betrifft einzelne Wirtschaftszweige, Berufe oder Wirtschaftsgebiete. Geht z. B. die Nachfrage nach Erzeugnissen eines Wirtschaftszweiges dauerhaft zurück, weil die Güter oder Substitute preiswerter aus dem Ausland bezogen werden können, dann entsteht strukturelle Arbeitslosigkeit. Es gibt verschiedene Ausprägungen der strukturellen Arbeitslosigkeit. Zu nennen sind die sektorale (z. B. Montan, Textilindustrie), die regionale (z. B. in der Lausitz und mitteldeutschen Kohlerevier durch den Ausstieg aus der Kohleförderung) und die technologische Arbeitslosigkeit (Maschine ersetzen Arbeitskräfte).

Im Volksmund spricht man auch vom magischen Viereck, da in der Regel die vier Ziele nicht gleichzeitig verfolgt werden können. So stehen in bestimmten Situationen das Ziel hoher Beschäftigungsstand und das Ziel der Preisstabilität zueinander in Konkurrenz.

4.4.3 Konjunkturzyklen – Konjunkturpolitik

Eines der Ziele der Wirtschaftspolitik ist die Verstetigung der wirtschaftlichen Auslastung, der bei der Produktion benötigten Produktionsfaktoren. In der Realität ist jedoch festzustellen, dass die wirtschaftliche Entwicklung nicht geradlinig, sondern wellenartig verläuft. Diese Schwankungen nennt man auch Konjunkturschwankungen. Unter Konjunktur versteht man die Veränderung der wirtschaftlichen Aktivität. Diese wird in der Regel mit Hilfe des realen Bruttoinlandsprodukts gemessen. Beim realen Bruttoinlandsprodukt werden die produzierten Waren und Dienstleistungen zu konstanten Preisen bewertet.

Beispiel: Stellen Sie sich wieder vor, dass Ihr Seminarraum ein abgrenzbarer Wirtschaftsraum ohne Vorleistungen, Steuern und Subventionen ist. Ihre Seminargruppe produziert nun drei Torten mit jeweils 12 Stücken im ersten Studienjahr. Die Tortenstücke werden zu je 4 EUR innerhalb des Klassenraumes veräußert. Im nächsten Studienjahr erhöht sich Ihre Produktion auf vier Torten. Der Preis für ein Tortenstück steigt auf 6 EUR.

	Bruttoproduktionswert in Tortenstücke	**Preis pro Tortenstück**	**Bruttoproduktionswert in EUR**
erster Studienabschnitt	3 Torten * 12 Stck/Torte = 36 Stücke	4 EUR pro Tortenstück	144 EUR
zweiter Studienabschnitt	4 Torten * 12 Stck./Torte = 48 Stücke	6 EUR pro Tortenstück	288 EUR
Berechnung	36 Stücke ----- 100 % 48 Stücke ----- ? %		144 EUR --- 100 % 288 EUR --- ? %
Veränderung in Prozent	+ 33,33 %		+ 200 %
zweiter Studienabschnitt (zu konstanten Preisen)	4 Torten * 12 Stck./Torte = 48 Stücke	4 EUR pro Tortenstück	192 EUR
Berechnung			144 EUR --- 100 % 192 EUR --- ? %
Veränderung in Prozent (zweiter Studienabschnitt zum ersten Studienabschnitt)			+ 33,33 %

Durch die Bewertung zu konstanten Preisen ist die mengenmäßige Veränderung gleich der wertmäßigen Veränderung.

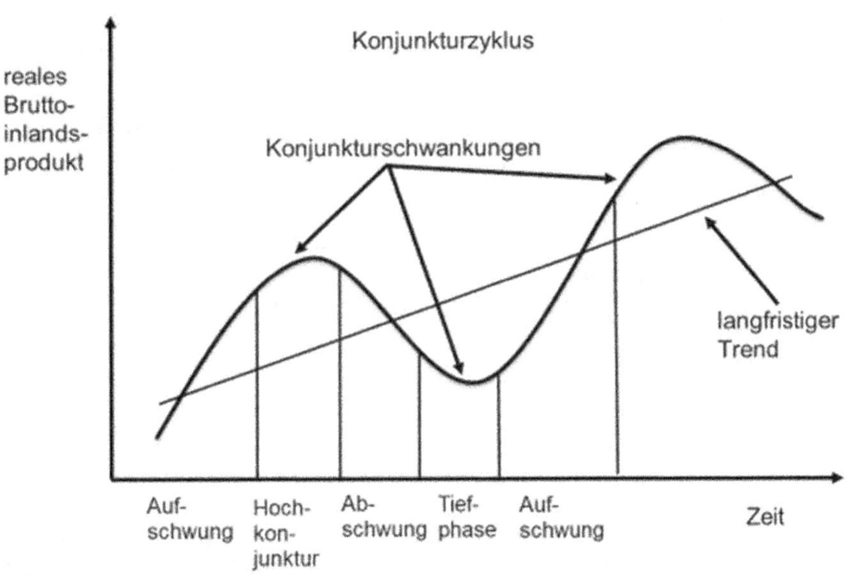

Das obige Schaubild zeigt die Schwankungen des Konjunkturverlaufs um einen langfristigen Pfad des Wirtschaftswachstums. Im Boom ist das tatsächliche reale Bruttoinlandsprodukt höher als das Produktionspotential bei Normalauslastung. Es stellt sich die Frauge, wie die Auslastung des Produktionspotentials wertmäßig höher sein kann als das Produktionspotential bei Normalauslastung. Hier ist zu anzumerken, dass bei der Ermittlung des Produktionspotentials nicht die maximale Auslastung der Produktionsfaktoren Arbeit, Boden und Kapital gemeint ist, sondern das dem Produktionspotential zugrunde gelegte Produktionsvolumen bei „Normalauslastung“ der Produktionsfaktoren ermittelt wird.

Beispiel: Vor Prüfungen sind Sie erstaunt, wie konzentriert Sie arbeiten und wie sehr Sie Ihr Schlafpensum minimieren können. Diese Leistungsbereitschaft können Sie aber nicht über einen längeren Zeitraum sicherstellen.

Die positive Steigung des Produktionspotentials im Zeitablauf ergibt sich durch die Veränderung der Anzahl der Arbeitskräfte, des Kapitalstocks (Bestand an Maschinen), Maschinenlaufzeiten (Umstellung von Zwei- auf Dreischichtbetrieb, Produktion am Wochenende), Strukturwandel (z. B. Niedergang der Kohleindustrie) und dem technischen Fortschritt.

Der Konjunkturzyklus lässt sich in die Phasen Aufschwung, Hochkonjunktur (Boom), Abschwung (Rezession) und Tiefphase (Depression) einteilen. Im obigen Beispiel wurde das reale Bruttoinlandsprodukt als Indikator für die Wellenbewegung genommen.

Der Aufschwung ist dadurch gekennzeichnet, dass die Erwartungen der Unternehmer und der Haushalte über die wirtschaftliche Zukunft positiv werden. Das Geschäftsklima und das Konsumklima steigen. Die Auftragseingänge in der Industrie und der Bauwirtschaft steigen. Allgemein steigt die Investitionsbereitschaft der Unternehmer, die Beschäftigung und es kommt zu einem starken Anstieg des Produktionspotentials.

Die Hochkonjunktur oder auch der Boom zeigt sich durch Vollbeschäftigung, Arbeitskräftemangel bzw. kaum offene Stellen, starken Anstieg von Löhnen und Preisen. Das Konsumklima zeigt schon erste Anzeichen der Überhitzung. Der Investitionsgütermarkt, z. B. Maschinenbau, kühlt sich langsam ab, die Gewinne der Unternehmen sinken langsam.

Der Abschwung oder auch als Rezession bezeichnet, zeigt sich zuerst durch einen Rückgang der Nachfrage nach Investitionsgütern. Dadurch sinken die Gewinne stärker und allmählich überträgt sich dieses auf andere Wirtschaftsbereiche. Die Stimmung wird allgemein pessimistischer, erste Entlassungen folgen und die Kurzarbeit nimmt zu. Allgemein nimmt die Konsumgüternachfrage ab, da die Einkommen kaum noch steigen oder stagnieren.

Die Tiefphase (Depression) ist gekennzeichnet durch unausgelastete Kapazitäten, Arbeitslosigkeit, Unternehmensinsolvenzen, schlechte Zahlungsmoral und einer depressiven Stimmung.

Nicht nur das reale Bruttoinlandsprodukt bewegt sich wellenförmig, sondern ebenfalls eine Vielzahl von Indikatoren. Je nachdem, ob sie sich zeitlich früher oder später verändern, spricht man von Frühindikatoren (Frühkennziffern) oder Spätindikatoren. Die Frühindikatoren eilen der Wirtschaftsentwicklung voraus. Dadurch sind sie für die Konjunkturprognose interessant. Als Frühindikatoren werden meist Industrieaufträge, Investitionsgüternachfrage, Geschäftsklima, Baugenehmigungen oder Darlehenszusagen genannt. Als Spätindikatoren gelten das Preisniveau, Lohnniveau, die Arbeitslosenquote und die Entwicklung der Steuereinnahmen. Diese gerade genannten Kennziffern folgen dem Konjunkturverlauf mit zeitlicher Verzögerung.

Im Stabilitätsgesetz mit seinen vier bereits genannten Hauptzielen werden die politischen Akteure verpflichtet, in einer gemeinsamen, abgestimmten Politik dafür Sorge zu tragen, dass die konjunkturellen Schwankungen nicht zu stark ausfallen. Eine Art der Konjunkturpolitik ist die Fiskalpolitik. Die Fiskalpolitik kann zwei Ziele verfolgen. Man möchte die Konjunktur fördern bzw. die Konjunktur dämpfen. Der Staat kann seine Ausgabenpolitik am Konjunkturverlauf ausrichten.

Bei der Konjunkturförderung muss man die Nachfrage nach Konsumgütern oder Investitionsgütern steigern. Diese Ziele kann man durch die Erhöhung der Ausgaben des Staates oder durch die Reduzierung der Staatseinnahmen erreichen. Einzelne Maßnahmen sind die Steigerung der Investitionen, erhöhte Sozialtransfers oder die Neueinstellung von Personal. Diese Maßnahmen fasst man unter dem Begriff „expansive Finanzpolitik“ zusammen.

Durch Steuersenkungen (Einkommensteuer, Umsatzsteuersteuer, spezielle Verbrauchssteuern, Körperschaftsteuer etc.), Gebührenreduzierungen oder Erleichterungen bei Abschreibungen (z. B. Verkürzung des Abschreibungszeitraumes, Änderung der Abschreibungsverfahren) kann der Staat seine Einnahmen reduzieren und gleichzeitig die privaten Wirtschaftssubjekte entlasten.

Beabsichtigt der Staat, die Konjunktur zu dämpfen, so muss die Nachfrage nach Konsumgütern und Investitionsgütern verringert werden. Da die Nachfrage nach Konsumgütern unter anderem vom Einkommen abhängt und die Nachfrage nach Investitionsgütern von den Gewinnen und Zukunftsaussichten, kann der Staat die Konsumbereitschaft durch Steuererhöhungen, Gebührenanhebungen und Kürzung von Transferleistungen etc. senken. Die Investitionsbereitschaft kann ebenfalls durch Steuererhöhungen, Gebührenanhebungen, Verschärfung von Abschreibungsbedingungen, Kürzung von Subventionen, Streckung von Investitionsvorhaben und Verschiebung von staatlichen Ausgaben in Folgeperioden verringert werden.

Maßnahmen der Außenwirtschaftspolitik haben ebenfalls Auswirkungen auf die Konjunkturpolitik. Um den eigenen Markt zu schützen, werden die Einfuhrbedingungen für ausländische Waren und Dienstleistungen verschärft. Durch die Erhebung von Zöllen – hier Importzöllen – verteuern sich die ausländischen Güter. Die Nachfrage nach den teureren ausländischen Gütern wird sinken und die Nachfrager werden versuchen, auf Substitute auszuweichen. Um die Binnenwirtschaft zu schützen, können auch Importkontingente festgelegt werden. Die Gewährung von Exportvergünstigungen verschafft der einheimischen Wirtschaft einen Wettbewerbsvorteil.

Mit Hilfe der geldpolitischen Instrumentarien, die im nächsten Kapitel erläutert werden, kann man auch die Konjunkturpolitik beeinflussen. Durch Abwertung der eigenen Währung werden die für den internationalen Markt hergestellten Güter preiswerter. Dadurch erhöht sich die internationale Nachfrage nach diesen Gütern. Gleichzeitig werden die importierten Güter teurer und die Nachfrage einheimischer Substitutionsgüter steigt.

Über die Ursachen der Wirtschaftsschwankungen besteht keine Einigkeit in der Forschung. Im Folgenden werden einige mögliche Ursachen aufgeführt:

1. Exogene Ursachen können Kriege, Naturkatastrophen, bedeutende Erfindungen (z. B. Dampfmaschine, Elektrizität, Halbleiter), Bevölkerungsbewegungen oder politische Ereignisse sein.

2. Im Folgenden werden einige endogenen Ursachen aufgeführt: Die Wettbewerbsfähigkeit der einheimischen Wirtschaft verbesserte sich. Im Ergebnis steigt die Güternachfrage aus dem Ausland. Durch die Ausweitung der Geldmenge oder Senkung des Leitzinses durch die Notenbank sinken die Zinssätze. Diese Zinssenkung führt zu einer Erhöhung der Investitions- und Konsumgüternachfrage.
   Einher geht eine Erhöhung der Beschäftigung. Damit steigt die Lohnsumme, das Einkommen der Haushalte steigt und dadurch erhöht sich ebenfalls die Nachfrage nach Konsumgütern. Ebenfalls kann ein staatliches Konjunkturprogramm zu einer Erhöhung der Konsumgüternachfrage und Investitionsgüternachfrage führen.

4.4.4 Kontrollfragen

1. Nennen Sie die vier Ziele der gesamtwirtschaftlichen Wirtschaftspolitik der Bundesrepublik Deutschland und die rechtliche Grundlage!
2. Mit der Veränderung des preisbereinigten Bruttoinlandsprodukts wird welches Ziel des magischen Vierecks gemessen?
3. Wenn mindestens zwei Ziele verfolgt werden, stehen diese Ziele in einer Beziehung. Dies ist beim magischen Viereck auch der Fall. Erklären Sie allgemein zwei mögliche Arten der Zielbeziehungen und zeigen Sie diese durch ein Beispiel aus dem magischen Viereck auf.
4. Als Kennziffer für die Zieldimension hoher Beschäftigungsstand im magischen Viereck wird die Arbeitslosenquote verwendet. Wie lautet die Formel für die Berechnung der Arbeitslosenquote auf der Basis aller zivilen Erwerbspersonen?
5. Nennen Sie mindestens drei Ursachen für die Arbeitslosigkeit!
6. Nennen Sie verschiedene Bereiche der Wirtschaftspolitik und beschreiben Sie diese.
7. Was versteht man unter Konjunktur?
   Die wirtschaftliche Entwicklung eines Landes ist gekennzeichnet durch ein ständiges Auf und Ab verschiedener Indikatoren.
8. Erläutern Sie die Unterschiede zwischen saisonalen und konjunkturellen Schwankungen um den Trend.
   Nennen Sie die verschiedenen Konjunkturphasen!
   Welche Konjunkturindikatoren beschreiben die Phase des Aufschwungs?
9. Wie verändern sich die Indikatoren Kaufkraft, Arbeitslosigkeit, Kapazitätsauslastung und Bruttoinlandsprodukt im Aufschwung, in der Hochkonjunktur, im Abschwung und im Tiefstand?
10 Welche staatlichen Maßnahmen führen zu einer Konjunkturbelebung und welche Maßnahmen zu einer Dämpfung der Konjunktur?
11 Stellen Sie mindestens drei Gründe, die einen Konjunkturaufschwung auslösen können, dar und beschreiben Sie die Wirkung!

Lösung

Zu 1. Das „Magische Viereck“ ergibt sich aus Artikel 109 Grundgesetz in Verbindung mit § 1 des Stabilitätsgesetzes. Die dort formulierten Ziele sind: Stabilität des Preisniveaus, hoher Beschäftigungsstand, außenwirtschaftliches Gleichgewicht und stetiges, angemessenes Wirtschaftswachstum.

Zu 2. Um die Zielerreichung des stetigen und angemessenen Wirtschaftswachstums zu messen, wird der Indikator „Veränderung des preisbereinigten Bruttoinlandsprodukts“ verwendet.

Zu 3. Ein Zielkonflikt liegt vor, wenn die Erreichung eines Zieles die Erreichung eines anderen Zieles gefährdet. Es kann eine Situation eintreten, bei der ein Zielkonflikt zwischen angemessenem und stetigem Wirtschaftswachstum und Stabilität des Preisniveaus vorliegt. Gleiches gilt für die Ziele hoher Beschäftigungsstand und Stabilität des Preisniveaus. Zielharmonie oder Zielkomplementarität liegt vor, wenn die Erreichung eines Zieles die Erreichung eines anderen Zieles fördert. Ein Beispiel hierfür sind die Ziele angemessenes und stetiges Wirtschaftswachstum und hoher Beschäftigungsstand.

Zu 4. Arbeitslosenquote =

$$\frac{\text{Anzahl der Arbeitslosen}}{\text{alle zivilen Erwerbspersonen} + \text{Arbeitslose}} * 100$$

Zu 5. Saisonale, friktionelle, konjunkturelle, technologische, strukturelle Arbeitslosigkeit; Arbeitslosigkeit verursacht durch hohe Produktions- und Lohnkosten, gesetzliche Hemmnisse, geringe Flexibilität der Arbeit, steigende Arbeitsproduktivität, administrative Hemmnisse, individuelle Gründe, Schwarzarbeit und demografische Entwicklung (nicht abschließend).

6 Bereiche der Wirtschaftspolitik

Konjunkturpolitik	Unter Konjunktur versteht man das ständige Auf und Ab in der Wirtschaft. Es erfasst in der Regel jeden Wirtschaftszweig und ist von mittelfristiger Dauer. Die Konjunkturpolitik soll die Schwankungen vermeiden oder dämpfen.
Ordnungspolitik	Die Ordnungspolitik hat die Aufgabe, die Rahmenbedingungen für die Wirtschaftssubjekte festzulegen (z. B. Definition der Freiheitsrechtsrechte für die Wirtschaftssubjekte, Garantie des Eigentums etc.)
Wettbewerbspolitik	Der freie Wettbewerb als zentrales Element der Marktwirtschaft soll abgesichert werden (z. B. durch Förderung der Transparenz über das Marktgeschehen, Förderung des Markteintritts von neuen Unternehmen, Mittelstandspolitik, Anti-Dumping-Politik, Freihandel

Sozialpolitik	Mit der Sozialpolitik soll die Lage benachteiligter Gruppen verbessert werden (Soziale Sicherungssysteme etc.).
Stabilitätspolitik	siehe Stabilitätsgesetz
Wachstumspolitik	Es sollen Maßnahmen ergriffen werden, die positive Auswirkungen auf das Wachstum haben (z. B. Förderung der Forschung, Industriepolitik, Förderung der Kapitalbildung etc.)
Strukturpolitik	Sektorale Strukturpolitik = Förderung des Wachstums einzelner Sektoren oder Branchen (z. B. Schiffbau, Mikroelektronik und regionale Förderung) Regionale Strukturpolitik = Förderung des Wachstums in festgelegten Regionen durch z. B. Infrastrukturausbau (Braunkohleregion Lausitz und Braunkohleregion Rheinisches Revier)

Zu 7. Unter Konjunktur versteht man das ständige Auf und Ab in der Wirtschaft. Es erfasst in der Regel jeden Wirtschaftszweig und ist von mittelfristiger Dauer.

Zu 8. Saisonale Schwankungen sind kurzfristige und jahreszeitlich bedingte Schwankungen. Sie sind leicht vorhersehbar und betreffen meist nur einzelne Wirtschaftsbereiche. Konjunkturelle Schwankungen sind wiederkehrende, nicht vorhersehbare und längere Schwankungen, die alle Bereiche der Wirtschaft betreffen. Der Trend beschreibt die langfristige Entwicklung der Wirtschaft.

Aufschwung (Expansion), Hochkonjunktur (Boom), Abschwung (Rezession) und Tiefstand (Depression)

Investitionsgüternachfrage steigt, optimistische Erwartungen der Konsumenten und Produzenten, erhöhte Produktion, Beschäftigung steigt kontinuierlich, BIP steigt

Zu 9.

	Aufschwung	Hochkonjunktur	Abschwung	Tiefstand
Kaufkraft	steigend	im Maximum (sehr hoch)	sinkend	im Minimum (sehr niedrig)
Arbeitslosigkeit	sinkend	auf niedrigem Niveau	steigend	auf hohem Niveau
Kapazitätsauslastung	steigend	sehr hoch (volle Auslastung)	sinkend	sehr niedrig
BIP	steigend	auf hohem Niveau	sinkend	auf niedrigem Niveau stagnierend

Zu 10. Eine Belebung der Konjunktur kann durch staatliche Aufträge, Förderprogramme (z. B. Abwrackprämie), Steuervergünstigungen, Verbesserung der Abschreibungsmöglichkeiten etc. erfolgen. Zu einer Konjunkturdämpfung kann es kommen, wenn man die staatlichen Ausgaben senkt, Steuervergünstigungen streicht, Subventionen abbaut und Steuern erhöht oder einführt.

Zu 11. Es können folgende Auslöser sein: steigende Güternachfrage aus dem Ausland unter der Voraussetzung einer hohen Wettbewerbsfähigkeit der heimischen Wirtschaft. Durch eine Ausweitung der Geldmenge sinken die Zinssätze, dies führt zu einer Erhöhung der Investitions- und Konsumgüternachfrage, die Beschäftigung steigt und damit auch die Lohnsumme, das Einkommen der Haushalte steigt und dadurch erhöht sich ebenfalls die Nachfrage nach Konsumgütern. Ein staatliches Konjunkturprogramm kann zu einer Erhöhung der Konsumgüternachfrage und Investitionsgüternachfrage führen.

4.5 Geld und Geldpolitik

Geld ist in einer arbeitsteiligen Wirtschaft nicht mehr wegzudenken. Es bestimmt unseren Alltag. Dies haben wir schon am einfachen Wirtschaftskreislauf gesehen. Die Unternehmer geben auf den Gütermärkten gegen Geld die Konsumgüter an die Haushalte ab. Gleichzeitig stellen die Haushalte die Produktionsfaktoren Arbeit, Boden und Kapital den Unternehmen zur Verfügung, damit sie mit den Produktionsfaktoren die Konsumgüter produzieren können.

Doch nun, was ist Geld? Der Amerikaner Nicholas Gregory Mankiw beschreibt Geld als ein Bündel von Aktiva, die die Menschen in einer Volkswirtschaft regelmäßig dazu verwenden, Waren und Dienstleistungen von anderen Menschen zu beziehen.

4.5.1 Geldfunktionen

Die Vorteile des Geldes zeigen sich in den drei folgenden Funktionen:

1. **Zahlungsmittelfunktion**: Durch die Verwendung von Geld ist der Warenaustausch einfacher. Beispiel: Ich erwerbe eine Weinflasche gegen Geld, ich verkaufe meine CD-Sammlung gegen Geld auf dem Trödelmarkt, d. h. Geld wird als Tauschmittel verwendet. Gleichzeitig sind auch Finanztransaktionen wie die Vergabe von Krediten möglich.
2. **Recheneinheitsfunktion**: Durch Geld kann man Güterwerte, z. B. Wein, in einer Bezugsgröße ausdrücken und vergleichen. 5 EUR eine Flasche Wein, 5 EUR eine gebrauchte CD. Damit fungiert Geld als Wertmaßstab. In unserem Beispiel hat die Flasche den gleichen Wert wie die gebrauchte CD.
3. **Wertaufbewahrungsfunktion**: Der Gelderwerb und die Geldausgabe können zeitlich auseinanderfallen. Beispiel: Ich verkaufe am Wochenende meine CD für 5 EUR und erwerbe am folgenden Montag eine Weinflasche. Durch das Sparen von Geld kann der Konsum in die Zukunft verschoben werden.

Neben diesen Geldfunktionen muss der Gegenstand, der als Geld verwendet wird, bestimmte Eigenschaften haben. So muss das Geld allgemein anerkannt sein, es muss ohne Wertverlust aufbewahrt werden können, teilbar, transportierbar und gegen Fälschungen sicher sein.

Im Zeitablauf hat sich die Erscheinungsform des Geldes gewandelt. Entscheidend ist, dass der Gegenstand, der als Geld verwendet wird, von den Wirtschaftssubjekten akzeptiert wird. So übernahm beispielsweise in Gefangenenlagern die Zigarette die Funktion des Geldes. Grob kann man Geld in Warengeld, Münzgeld, Papiergeld und Buchgeld einteilen. Warengeld ist die einfachste Form des Geldes. Beispiele für Warengeld sind Salz, Zigaretten, Vieh und Kaurischnecken. Beim Münzgeld unterscheidet man zwischen den vollwertig ausgeprägten Kurantmünzen – hier entspricht der Metallwert dem Nennwert – und den unterwertig ausgeprägten Scheidemünzen, bei denen der Metallwert niedriger als der Nennwert ist. Das Papiergeld oder auch die Banknoten sind stoffwertloses Geld. Das Papiergeld besitzt keinen Warenwert und bezieht seinen Wert nur aus seiner Funktion als Tauschmittel. Das Buchgeld ist stoffwertloses Geld und existiert nur auf den Konten der Kreditinstitute.

4.5.2 Bestimmung der Geldmenge

Die Geldmenge hat keine eindeutige „eine" Definition. So unterscheidet das Eurosystem zwischen den Geldmengen Money M1, M2 und M3. Bestandteil der Geldmenge ist der Geldbestand der Nichtbanken. Das Geld, dass z. B. die Sparkassen vorrätig haben, damit sie für die Nichtbanken (z. B. Haushalte oder Unternehmen) Überweisungen tätigen und sie am Automat Geld abheben können, ist kein Geld im Sinne der Geldmengendefinition.

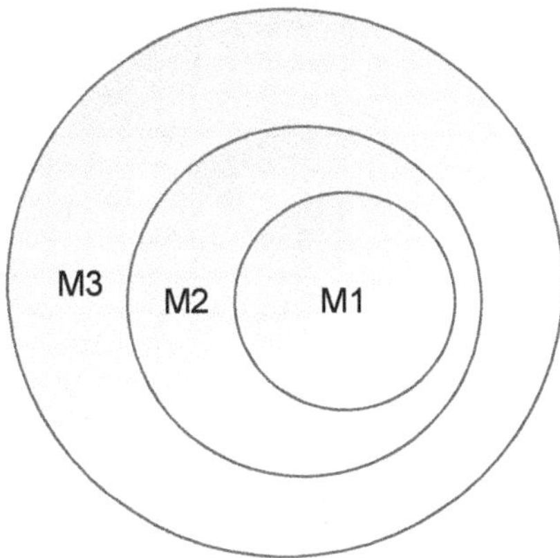

Aus dem o. a. Schaubild ist zu erkennen, dass die Geldmengenbegriffe zwiebelartig aufgebaut sind. Die Geldmenge M1 umfasst Bargeld und die Sichteinlagen, d. h. Guthaben von Nichtbanken bei den Geschäftsbanken (Volksbanken, Sparkassen, Deutsche Bank etc.), die täglich fällig sind.

M2 erhält man, wenn man zu der Geldmange M1 noch die Spareinlagen mit einer Kündigungsfrist von bis zu drei Monaten (Monatsgeld und das deutsche Sparbuch) und Termineinlagen mit einer Laufzeit von bis zu zwei Jahren hinzufügt. Sie sehen, dass die Liquidität von M1 als Teil von M2 höher ist.

Um von M2 zu M3 zu gelangen, muss man noch die kurzfristigen Bankschuldverschreibungen (Schuldpapiere bzw. Schuldverschreibungen der Geschäftsbanken), Repogeschäfte (Termineinlagen) und Geldmarktfondsanteile aufaddieren. (Geldmarktfonds sammeln Geld über Anteilsscheine ein und investieren dieses Geld in kurzfristige Anlageformen, z. B. Schuldverschreibungen von Unternehmen.) Bei den Repogeschäften veräußern die Geschäftsbanken Vermögenswerte an Nichtgeschäftsbanken. Gleichzeitig wird bei der Veräußerung der Vermögenswerte an die Nichtgeschäftsbanken der Rückkauf der Vermögenswerte durch die Geschäftsbanken zu einem späteren Zeitpunkt vereinbart. Dadurch können sich die Geschäftsbanken kurzfristig Liquidität beschaffen.

Wir werden auf den nächsten Seiten sehen, dass die Bestimmung der optimalen Geldmenge sehr schwierig ist, da die dafür zuständige Notenbank nur indirekt die Geldmenge beeinflussen kann. Streng genommen kann die Notenbank nur das Zentralbankgeld schaffen. Das Zentralbankgeld – auch als Geldbasis mit der Abkürzung M0 bezeichnet – umfasst das von der Notenbank in Umlauf gebrachte Bargeld und die Sichteinlagen, die die Geschäftsbanken bei der Notenbank haben. Diese Sichteinlagen dienen zur Abwicklung des Zahlungsverkehrs. Über diese Bereitstellung von Liquidität versucht die Notenbank die Geldmenge zu steuern.

Wie entsteht die Geldmenge, d. h. wie wird Geld geschaffen?

Die Notenbank stellt dem Nichtbankensektor Liquidität zur Verfügung. Hierbei reichen die Geschäftsbanken die Liquidität an die Nichtbanken weiter. Vom Volumen viel größer ist aber die sich daran anschließende Geldschöpfung durch Kreditgewährung der Geschäftsbanken an ihre Kunden, z. B. Haushalte und Unternehmen. Diese Schaffung von Geld nennt man Geldschöpfung.

Beispiel: Sie erwerben von einem Bauträger eine Eigentumswohnung. Dafür nehmen Sie einen Kredit von 100.000 EUR bei der Hamburger Bank auf. Die Hamburger Bank überweist die 100.000 EUR an die Leipziger Bank. Dort hat der Bauträger sein Konto. Im ersten Schritt entsteht eine Verbindlichkeit von Ihnen bei der Hamburger Bank in Höhe von 100.000 EUR. Gleichzeitig entsteht bei der Leipziger Bank eine Forderung des Bauträgers gegenüber der Leipziger Bank in Höhe von 100.000 EUR. Die Geldmenge erhöht sich um 100.000 EUR. Der Bauträger ist sehr erfolgreich und benötigt zurzeit die 100.000 EUR Guthaben auf dem Girokonto nicht. Um etwas Zinsen zu bekommen, werden die 100.000 EUR in eine Termineinlage mit einer Laufzeit von fünf Jahren umgewandelt. Für die Bank bedeutet dies, dass die 100.000 EUR plus Zinsen frühestens in fünf Jahren abgehoben werden.

Um die Zinsen, die sie an den Bauträger zahlt, zu erwirtschaften, vergibt die Leipziger Bank einen Kredit an die Gaststätte „Ausblick", die für 100.000 EUR ihre Küche modernisiert. Die Leipziger Bank überweist die 100.000 EUR an die Kölner Bank. Bei der Kölner Bank hat das Küchenstudio sein Konto. Im Ergebnis ist durch die erneute Kreditgewährung die Geldmenge wieder um 100.000 EUR gestiegen.

Durch die sehr gute Auftragslage lässt das Küchenstudio die 100.000 EUR auf ihrem Firmenkonto bei der Kölner Bank. Diese wiederum vergibt einen Kredit an den Taxiunternehmer Müller für die Anschaffung von Taxis. Der Geldbetrag wird auf das Konto der AutoCar GmbH überweisen. Die Geldmenge ist in diesem Fall wieder um 100.000 EUR gestiegen.

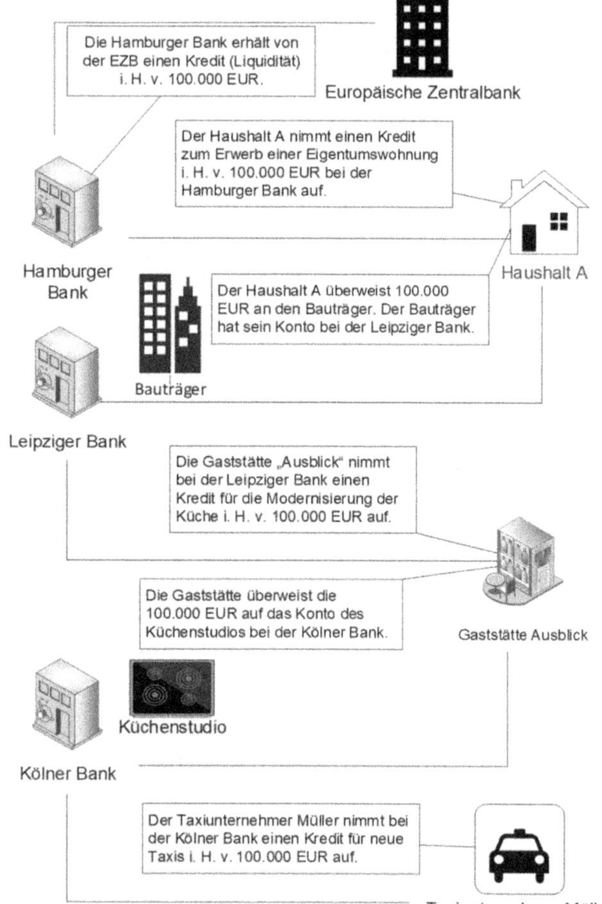

Dieser Prozess kann unbegrenzt fortgesetzt werden. Diese unbegrenzte Geldschöpfung nennt man auch multiple Geldschöpfung.

Mit jeder Kreditgewährung erhöht sich die Geldmenge in unserem Beispiel um 100.000 EUR.

In der Realität ist die Geldschöpfung jedoch begrenzt. Hebt der Bauträger einen Teil seines Guthabens für die eigene Lebensführung ab, so verringert sich die Möglichkeit der Geldschöpfung für die Geschäftsbank.

Beispiel: Werden von den 100.000 EUR Guthaben des Bauträgers 40.000 EUR abgehoben, dann kann die Leipziger Bank nicht 100.000 EUR, sondern nur 60.000 EUR als Kredit an die Gaststätte „Ausblick" vergeben.

Eine weitere Begrenzung der Geldschöpfung ergibt sich durch die Mindestreserve. Die Geschäftsbanken müssen bei der Notenbank eine Mindestreserve hinterlegen beziehungsweise unterhalten. Die Mindestreserven sind Guthaben der Geschäftsbanken bei der Notenbank, die sich nach der Höhe der Einlagen der Kunden bei den Geschäftsbanken richten.

Das oben aufgeführte Beispiel wird dahingehend verändert, dass der Bauträger, das Küchenstudio und die AutoCar von ihren Sichteinlagen 40 % abheben und der Mindestreservesatz 10 % beträgt.

In der folgenden Tabelle wird die begrenzte Gelschöpfung gezeigt. In jedem Schritt halten die Banken 40 % der Einlagen für Auszahlungen an ihre Kunden zurück. Ebenfalls beträgt die bei der Notenbank zu haltende Mindestreserve 10 % auf die Einlagen.

Unbegrenzte Geldschöpfung (keine Barauszahlung und Mindestreserve)	Geldmenge	**Begrenzte Geldschöpfung** (Barauszahlung i. H. v. 40 % an die Kunden und 10 % Mindestreserve auf die Sichteinlagen)	Geldmenge
Erster Kredit i. H. v. 100.000 EUR durch die Hamburger Bank für den Erwerb einer Eigentumswohnung an Sie	100.000 EUR (Geldmenge)	nach Überweisung, Sichteinlage des Bauträger i. H. v. 100.000 EUR bei der Leipziger Bank	**100.000 EUR** (Geldmenge)
Zweiter Kredit i. H. v. 100.000 EUR an die Gaststätte „Ausblick" für die Moderni-sierung der Küche	100.000 EUR + 100.000 EUR = **200.000 EUR** (Geldmenge)	zweiter maximal möglicher Kredit an die Gaststätte „Ausblick" (0,6 * 100.000 EUR = 60.000 EUR abzüglich 10 % Mindestreserve), für die Modernisierung der Küche, nach Überweisung, Sichteinlage des Küchenstudios i. H. v. 54.000 EUR bei der Kölner Bank	100.000 EUR +54.000 EUR = **154.000 EUR** (Geldmenge)

Dritter Kredit i. H. v. 100.000 EUR an Taxi Müller für den Erwerb neuer Taxifahrzeuge	100.000 EUR + 100.000 EUR + 100.000 EUR = **300.000 EUR** (Geldmenge)	dritter maximal möglicher Kredit an die Taxi Müller (0,6 * 54.000 EUR = 32.400 EUR abzüglich 10 % Mindestreserve) für den Erwerb neuer Taxifahrzeuge, nach Überweisung, Sichteinlage der Firma Automobilhandel um 29.160 EUR bei der Bremer Bank	100.000 EUR + 54.000 EUR + 29.160 EUR = **183.160 EUR** (Geldmenge)
Vierter maximal möglicher Kredit ... Erhöhung der Sichteinlage um 100.000 EUR	100.000 EUR + 100.000 EUR + 100.000 EUR + 100.000 EUR = **400.000 EUR** (Geldmenge)	vierter maximal möglicher Kredit (0,6 * 29.160 EUR = 17.496 EUR abzüglich 10 % Mindestreserve) und damit Erhöhung der Sichteinlage um 15.746 EUR	100.000 EUR + 54.000 EUR + 29.160 EUR + 5.746 EUR = **198.906 EUR** (Geldmenge)
und so weiter			
Achtzehnter maximal möglicher Kredit ... Erhöhung der Sichteinlage um 100.000 EUR	100.000 EUR + 100.000 EUR + 100.000 EUR + 100.000 EUR + 100.000 EUR + 100.000 EUR + 100.000 EUR + 100.000 EUR + 100.000 EUR + 100.000 EUR + 100.000 EUR + 100.000 EUR + 100.000 EUR + 100.000 EUR + 100.000 EUR + 100.000 EUR + 100.000 EUR + 100.000 EUR = **1.900.000 EUR** (Geldmenge)	siebzehnter maximal möglicher Kredit (0,6 * 5 EUR = 3 EUR abzüglich 10 % Mindestreserve) und damit Erhöhung der Sichteinlage um 3 EUR	100.000 EUR + 54.000 EUR + 29.160 EUR + 15.746 EUR + 8.503 EUR + 4.592 EUR + 2.480 EUR + 1.339 EUR + 723 EUR + 391 EUR + 211 EUR + 114 EUR + 61 EUR + 33 EUR + 18 EUR + 10 EUR + 5 EUR + 3 EUR = **217.389 EUR** (Geldmenge)

Bei Verwendung des Geldschöpfungsmultiplikators erreicht man eine maximale Geldmenge von 217.389 EUR.

Neben dieser Art der Geldschöpfung durch Kreditgewährung und damit Gewährung einer Sichteinlage der Geschäftsbanken an andere Wirtschaftssubjekte gibt es noch einen zweiten Weg. Dabei kann die Notenbank den anderen Wirtschaftssubjekten Vermögenswerte abkaufen und den Verkaufserlös gutschreiben. Solche Vermögenswerte sind Gold, Anleihen bzw. Schuldverschreibungen und Devisen. Durch diese Ankäufe sind die Goldbestände und Devisenreserven bei den Notenbanken entstanden.

Wozu benötigt man die Geldmenge?

Die Geldmenge ist das Ergebnis der Geldschöpfung durch die Geschäftsbanken. Bestimmen kann die Notenbank aber nur die Zentralgeldmenge und die Konditionen für den „Erwerb" der Zentralbankgeldmenge durch die Geschäftsbanken.

Vereinfacht kann die Geldmenge für den Erwerb der Güter und Dienstleistungen eingesetzt werden. Es besteht damit ein Zusammenhang zwischen der Geldmenge, die zum Tausch eingesetzt wird, und den produzierten Gütern und Dienstleistungen.

Auf der Nachfrageseite hat man die nachfragewirksame Geldmenge und auf der Angebotsseite die angebotswirksame Gütermenge.

Die nachfragewirksame Geldmenge ergibt sich durch Multiplikation der Geldmenge mit der Umlaufgeschwindigkeit. Die Umlaufgeschwindigkeit gibt an, wie oft das Bargeld und das Buchgeld in einer Zeiteinheit umgesetzt wird.

Die angebotswirksame Gütermenge ergibt sich durch Multiplikation des Handelsvolumens mit den Preisen der Güter oder Dienstleistungen.

Nehmen wir noch einmal unser Tortenbeispiel. Im ersten Studienabschnitt wurden drei Torten mit jeweils 12 Stücken produziert. Der Preis pro Tortenstück betrug 4 EUR.

Damit beträgt die mit Preisen bewertete angebotswirksame Gütermenge (36 Stücke * 4 EUR/Stück =) 144 EUR. Die nachfragewirksame Geldmenge beträgt ebenfalls 144 EUR. Unterstellen wir, dass die Umlaufgeschwindigkeit wenigstens kurzfristig konstant ist (zum leichten Rechnen = 1). Dies bedeutet, dass die Geldmenge bei unserem Beispiel 144 EUR beträgt (144 EUR * 1).

Im zweiten Studienabschnitt konnten durch technischen Fortschritt vier Torten mit jeweils 12 Stücken produziert werden. Das Handelsvolumen wurde um 33,3 % gesteigert. Wenn das Ziel die absolute Preisstabilität ist, dann beträgt die angebotswirksame Gütermenge 192 EUR. In dem Beispiel dürfte dann die Geldmenge ebenfalls um 1/3 steigen, d. h. von 144 EUR auf 192 EUR.

Im Idealfall sollen die Veränderungen des Handelsvolumens gleich den Veränderungen der Geldmenge sein. Steigt das Handelsvolumen um 5 % dann sollte auch die Geldmenge um 5 % steigen.

Wer steuert das Geldwesen in Deutschland?

Das Geldwesen wird durch das Eurosystem gesteuert. Das Eurosystem umfasst die Europäische Zentralbank und die nationalen Notenbanken der Staaten, bei denen der EUR die ehemals nationalen Währungen ablöste.

Weiter gefasst ist das Europäische System der Zentralbank (ESZB). Im ESZB sind alle Notenbanken der Mitglieder der Europäischen Union und die Europäische Zentralbank vertreten.

Wo sitzt die Europäische Zentralbank?

Die Europäische Zentralbank hat ihren Sitz in Frankfurt am Main.

Welche Organe hat das Eurosystem?

Oberstes Organ ist der EZB-Rat. Mitglieder des EZB-Rates sind der EZB-Präsident, sein Stellvertreter, vier weitere Mitglieder des Direktoriums und die Notenbankchefs der Länder, die den Euro als gemeinsame Währung eingeführt haben. Der EZB-Rat legt die Geldpolitik fest, erlässt die für die Ausführung notwendigen Leitlinien und nimmt Beratungsaufgaben wahr. Zuständig für das Tagesgeschäft der Europäischen Zentralbank, die Umsetzung der vom EZB-Rat erlassenen Leitlinien und die Vorbereitung der EZB-Ratssitzungen ist das Direktorium der EZB. Dieses umfasst den Präsidenten, den Vizepräsidenten und vier weitere Mitglieder.

4.5.3 Ziele des Eurosystems

Das vorrangige Ziel ist die Gewährleistung der Preisstabilität. Solange die Preisstabilität nicht in Gefahr ist, hat das Eurosystem die allgemeine Wirtschaftspolitik in der Europäischen Union zu unterstützen. Die Preisstabilität ist erreicht, wenn der Anstieg des Harmonisierten Verbraucherpreisindexes (HVPI) für das Euro-Währungsgebiet niedriger als 2 % zum Vorjahr ist. Ziel ist es nicht, die Stabilität einzelner Preise zu gewährleisten. Wenn der Kartoffelpreis steigt, spricht man nicht von Inflation. Unter Preisstabilität versteht man die relative Konstanz des Preisniveaus. Um dies zu bestimmen, wählt man einen typischen Warenkorb, der die Kaufgewohnheiten der Wirtschaftssubjekte in den einzelnen Ländern des Europäischen Systems der Zentralbanken und das Gewicht der einzelnen Länder innerhalb des Euroraumes widerspiegelt. Diesen Warenkorb nennt man den Harmonisierten Verbraucherpreisindex.

Beispiel für die Bestimmung der Preisveränderung: Sie möchten für sich die Veränderung des Preisniveaus bestimmen. Sie gehen am 2. Januar in den Supermarkt „aller Güter und Dienstleistungen“ und „erwerben“ alle Produkte, die im Haushaltsjahr benötigt werden. Fahren Sie alle zwei Jahre in den Skiurlaub, dann „konsumieren“ Sie in dem Haushaltsjahr einen halben Skiurlaub. Kaufen Sie alle sechs Jahre ein neues Auto, so berücksichtigen Sie in Ihrem Warenkorb 1/6 Auto. Konsumieren Sie 36 Flaschen Wein im Jahr, dann legen Sie diese 36 Flaschen in Ihren Einkaufswagen. Nach dem „Einkauf“ zahlen Sie die Waren und heben den Einkaufsbeleg sehr gut auf. Ein Jahr später gehen Sie wieder in den Supermarkt „aller Güter und Dienstleistungen“ und kaufen alle Produkte und Mengen entsprechend dem Einkaufsbeleg des letzten Jahres. Dann zahlen Sie die Güter „Ihres“ Warenkorbes und vergleichen den Gesamtbetrag mit dem Betrag aus dem vorigen Jahr. Kostete der Warenkorb letztes Jahr 100 Geldeinheiten und dieses Jahr 105 Geldeinheiten, dann sind die Preise im Durchschnitt um 5 % gestiegen.

Steigt das Preisniveau über mehrere Perioden, so bedeutet dies, dass der Geldwert beziehungsweise die Kaufkraft des Geldes sinkt, weil Sie für 100 Geldeinheiten immer weniger kaufen können.

So sinkt bei einer jährlichen Preissteigerung von 4 % über zehn Jahre die Kaufkraft um etwa 33 %.

Wie ausgeführt, ist vorrangiges Ziel der Notenbank die Gewährung der Preisstabilität. Die Preise der Güter ergeben sich durch das Zusammenspiel von Angebot und Nachfrage. Der auf den Märkten ermittelte Preis für die einzelnen Waren, Dienstleistungen und die Produktionsfaktoren (Arbeit, Boden, Kapital) spiegelt die Knappheit wider. Das Eurosystem versucht, durch die Geldpolitik die Nachfrage zu beeinflussen.

Zum einen kann dies durch Zinssignale, d. h. den Preis des Geldes, durch die Notenbank erfolgen. Die Notenbank verlangt einen Preis in Form des Zinses von den Geschäftsbanken für das von der Notenbank zur Verfügung gestellte Zentralbankgeld.

Was passiert bei einer Erhöhung des Zinses durch die Notenbank?

Angenommen die Geschäftsbanken fragen weiterhin Liquidität bei der Notenbank nach. Für die Geschäftsbank wird die Refinanzierung d. h. die Beschaffung von Liquidität teurer. Diese Verteuerung werden die Geschäftsbanken bei der Kreditvergabe an die Nichtbanken weitergeben. Dadurch steigt das Zinsniveau, d. h. der Preis für Geld. Steigt der Preis eines Gutes, dann sinkt die Nachfrage nach diesem Gut. Ebenfalls wird die Nachfrage nach Krediten sinken. So werden die Ausgaben, die über Kredit finanziert wurden, teurer, sodass die gesamtwirtschaftliche Nachfrage nach Gütern und Dienstleistungen sinkt. Die erhöhten Finanzierungskosten bei Unternehmensinvestitionen führen dazu, dass sich die eine oder andere Investition nicht mehr lohnt und deshalb unterbleibt. Der Effekt der zurückgehenden Nachfrage wird dadurch verstärkt, dass die Anreize zum Sparen durch die erhöhten Zinsen für die Haushalte steigen und damit der Konsum sinkt.

Bei einer Senkung des Zinses durch die Notenbank wird die Beschaffung von Liquidität durch die Geschäftsbanken preiswerter. Wenn die Geschäftsbanken diese Zinssenkung weitergeben, sinkt das allgemeine Zinsniveau. Sparen lohnt sich weniger. Die kreditfinanzierten Ausgaben steigen. Die Nachfrage nach Gütern und Dienstleistungen steigt.

Was passiert, wenn die den Geschäftsbanken zur Verfügung angebotene Zentralbankgeldmenge durch die Notenbank verändert wird?

Für den Zahlungsverkehr, für die Kreditvergabe, für die Bargeldnachfrage und für die Verpflichtung zur Mindestreserve bei der Notenbank benötigen die Geschäftsbanken Zentralbankgeld. Diese Liquidität können sich die Geschäftsbanken mittel- bis langfristig über Einlagen der Kunden besorgen. Die Liquidität können sie sich aber auch von anderen Geschäftsbanken ausleihen. Wenn die Notenbank die Zuteilung von Zentralbankgeld an die Geschäftsbanken verringert, können die Geschäftsbanken nicht mehr so viele Kredite vergeben.

In unserem Beispiel der begrenzten Geldschöpfung berechneten wir eine maximal mögliche Geldschöpfung von 217.389 EUR bei einer Zentralbankgeldmenge von 100.000 EUR, einer Mindestreserve von 10 % und einer Barauszahlung von 40 %. Stellt die Notenbank nur 60.000 EUR zur Verfügung, dann können durch Kreditvergabe der Geschäftsbanken maximal 130.435 EUR geschöpft werden. Alle anderen Angaben bleiben unverändert.

Durch die Reduzierung der Zentralbankgeldmenge verringert sich das Geldangebot. Es kommt zu einer Verschiebung der Angebotskurve nach links. Im Ergebnis steigt der Zins, der Preis für Geld. Durch den erhöhten Preis sinkt die Nachfrage nach Krediten und damit die kreditfinanzierte Nachfrage. Gleichzeitig wird durch die Zinserhöhung das Sparen lukrativer und die Nachfrage nach Gütern und Dienstleistungen sinkt.

Bei einer Erhöhung der Zentralbankmenge kommt es zum gegenteiligen Effekt, d. h. die Nachfrage steigt.

Das vorrangige Ziel der Notenbank ist die Preisstabilität. Die Preissteigerungsrate soll unter, aber nahe bei 2 % liegen. Um dieses Ziel zu erreichen, werden die wirtschaftliche Entwicklung und die monetären Trends im Euro-Raum betrachtet. So werden im Rahmen der wirtschaftlichen Analyse unter anderem die konjunkturelle Entwicklung, die Kostensituation der Unternehmen und die außenwirtschaftliche Lage berücksichtigt. Die monetäre Analyse beobachtet den Zusammenhang zwischen der Preisentwicklung und dem Geldmengenwachstum.

Für die Notenbank ist bei einer Veränderung des Preisniveaus knapp unter 2 % bis 2 % die Preisstabilität erreicht. Bei Veränderungen des Preisniveaus über 2 % spricht man von Inflation, bei einer Preisveränderung weit unter 2 % von Deflation.

Inflation bedeutet ein über mehrere Perioden anhaltender Anstieg des Preisniveaus in allen Güterkategorien. Dadurch verliert das Geld an Kaufkraft. Die Inflation wird oft in folgende Kategorien eingeteilt: 5 % bis 7 % schleichende Inflation, bei mehr als 20 % galoppierende Inflation und bei mehr als 1.000 % Hyperinflation. Die Ursache der Preisveränderungen können nachfrageseitig, angebotsseitig oder durch eine zu hohe Geldmenge verursacht werden. Preisveränderungen einzelner Güter bedeuten dagegen keine Inflation.

Deflation beschreibt das Gegenteil der Inflation. Deflation bedeutet ein über mehrere Perioden anhaltender Verfall des Preisniveaus für Waren und Dienstleistungen. In einer Phase der Deflation steigt der Geldwert, da für eine Geldeinheit mehr Güter gekauft werden können.

4.5.4 Geldpolitische Instrumente

Die Notenbank versucht indirekt, durch die Veränderung der drei Zinssätze für Zentralbankgeld die Kreditgewährung und damit die Geldschöpfung der Geschäftsbanken zu beeinflussen. Sie stellt den Geschäftsbanken Liquidität zur Verfügung. Für dieses Zentralbankgeld müssen die Geschäftsbanken einen Preis bzw. Zins zahlen. Gleichzeitig müssen die Geschäftsbanken für jeden Kredit bei der Notenbank Sicherheiten hinterlegen. Sicherheiten sind unter anderem Anleihen.

a) Mindestreservepolitik

Die Geschäftsbanken führen bei der Europäischen Zentralbank ein Konto. Auf diesem Konto müssen die Geschäftsbanken eine bestimmte Mindesteinlage halten. Die Höhe der Mindestreserve bemisst sich nach den reservepflichtigen Verbindlichkeiten der Geschäftsbanken. Für Ihre Bank ist z. B. Ihr Gehaltskonto eine täglich fällige Verbindlichkeit. Wie in unserem Beispiel schon gezeigt, begrenzt die Mindestreserve die Geldschöpfung.

Wird der Mindestreservesatz angehoben, so verkleinern sich die Geldschöpfungsmöglichkeiten der Geschäftsbanken. Die Geldmenge wird geringer.

Wird der Mindestreservesatz abgesenkt, so vergrößern sich die Geldschöpfungsmöglichkeiten der Geschäftsbanken. Die möglichen Konsequenzen wurden schon erläutert.

b) Offenmarktgeschäfte

Wie bereits ausgeführt, benötigen die Geschäftsbanken Liquidität von der Notenbank. Die Geschäftsbanken können sich das Zentralbankgeld durch den Verkauf von Wertpapieren an die Notenbanken besorgen. In diesem Fall wird der Kaufpreis dem Konto der Geschäftsbank bei der Notenbank gutgeschrieben. Werden die Wertpapiere für immer gekauft, dann spricht man von „outright“ Geschäften. Durch diese Ankäufe vergrößert sich die Zentralbankgeldmenge bei den Geschäftsbanken, diese können dadurch mehr Kredite an Nichtbanken vergeben und die Geldmenge steigt.

Daneben gibt es noch die befristeten Transaktionen. Bei diesen Käufen verpflichten sich die Geschäftsbanken, die an die Notenbank verkauften Wertpapiere zu einem festgelegten Zeitpunkt zurückzukaufen. Durch den Rückkauf wird das vorher geschaffene Zentralbankgeld wieder vernichtet. Diese durch die Zentralbank durchgeführten Wertpapierkäufe mit Rückkaufvereinbarung nennt man auch Pensionsgeschäfte (repurchase agreement oder Repos).

Die Zentralbank stellt den Geschäftsbanken befristet Zentralbankgeld oder auch Liquidität im Regelfall mit kurzer Laufzeit zur Verfügung. Diese Geschäfte mit einer Laufzeit von sieben Tagen nennt man auch Hauptrefinanzierungsgeschäfte. Der Preis für die Liquidität wird durch den Hauptrefinanzierungssatz bestimmt. Vom Volumen ist der Zinssatz des Hauptrefinanzierungsgeschäftes der wichtigste der drei Leitzinsen.

Will die Zentralbank den Geschäftsbanken langfristig Geld zur Verfügung stellen, so führt sie sogenannte längerfristige Finanzierungsgeschäfte mit einer Laufzeit von drei bis zwölf Monaten durch. Es besteht bis auf die Laufzeit kein Unterschied zu den Hauptrefinanzierungsgeschäften.

Um den Umfang nicht zu sprengen, wird auf die Feinsteuerungsoperationen und strukturelle Operationen nicht eingegangen.

Die Zuteilung der Liquidität für die Geschäftsbanken erfolgt durch die Europäische Zentralbank im Rahmen eines Versteigerungsverfahrens. Dabei wird zwischen dem Mengentender und dem Zinstender unterschieden. Die Geschäftsbanken werden zur Abgabe von Geboten bis zu einem festgelegten Termin durch die Europäische Zentralbank aufgefordert. Sie wissen untereinander nicht, ob und in welcher Höhe andere Geschäftsbanken Gebote abgegeben haben.

Beim Mengentender wird durch die Europäische Zentralbank der Zins für die Finanzierungsgeschäfte und das Gesamtzuteilungsvolumen genannt. Die Geschäftsbanken melden dann ihre Liquiditätswünsche zu diesem Zins an. Übersteigen die Wünsche der Geschäftsbanken das Gesamtzuteilungsvolumen, werden die Einzelgebote der Geschäftsbanken anteilig bedient.

Wirkungsweise des Mengentenders:
Die Europäische Zentralbank möchte den Geschäftsbanken Liquidität in Höhe von 1.000 Millionen EUR zur Verfügung stellen. Als zu zahlender Zins wird den Geschäftsbanken 0,1 % genannt. Die Geschäftsbanken geben folgende Mengengebote ab:

Zinssatz	Bank 1	Bank 2	Bank 3	Summe der Gebote
0,1 %	1.100	900	2.000	4.000

Der Zuteilungssatz berechnet sich wie folgt:

$$\text{Zuteilungsquote} = \frac{\text{Höhe der zugeteilten Liquidität}}{\text{Summe der Gebote der Geschäftsbanken}} * 100$$

$$\text{Zuteilungsquote} = \frac{\text{1.000 Millionen EUR}}{\text{4.000 Millionen EUR}} * 100 = 25\%$$

Damit erhalten die Banken 25 % der gewünschten Liquidität.

	Bank 1	Bank 2	Bank 3	Summe der zugeteilten Liquidität
zugeteilte Liquidität	275	225	500	1000

Beim Zinstender müssen die Geschäftsbanken nicht nur ihre Liquiditätswünsche nennen, sondern auch den Zins bekanntgeben, den sie für die einzelnen Mengen bereit sind zu zahlen.

Wirkungsweise des Zinstenders:
Die Europäische Zentralbank beschließt, dem Markt 1.000 Millionen EUR Liquidität zuzuführen. Die Geschäftsbanken nennen die gewünschte Liquidität und den entsprechenden Zinssatz, den sie für diese Liquiditätstranche zahlen möchten.

Zinssatz	Bank 1	Bank 2	Bank 3	Summe der Gebote	Aufaddierte Summen (kumulativ)
2,00 %	0	0	0	0	0
1,75 %	100	100	0	200	200
1,50 %	100	100	200	400	600
1,00 %	100	150	50	300	900
0,50 %	50	100	50	200	1.100
0,20 %	300	200	500	1.000	2.100
0,10 %	450	250	1.200	1.900	4.000

Nach dem Zinstender werden die 1.000 Millionen EUR wie folgt verteilt:

Bis zu dem Zinssatz von 1 % erfolgt die volle Zuteilung, da die aufaddierten Gebote der Geschäftsbanken bis zu diesem Zinssatz nur 900 Millionen von 1.000 Millionen EUR betragen. Zur Zuteilung bleibt damit ein Rest von 100 Millionen EUR . Beim nächstniedrigen Zinssatz, hier 0,5 %, melden die Geschäftsbanken einen Liquiditätswunsch von 200 Millionen EUR an. Da nur 100 Millionen EUR noch zur Zuteilung bereitstehen, erhalten die Banken anteilmäßig einen Betrag, d. h. im besprochenen Fall die Hälfte der angemeldeten Liquidität.

Zinssatz	Bank 1	Bank 2	Bank 3	Summe der Gebote	Noch zu verteilen
0,5 %	50	100	50	200	100
Zuteilung	0,5 * 50 = 25	0,5 * 100 = 50	0,5 * 50 = 25		

Die 1.000 Millionen EUR werden wie folgt auf die Geschäftsbanken verteilt:

	Bank 1	Bank 2	Bank 3
Summe der Gebote	1.100	800	2.100
Tatsächliche Zuteilung	325	400	275

Bei der Bestimmung des zu zahlenden Zinssatzes für die Liquidität wird zwischen dem holländischen Verfahren und dem amerikanischen Verfahren unterschieden. Beim holländischen Verfahren beträgt der zu zahlende Zinssatz für die gesamte zugeteilte Liquidität 0,5 %.

Beim amerikanischen Verfahren wird kein einheitlicher Zinssatz angewendet. So erhielt die Bank 3 insgesamt 275 Millionen EUR von der Europäischen Zentralbank. Für die ersten 200 Millionen EUR ist ein Zinssatz von 1,5 % zu entrichten, für die nächsten ein Zinssatz von 1 % und für die letzten quotierten 50 Millionen ein Zinssatz von 0,5 %.

Welche Wirkungen hat die Veränderung des Zinses für Hauptrefinanzierungsgeschäfte?

Durch die Erhöhung des Zinssatzes für die Hauptrefinanzierungsgeschäfte verteuert sich für die Geschäftsbanken die Finanzierung mit Zentralbankgeld. Die Geschäftsbanken werden ihrerseits die Zinsen für Kredite an Nichtbanken erhöhen. Dies wird zu einer Erhöhung des Zinsniveaus führen. Die Nachfrage nach Krediten durch Nichtbanken und damit die Nachfrage nach kreditfinanzierten Ausgaben wird sinken. Die Nachfrage auf den Güter- und Dienstleistungsmärkten wird verringert und das Wachstum der Wirtschaft wird gedämpft.

c) Ständige Fazilitäten

Um dem Markt kurzfristig Zentralbankgeld für einen Tag oder Übernacht zur Verfügung zu stellen beziehungsweise abzuschöpfen, setzt die Notenbank die ständigen Fazilitäten ein.

Besteht bei einer Geschäftsbank ein kurzfristiger Liquiditätsbedarf, so kann sie bei der Notenbank einen „Tageskredit" aufnehmen. Für dieses Zentralbankgeld muss die Geschäftsbank ebenfalls einen Preis, d. h. Zins, zahlen und den Kredit, wie bei den Hauptrefinanzierungsgeschäften und längerfristigen Refinanzierungsgeschäften, durch das Hinterlegen von Wertpapieren absichern. Diese Geschäfte nennt man Spitzenrefinanzierungsfazilität und der Zinssatz ist höher als der Zinssatz der Hauptrefinanzierungsfazilität. Der Zinssatz bildet die Obergrenze für kurzfristige Kredite.

Was passiert, wenn die Banken überschüssige Sichteinlagen haben?

Durch die Einlagefazilität können die Geschäftsbanken nicht benötigte überschüssige Liquidität zu einem unterhalb des Zinssatzes für Hauptrefinanzierungsgeschäfte bestimmten Zinssatz anlegen. Dies bedeutet, dass der Zinssatz für Geld nicht unter diesen Zinssatz fallen kann.

4.5.5 Kontrollfragen

1. Nennen Sie drei Erscheinungsformen des Geldes (Geldarten), wie sie heute verwendet werden!
2. Welche der nachfolgenden Gegenstände, hier ein Eurocent, ein amerikanischer Dollar und ein Gemälde von Neo Rauch, zählen zum Geld in der Europäischen Währungsunion? Bei welchen o. g. Gegenständen handelt es sich nicht um Geld? Erläutern Sie Ihre Antwort unter Berücksichtigung der Ihnen bekannten drei Funktionen des Geldes.
3. Wie nennt man die Entwertung des Geldes und wie die starke Wertsteigerung einer Landeswährung?
4. Bei der Geldentwertung spricht man oft von drei verschiedenen Geschwindigkeiten. Nennen und erklären Sie diese.
5. In jeder Phase von Preissteigerungen wird darüber diskutiert, wer von den Wirtschaftssubjekten am stärksten von Inflation betroffen ist. Herr Huber behauptet gegenüber seinen Stammtischbrüdern, dass die Sparbuchbesitzer die Hauptleidtragenden der Inflation sind. Ermitteln Sie für den Sparbuchbesitzer Centfuchser die Entwicklung seines Realvermögens. Am 31.12.2020 wies sein Sparbuch ein Guthaben in Höhe von 10.000 EUR aus, der Preisindex für die Lebenshaltung betrug zu diesem Zeitpunkt 100. Seine Bank verzinst die Spareinlagen mit 0,5 Prozent. Der Preisindex steigt im folgenden Jahr auf 105. Wie hoch ist das reale Geldvermögen am 31.12.2021 unter Berücksichtigung von Zins und Geldentwertung?
6. Nennen Sie jeweils drei Beispiele für eine von der Nachfrageseite und von der Angebotsseite ausgelöste Inflation und beschreiben Sie diese kurz.
   Annahme: Ein Unternehmen erhöht den Preis für sein Produkt um fünf Prozent. Erzielt der Unternehmer dadurch einen Vorteil, wenn gleichzeitig die Preise auf dem Güter-, Arbeits- und Kapitalmarkt in einer Volkswirtschaft um den gleichen Prozentsatz steigen? Begründen Sie ihre Antwort.
7. Vorrangiges Ziel der Europäischen Zentralbank ist die Geldwertstabilität. Nennen und erklären Sie kurz die drei Maßnahmen zur Zielerreichung!
8. Wie die Finanzkrise 2007 gezeigt hat, ist unabdingbare Voraussetzung für das Funktionieren des Finanzmarktes die ausreichende Versorgung des Bankensystems mit Geld (Liquidi-

tät). Wie beziehungsweise bei wem können sich die Geschäftsbanken Liquidität besorgen?

9. Welche drei geldpolitischen Instrumente stehen der Europäischen Zentralbank zur Verfügung?

10 Beschreiben Sie allgemein, was man unter Offenmarktgeschäften versteht und welche Geschäftspartner dabei in Betracht kommen? Wie werden durch die Offenmarktgeschäfte die Zentralbankgeldmenge, d. h. die Geldmenge, die die Europäische Zentralbank dem System zur Verfügung stellt, erhöht beziehungsweise reduziert.

11. Nennen und beschreiben Sie die Funktionsweise der zwei ständigen Fazilitäten.

12. Die Europäische Zentralbank setzt über einen langen Zeitraum den Zinssatz für die Vergabe von Krediten an die Geschäftsbanken sehr niedrig an und verfolgt damit die Politik des billigen Geldes. Welche Auswirkungen hat der niedrige Zinssatz auf die wirtschaftliche Entwicklung in den Ländern mit dem EUR als Zahlungsmittel?

13. Warum können die Notenbanken, z. B. die Europäische Zentralbank, die Geldmenge nicht vollständig kontrollieren?

14. Wo hat die Europäische Zentralbank ihren Sitz?

Lösung

Zu 1. Geld als Münzgeld, Papiergeld oder Buchgeld oder Giralgeld.

Zu 2. Beim Eurocent werden alle drei Funktionen erfüllt. Dies sind die Zahlungsmittelfunktion, die Recheneinheitsfunktion und die Wertaufbewahrungsfunktion. Ein amerikanischer Dollar zählt nicht zum Geld in der Europäischen Währungsunion. Er ist zwar Tauschmittel und Zahlungsmittel, wird aber als Zahlungsmittel nicht akzeptiert. Ein Bild von Neo Rauch erfüllt nur die Wertaufbewahrungsfunktion und gilt folglich nicht als Geld.

Zu 3. Bei der Geldentwertung spricht man von Inflation und das Gegenteil der Inflation ist die Deflation.

Zu 4. Bei einer Preisveränderung im Korridor von 5 bis 7 % spricht man von schleichender Inflation. Liegt die Inflationsrate über 20 %, dann bezeichnet man diese als galoppierende Inflation. Eine Inflationsrate von mehr als 1000 % wird als Hyperinflation bezeichnet. Anmerkung: Die Prozentwerte variieren je nach verwendetem Lehrbuch.

Zu 5. Am 31.12.2021 beträgt das Guthaben:
10.000 EUR * (1+0,005) = 10.050 EUR
Dieser Betrag muss nun in Realvermögen durch Berücksichtigung der Preissteigerung in Höhe von 5 Prozent im gleichen Zeitraum umgerechnet werden.

$$\text{Realvermögen} = \frac{10.050\ \text{EUR}}{105} * 100 = 9.571{,}43\ \text{EUR}$$

Zu 6. Eine Nachfrageinflation kann durch einen starken Nachfrageanstieg nach Investitionsgütern, durch einen Nachfrageanstieg nach Konsumgütern von Privathaushalten und durch einen starken Anstieg der staatlichen Nachfrage nach Gütern entstehen. Die Inflation beginnt, wenn die Wirtschaft an ihre Kapazitätsgrenzen stößt. Wenn diese erreicht ist, kann nicht mehr produziert werden, da keine Kapazität mehr vorhanden ist. Dies führt dazu, dass die Preise für die nachgefragten Güter steigen, also zur Inflation. Beispiele für eine Angebotsinflation sind die Gewinninflation, d. h., die Unternehmen erhöhen die Preise, um einen höheren Gewinn zu erzielen, die Lohnkosteninflation, d. h. aufgrund steigender Lohnkosten werden die Preise für die Produkte erhöht und eine Inflation, die durch die veränderte Konkurrenzsituation entsteht. Hierbei sinkt die Zahl der Anbieter und die angebotene Gütermenge geht zurück. Die noch vorhandenen Anbieter kommen an ihre Kapazitätsgrenze und erhalten dadurch Preismacht. Diese nutzen sie zu Preiserhöhungen. Der Unternehmer erzielt dadurch real keinen Vorteil. Die Kosten für Arbeit und Kapital erhöhen sich um den gleichen Prozentsatz, um den der Preis seiner Produkte steigt. Sein Umsatz und seine Kosten erhöhen sich um fünf Prozent. Hat er bisher einen Umsatz von 100 und Kosten von 90 gehabt, so erhöhen sich diese beiden Zahlen auf 105 und 94,5. Der Gewinn steigt zwar nominal von zehn auf 10,5 Geldeinheiten. Doch real hat der Unternehmer nicht mehr Kaufkraft, da auch die Konsumgüterpreise sich um fünf Prozent erhöht haben.

Zu 7. Ständige Fazilitäten: Die Zentralbanken des Europäischen Systems der Zentralbanken ermöglichen den Geschäftsbanken die unbeschränkte Einlage (Einlagenfazilität) oder die Inanspruchnahme von kurzfristigen Übernachtkrediten (Spitzenrefinanzierungsfazilität). Damit wird die Liquidität der Geschäftsbanken abgesichert. Bei der Offenmarktpolitik tritt die Notenbank wie jeder andere Marktteilnehmer am Kapitalmarkt auf und handelt mit Wertpapieren (An- und Verkauf) und gewährt den Geschäftsbanken Kredite (z. B. Hauptrefinanzierungsfazilität). Bei der Mindestreservepolitik wird die Höhe des Mindestreservesatzes festgelegt, den die Geschäftsbanken bei der Notenbank zu hinterlegen haben.

Zu 8. Die Geschäftsbanken können sich die Liquidität über den Geldmarkt (Intrabankenmarkt = Handel von Zentralbankguthaben zwischen den Geschäftsbanken), von der Europäischen Zentralbank und durch Einlagen von Kunden beschaffen.

Zu 9. Die drei geldpolitischen Instrumente sind die Offenmarktgeschäfte, die ständigen Fazilitäten und die Mindestreservepolitik.

Zu 10. Allgemein versteht man unter Offenmarktgeschäften den Ankauf und Verkauf von Wertpapieren auf eigene Rechnung durch die Europäische Zentralbank am „offenen“ Markt. Als Partner kommen in der Regel Geschäftsbanken und im Ausnahmefall auch Nicht-Banken in Frage. Verfolgt die Zentralbank eine restriktive Offenmarktpolitik oder auch Verknappung der Geldmenge, dann verkauft sie Wertpapiere an die Geschäftsbanken und Nicht-Banken. Für die Wertpapiere müssen die Geschäftspartner Liquidität an die Europäische Zentralbank abgeben und die Zentralbankgeldmenge sinkt. Bei einer expansiven Offenmarktpolitik kauft die Europäische Zentralbank Wertpapiere auf und stellt im Gegenzug dem Markt neue Liquidität zur Verfügung. Die Verkäufer der Wertpapiere erhalten durch den Verkauf der Wertpapiere Zentralbankgeld und die Zentralbankgeldmenge steigt.

Zu 11. Die beiden ständigen Fazilitäten sind die Einlagefazilität und Spitzenrefinanzierungsfazilität. Die Einlagefazilität stellt eine liquiditätsvermindernde Transaktion oder Maßnahme dar. Die Europäische Zentralbank bietet den Geschäftsbanken an, dass diese nicht benötigte Liquidität beziehungsweise überschüssiges Zentralbankgeld über Nacht bei ihr anlegen können. Für ihre Geldanlage erhalten die Geschäftsbanken von der Europäischen Zentralbank eine Verzinsung. Dieser Zins markiert die Untergrenze am Markt für Tagesgeld. Im Gegensatz hierzu handelt es sich bei der Spitzenrefinanzierungsfazilität um eine liquiditätszuführende Maßnahme. Bei einem Liquiditätsengpass können die Geschäftsbanken über Nacht einen Kredit bei der Europäischen Zentralbank aufnehmen. Für diesen Kredit muss einen Zinssatz gezahlt werden, der die Obergrenze des Tagesgeldsatzes bildet.

Zu 12. Mögliche Argumentationskette: Durch den niedrigen Zinssatz erhöht sich die Geldmenge, da die Kosten für die Geldaufnahme und damit der „Preis" für Geld sinkt. Sinkt der Preis eines Gutes, hier Geld, dann steigt die Nachfrage nach dem Gut. Durch die niedrigen Zinsen lohnt sich für die Haushalte das Sparen nicht mehr und der Konsum steigt. Durch die niedrigen Zinsen sinken die Finanzierungskosten für die Unternehmen und diese investieren mehr in neue Maschinen. Beide Effekte führen zu einer Erhöhung der Konsumgüternachfrage und Investitionsgüternachfrage. Um die Nachfragewünsche zu befriedigen, benötigen die Unternehmen mehr Arbeitskräfte. Die Nachfrage nach Arbeit steigt und die Arbeitslosigkeit sinkt. Durch die niedrigen Zinsen sinken in der Regel die realen Schulden. Gleichzeitig sinkt der reale Wert der Forderungen. Es erfolgt eine Umverteilung vom Gläubiger zum Schuldner.

Zu 13. Die Notenbank kann das Geldangebot nicht vollständig beherrschen, da sie sich zwei Problemen gegenübersieht. Die Notenbank kann nicht diejenige Geldmenge kontrollieren, die die privaten Wirtschaftssubjekte als Einlagen im Bankensystem halten. Je höher diese Einlagen sind, desto mehr können die Geschäftsbanken Geld schöpfen beziehungsweise je niedriger desto weniger. Gleichzeitig haben die Notenbanken kaum Einfluss darauf, wie viele Kredite die Geschäftsbanken an die privaten Wirtschaftssubjekte vergeben. In diesem Zusammenhang wird auf die konträr diskutierte restriktive Vergabepolitik der Geschäftsbanken an Unternehmen und privaten Haushalte verwisen, obwohl die Refinanzierungskosten peu à peu von der Europäischen Zentralbank gesenkt werden. Merke: Man kann die Kuh zur Tränke ziehen, aber saufen muss sie selbst!

Zu 14. Die Europäische Zentralbank hat ihren Sitz in Frankfurt am Main.

4.6 Übersicht über die Grundbegriffe

Bedürfnisse:	Empfinden eines Mangels mit dem Bestreben, diesen abzustellen; z. B. die Bedürfnispyramide nach Maslow, mögliche Einteilung in Grundbedürfnisse, Kulturbedürfnisse, Luxusbedürfnisse, individuelle Bedürfnisse, kollektive Bedürfnisse, materielle und immaterielle Bedürfnisse etc.
Bedarf:	Konkretisiertes Bedürfnis, das mit der Wirtschaft befriedigt werden kann (alle wollen einen Ferrari)
Nachfrage:	Wirksamwerden des Bedarfs am Markt
Wirtschaften:	Planvolle menschliche Tätigkeit, die die naturgegebene Knappheit der Ressourcen überwinden möchte
Ökonomisches Prinzip:	Minimal- und Maximalprinzip
Minimalprinzip:	Gegebene Größe = Ergebnis; variable Größe = Ressourceneinsatz bzw. Mitteleinsatz
Maximalprinzip:	Gegebene Größe = Ressourceneinsatz; variable Größe = Ergebnis
Ressourcen der VWL:	Produktionsfaktoren: Boden, Arbeit, Kapital
Boden:	Traditionell Acker, Standort für Häuser und Fabrikgebäude, Rohstoffe, Bodenschätze, heute auch Umwelt, Konflikt: Ökonomie und Ökologie
Arbeit:	Arbeit ist jede Art von körperlicher und geistiger Tätigkeit des Menschen, um Einkommen für die Bedarfsdeckung zu erzielen.
Kapital:	Produzierte Güter, Werkzeuge, Maschinen, Betriebsstätten, Vorräte und Maschinen entstehen durch das Sparen (Konsumverzicht) → Kapital ist ein abgeleiteter und kein natürlicher Produktionsfaktor
Wirtschaftskreisläufe:	in Abhängigkeit von der Anzahl der Wirtschaftssubjekte einfacher Kreislauf etc.
Wirtschaftssubjekte:	Akteure im Wirtschaftsprozess
Haushalt:	Alle Wirtschaftssubjekte, die Einkommen erzielen, konsumieren, sparen und damit Vermögen bilden

Unternehmen:	Produzieren Sachgüter und Dienstleistungen gegen Entgelt mit dem Ziel Gewinne zu erwirtschaften bzw. kostendeckend zu arbeiten
Staat:	Bund, Länder, Kommunen und Sozialversicherungen
Ausland:	Alle Wirtschaftssubjekte, die ihren Wohnsitz bzw. Sitz der Gesellschaft im Ausland haben
Bruttoinlandsprodukt (BIP):	Marktwert aller für den Endverbrauch bestimmten Waren und Dienstleistungen, die in einem Land in einem bestimmten Zeitabschnitt hergestellt wurden.
Nominales BIP:	Die Waren und Dienstleistungen werden zu aktuellen Preisen bewertet.
Reales BIP:	Die Waren und Dienstleistungen werden zu konstanten Preisen (Basisjahr) bewertet.
Bruttonationaleinkommen:	Summe der innerhalb eines Jahres von allen Bewohnern eines Staates (Inländer) erwirtschafteten Einkommen, unabhängig davon, ob diese im Inland oder im Ausland erzielt wurden; bis 1999 auch Bruttosozialprodukt (BSP) genannt. Im Unterschied dazu umfasst das Bruttoinlandsprodukt alle im Inland erzielten Einkommen, egal ob diese von Inländern oder Ausländern erwirtschaftet wurden.
Volkseinkommen:	auch Nettonationaleinkommen = Summe aller von Inländern innerhalb eines bestimmten Zeitraums (z. B. ein Jahr) aus dem In- und Ausland erzielten Erwerbs- und Vermögenseinkommen (z. B. Löhne, Gehälter, Mieten, Zinsen oder Unternehmensgewinne). Das Volkseinkommen entspricht dem Nettosozialprodukt zu Faktorkosten.
Markt:	Ort, an dem sich Nachfrage und Angebot treffen
Marktarten:	Z. B. Unterteilung der Märkte nach dem Gegenstand (Konsumgütermärkte, Investitionsgütermärkte, Geldmarkt, Kapitalmarkt, Arbeitsmarkt); Unterteilung der Märkte nach dem Ort (lokale Märkte, regionale Märkte)
Marktformen:	in Abhängigkeit der Marktteilnehmer
Polypol:	Viele Marktteilnehmer (Polypol bei den Nachfragern, Polypol bei den Anbietern)
Oligopol:	Wenige Marktteilnehmer
Monopol:	Ein Marktteilnehmer
Vollkommener Markt: (Markttypen)	Der „ideale Markt“; u. a. die Güter müssen gleichartig sein, keine Präferenzen von Anbietern und Nachfragern, vollständige Information aller Marktteilnehmer
Unvollkommener Markt: (Markttypen)	Güter sind heterogen, nicht gleichartig, nicht gleichwertig, es liegen Präferenzen der Marktteilnehmer vor, unvollständige Informationen der Marktteilnehmer über den Markt
Güter:	Freie Güter (kein Preis) und wirtschaftliche Güter (haben einen Preis)
Konsumgüter:	Gebrauchsgut (Kaffeemaschine) und Verbrauchsgut (Kaffeebohnen)
Investitionsgüter:	Gebrauchsgut (Kopierer) und Verbrauchsgut (Papier)
Homogene Güter:	Gleichartige, gleichwertige Güter
Heterogene Güter:	Verschiedenartige, nicht gleichwertige Güter
Substitutionsgüter:	Sich ersetzende Güter (Butter – Margarine)
Komplementärgüter:	Sich ergänzende Güter (Bier und Bockwurst)
Nachfragefunktion:	Beziehung zwischen Preis und Nachfragemenge → Gesetz der abnehmenden Nachfrage, d. h. steigt der Preis, so sinkt die Nachfrage, sinkt der Preis, dann steigt die Nachfrage (alle anderen Faktoren, die die Nachfrage beeinflussen, werden als konstant angesehen)
Bestimmungsgründe der Nachfrage nach Döner:	Preis des Döners, Preis des Substitutionsgutes Pizza, Preis der Komplementärgüter, Einkommen, Zahl der Nachfrager, Nutzenschätzung des Gutes
Angebotsfunktion:	Beziehung zwischen Preis und Angebotsmenge (alle anderen Faktoren, die das Angebot beeinflussen, werden als konstant angesehen)
Bestimmungsgründe des Angebots von Weizen:	Erwarteter Preis für Weizen, erwarteter Preis von Gütern, die auch produziert werden können (Roggen, Mais), Kostenstruktur, Stand des technischen Wissens, Zahl der Anbieter

Gleichgewichtspunkt:	Der Schnittpunkt der Angebotsfunktion und der Nachfragefunktion bestimmt den Gleichgewichtspreis. Bei diesem Gleichgewichtspreis sind angebotene Menge und nachgefragte Menge gleich.
Eingriffe des Staates in den Markt:	Einkommen oder Vermögen soll umverteilt werden, die Spielregeln des Marktes sollte der Staat bestimmen, Sicherstellung von Wettbewerb durch den Staat (z. B. Verhinderung von Monopolen), Schutz der Umwelt, Glättung der Konjunktur.
Marktkonforme Maßnahmen:	Ziel: Veränderung der Güternachfrage bzw. des -angebots über Veränderung der Preise (z. B. Exportprämien, Einfuhrzölle, Subventionen, Steuern)
Marktkonträre Maßnahmen:	Ziel: Preismechanismus wird außer Kraft gesetzt über Festsetzung von Konsummengen, Produktionsmengen, Höchstpreise oder Mindestpreise.
Stabilitäts- und Wachstumsgesetz:	Ziele: stetiges und angemessenes Wirtschaftswachstum (Veränderung des BIP); hoher Beschäftigungsstand (Arbeitslosenquote); Stabilität des Preisniveaus (gemessen an der Inflationsrate); außenwirtschaftliches Gleichgewicht (Export in EUR = Import in EUR)
Konjunkturzyklus:	Auf und Ab von verschiedenen Faktoren, in der Regel das reale BIP
Konjunkturphasen:	Aufschwung, Boom, Rezession, Depression
Geldfunktionen:	Recheneinheit, Zahlungsmittel, Tauschmittel und Wertaufbewahrungsmittel
Geldarten:	Warengeld, Münzgeld, Papiergeld und Buchgeld
Geldeigenschaften:	ohne Wertverlust teilbar, transportierbar, aufbewahrbar und fälschungssicher
Geldschöpfung:	durch Kreditgewährung
Versorgung mit Geld:	Die Versorgung mit Geld erfolgt durch die EZB über die Geschäftsbanken.
Aufgaben der EZB:	Hauptziel gemäß Arbeitsweise der Europäischen Union (AEUV) Preisstabilität, < 2 % Preissteigerung, gemessen durch den Harmonisierten Verbraucherpreisindex (HVPI)
Instrumente der EZB:	Refinanzierungsinstrumente: Offenmarktgeschäfte und ständige Fazilitäten, Mindestreserve

Stichwortverzeichnis

H

I

J

K

L

M

N

O

P

R

S

T

U

V

Personal entwickeln – Zukunft gestalten

Aus- und Fortbildung

Weiterbildung

Coaching und Beratung

Das Sächsische Kommunale Studieninstitut Dresden konzipiert *Personalentwicklungsprojekte*, organisiert *Web-/Seminare* im SKSD oder als Inhouse in Ihrer Verwaltung und alle *Lehrgänge* zu Verwaltungsberufen bis zur Abnahme von *Prüfungen*.

Führungskräfte und Beschäftigte aus *Kommunen* und kommunalen Einrichtungen, *Zweckverbänden* und *Wirtschaftsunternehmen* mit kommunaler Beteiligung sind unsere Partner.

In allen Fragen der *Personalentwicklung* finden Sie Unterstützung bei uns.

Wir konzipieren für Sie u. a.

- Seminarreihen und Workshops zu speziellen Fragen der Führung und Zusammenarbeit
- Coaching, Konfliktmediation etc. sowie
- Mentoring für Nachwuchsführungskräfte

und wir beraten Sie während der Umsetzung Ihrer Konzepte.

Unsere Seminarthemen reichen von A wie Arbeitsrecht über K wie Kommunikation bis V wie Verwaltungsmodernisierung und Z wie Zweckverbände.

Weitere Informationen über:

Sächsisches Kommunales Studieninstitut Dresden
An der Kreuzkirche 6
01067 Dresden

Fon: 0351 43835–12
E-Mail: Sekretariat@sksd.de
www.sksd.de

Stand: Juli 2022